NSE

4

网络科学与工程丛书

LIANLU YUCE

链路预测

Link Prediction

■ 吕琳媛　周　涛　著

高等教育出版社·北京

图书在版编目（ＣＩＰ）数据

链路预测／吕琳媛，周涛著. --北京：高等教育
出版社，2013.8（2024.2重印）
（网络科学与工程丛书／陈关荣主编）
ISBN 978-7-04-038232-7

Ⅰ．①链… Ⅱ．①吕… ②周… Ⅲ．①计算机网络-
情报检索-研究 Ⅳ．①G354.4

中国版本图书馆 CIP 数据核字（2013）第 181738 号

策划编辑 刘 英	责任编辑 刘 英	封面设计 李卫青	版式设计 于 婕
责任校对 王 雨	责任印制 田 甜		

出版发行	高等教育出版社	咨询电话	400-810-0598
社　　址	北京市西城区德外大街 4 号	网　　址	http://www.hep.edu.cn
邮政编码	100120		http://www.hep.com.cn
印　　刷	涿州市京南印刷厂	网上订购	http://www.landraco.com
开　　本	787 mm×1092 mm 1/16		http://www.landraco.com.cn
印　　张	21.75	版　　次	2013 年 8 月第 1 版
字　　数	340 千字	印　　次	2024 年 2 月第 3 次印刷
购书热线	010-58581118	定　　价	69.00 元

序

随着以互联网为代表的网络信息技术的迅速发展，人类社会已经迈入了复杂网络时代。人类的生活与生产活动越来越多地依赖于各种复杂网络系统安全可靠和有效的运行。作为一个跨学科的新兴领域，"网络科学与工程"已经逐步形成并获得了迅猛发展。现在，许多发达国家的科学界和工程界都将这个新兴领域提上了国家科技发展规划的议事日程。在中国，复杂系统包括复杂网络作为基础研究也已列入《国家中长期科学和技术发展规划纲要（2006—2020年）》。

网络科学与工程重点研究自然科学技术和社会政治经济中各种复杂系统微观性态与宏观现象之间的密切联系，特别是其网络结构的形成机理与演化方式、结构模式与动态行为、运动规律与调控策略，以及多关联复杂系统在不同尺度下行为之间的相关性等。网络科学与工程融合了数学、统计物理、计算机科学及各类工程技术科学，探索采用复杂系统自组织演化发展的思想去建立全新的理论和方法，其中的网络拓扑学拓展了人们对复杂系统的认识，而网络动力学则更深入地刻画了复杂系统的本质。网络科学既是数学中经典图论和随机图论的自然延伸，也是系统科学和复杂性科学的创新发展。

　　为了适应这一高速发展的跨学科领域的迫切需求，中国工业与应用数学学会复杂系统与复杂网络专业委员会偕同高等教育出版社出版了这套"网络科学与工程丛书"。这套丛书将为中国广大的科研教学人员提供一个交流最新研究成果、介绍重要学科进展和指导年轻学者的平台，以共同推动国内网络科学与工程研究的进一步发展。丛书在内容上将涵盖网络科学的各个方面，特别是网络数学与图论的基础理论，网络拓扑与建模，网络信息检索、搜索算法与数据挖掘，网络动力学（如人类行为、网络传播、同步、控制与博弈），实际网络应用（如社会网络、生物网络、战争与高科技网络、无线传感器网络、通信网络与互联网），以及时间序列网络分析（如脑科学、心电图、音乐和语言）等。

　　"网络科学与工程丛书"旨在出版一系列高水准的研究专著和教材，使其成为引领复杂网络基础与应用研究的信息和学术资源。我们热切希望通过这套丛书的出版，进一步活跃网络科学与工程的研究气氛，推动该学科领域的普及，并为其深入发展作出贡献。

金芳蓉（Fan Chung）院士

美国加州大学圣迭戈分校

2011 年元月

前　言

　　预测是一切可称之为科学的学科所不能回避的问题。一切不能转化为某种预测的理论都是不值得信赖的，与此同时，一切坐在神坛上不可一世的理论都时时刻刻战战兢兢地接受着预测的挑战，一旦它的预测被证明是不正确的，固若金汤的神坛就轰然崩塌了。

　　亲爱的读者，你现在看到的，是一本专门讲预测的书。和大家以前经常遇到的股价预测、水文预测等不同，本书不关注从一个时间序列的历史中预测未来；与量子力学中对微观粒子状态和运动的预测也不同，本书并不依赖于某种第一性原理。本书所关心的问题，是在一个网络中，如何通过已经观察到的节点之间的连接，来重现因为数据缺失尚未观察到的连接，或者预测未来将要出现的连接。

　　网络已经成为描述形形色色复杂系统最重要的工具之一。来自物理学、生物学、信息学、经济学、管理学等越来越多学科的学者，都已经认识到，真实系统的复杂行为，包括演化方向、标度涌现、脆弱性和鲁棒性、群集协同行为等，都不仅根植于个体的行为，还源于个体与个体之间的相互作用。网络中的链路预测问题，得益于学术界对网络科学本身重要性的认识，也成为横跨多个学科的核心科学问题。链路预测算法，可以帮助提高生物实验的效率，可以用于微博中的关注对象推荐和电子商务中的个性化产品推荐，甚至可以用来预测美国联邦最高法院法官的投票。链路预测是一大类普适问题的抽象，在未来的科学和工程中将扮演越来越重要的角色。

我们和很多同行与高等教育出版社共同力推"网络科学与工程丛书"，正是因为看到了网络将在未来的多学科交叉中起到中枢的作用。网络科学自身的发展，就像其他一切成熟和正在成熟的科学一样，需要经历预测和控制的检验。一切的演化模型和动力学分析，最终都需要视其能否给出更精确的预测和更高效的控制来判断价值。尽管本书不奢求也不可能解决有关网络预测中的所有问题，但是我们相信，它必将对"网络科学与工程"发展成为一个成熟学科贡献自己的匹砖片瓦。

本书共分为九章，第一章介绍了关于网络的基本概念，可以将本套丛书中另外两本——《网络度分布理论》和《网络科学导论》作为参考阅读。第一章并不是《网络科学导论》的一个子集，相反，我们从网络分类和网络刻画方面给出了更宏观更全面的叙述。从第二章开始就进入了链路预测的世界。我们首先给出链路预测的基本概念，包括问题的背景和意义、问题的数学描述、数据集划分的方法和预测精度的评价方法。第三章，我们介绍了链路预测中最简洁的框架——基于相似性的链路预测，给出目前的20余种相似性指标的定义，最后给出了这些指标在8个真实网络中的预测精度比较结果。据我们所知，这应该是目前最全面的一次比较。第四章，我们将介绍关于链路预测最复杂的框架——基于似然分析的链路预测模型。这一章体现了链路预测的繁复之美，如同一件艺术品值得细细品味。第五章至第七章，我们将分别针对含权网络、有向网络和二部分网络进行更加有针对性的方法介绍。对于关注特定类型网络的读者来说，你一定能在这些章节中找到适合自己的武器。链路预测在理论上的研究已经是极富挑战而又充满乐趣的事情了，但是相比较其应用价值的开发还只是冰山一角，且略显平凡。幸运的是，我们意识到这一点并在这个方向上持续努力，已经取得一些成果。在第八章中，我们将结合一些实际的应用场景来进一步展现链路预测的意义和价值所在。希望这一章的内容可以起到抛砖引玉的作用，激发更多有价值的应用研究出世，并产生越来越多真正的社会经济贡献，这才是这个研究方向生机勃发的基本动力。第九章给出了一个小结，我们想说的是，这虽然是本书的结束，但是在链路预测研究的道路上我们一直在前行——任重而道远。

对于大部分读者来说这可能并不是一本有趣的读物，但是我们相信它绝对称得上是一本有用的小书。如果书中能有一句话、一幅图，或者仅仅是一个短语、一个公式能够对读者有所启发或为您带来灵感，这就是我们最大的成功。这本书有很多出众的地方，比如说读者从这本书中看到的绝不仅仅是链路预测的理念和方法，还包括了对于各种类型复杂网络结构和功能的全方位的认识——我们特别注意兼顾了内容的"深"和"广"。但是，这本书仍有很多不足之处，比如说链路预测中很重要的一部分内容，是机器学习的方法，我们都没有讲——不是不重要，而是以我们的背景和能力，不足以把这一部分写好。与其拼凑文献写两章"看起来很美"的文字，不如留白。

很多学生，特别是刚刚入门或者说正准备迈入科学研究行列的青年学者经常发来邮件询问一些基本的概念。我想这本书正是你们所期待的。书中，我们详细地给出有关链路预测这个研究方向相关概念的定义和描述，同时为了帮助理解还给出很多示例。此外，在本书的附录 C 中，我们将一些经典算法的程序也整理出来，以方便读者阅读、理解和使用，我想这应该是本书的一大特色。这些程序代码也将在链路预测小组的网站上（www. linkprediction. org）公布，可供大家直接下载使用。

我们要感谢为本书做出巨大贡献的几位同学，他们是张千明、朱郁筱、王文强和潘黎明。千明在社交网络分析和应用方面很有研究，他的一些建议和帮助给予本书增色不少。郁筱系统地整理了本书附录 C 的 Matlab 程序代码，并细心地添加了对重要语句或较难语句的解释。文强对于本书第八章应用部分和附录的梳理都有相当贡献。黎明帮助整理了关于书中极大似然模型的部分，目前他主要从事链路预测方面的研究工作，已取得一些成果，例如本书第四章中介绍的闭路模型就是他的成果。此外，黎明还非常认真地帮助我们整理和规范了全书 600 条参考文献的格式，这真的不是一件容易的事情，需要拿出绣花之耐心，对于他的一丝不苟再次表示感谢！

除此之外，来自汪小帆、陈关荣、史定华教授的建议使得本书在行文上更加严谨。还有一些朋友给予的意见使得我们的工作得以不断完善和提高，这里无法一一列出他们的名字，与他们的讨论与交流让我们颇受启发，受益良多。

作者还要感谢家人和朋友在精神上的支持和生活上的照顾，以及对作者持续忙碌的理解！他们永远是我们坚强的后盾。

特别感谢高等教育出版社刘英女士对本书的持续关注和大力支持，她专业的指导和帮助让我们在撰写的过程中更加得心应手，使得本书最终能以最好的形态呈现在大家面前。

最后，作者特别感谢每一位读者，是你们的阅读，使得我们两年以来精心的准备和辛苦的撰写变得有价值。我们相信，你们也是未来和我们一道努力将"网络科学与工程"从一个前沿热点方向建设成为理论体系完善、应用场景丰富的一门成熟学科的战友。

　　希望有更多的有志之士加入我们的队伍，在这条路上，一直走下去。

吕琳媛　周涛

2013 年初夏

目　录

第一章　复杂网络基本概论

网，在古汉语中本义指捕鱼鳖鸟兽的工具。如果要进一步细分，捕鸟兽的叫网，捕鱼的叫罟，网和罟两字并无太大差异，《说文》曰："罟，网也"；《广雅》言："网，谓之罟"，只是后来罟字的使用越来越少，现在已经基本见不到了。

"网"字在语义演化发展的过程中逐渐派生出多个引申义。从网的形态引申出去，可以泛指多孔形状如网的东西，例如蛛网、电网、乒乓球网等；从网的功能引申出去，可以泛指有很强约束力难以挣脱的东西，例如法网等；进一步抽象，网还可指周密的组织系统，例如人际关系网等。

我们经常可以在报章文字中看到这个时代被冠以"网络时代"的头衔。这个时髦的词语本来只是为了强调计算机、互联网对当今世界的巨大影响，但现在我们对它的理解远不止此。不断生长丰富的交通网络正在改变每个人交际网的可能和范围，日趋成熟的物流网络使得我们不用花太高的价钱就能在自家的餐桌上享用法国的蜗牛和热带的水果，我们现在能够阅读和思考，应该归功于规模宏大的神经网络组织万亿计的神经细胞有条不紊地协同工作，而这些能量的获得依靠结构精巧的血管网络将养分运送到大脑的每一个位置。从这种意义上讲，我们生活的世界可以看做是具有无穷层次的网络的嵌套组合。对某些网络而言，我们充当了其功能和目的的全部，但对另一些网络而言，我们仅仅是其中千万个体中的一员，甚至只是某个元素的部分。

20 世纪 80 年代，诗人北岛用一个字"网"，多少有些无奈地表达了生活的错综复杂。诗歌艺术而含蓄地包裹了网络带给我们的困惑和迷惘——这种气息现在是如此的浓烈，以至于冷静的科学工作者也开始变得头晕目眩。当计算机科学家忙于为爆炸式增长的计算机互联网建立模型，生物学家致力于用愈来愈精细的实验确定蛋白质折叠网络的结构，数学家热衷于在理想的网络上进行有趣而不知是否实际的游戏时，一切至少在表面上都还显得井然有序。但当富有侵略性的物理学家试图把这些网络放在一起时，这种表面的宁静被打破了。形形色色的网络先以惊人的一致性让我们震惊，然后用惊人的不一致性再次让我们震惊。每一个身在其中的科学家都不得不加快自己的节奏，以求跟上网络知识更新换代的速度，但没有一个人能够清楚地向我们指明这股潮流将来的方向。或许惊涛骇浪之后一切将重归平静，或许应该补充我们的武器库，以便向传统网络理论的某些碉堡发起攻击。

如果几十年后，复杂网络成为一个成熟的学科，那么这十几年一定是充满机会和挑战的。推出"网络科学与工程"这套丛书，我们是希望和大家分享其间的机遇和挑战，当然，还有快乐！读者手中这本名为《链路预测》的小册子，所探讨的是复杂网络研究中哈姆雷特似的问题：连，还是不连（to connect, or not to connect）？在进入主题之前，本章将向大家介绍复杂网络的若干基本概念。

1.1 什么是网络

在一起进入这个奇妙而激情四溢的网络世界之前，先让我们看看真实世界的网络到底是什么样子？如前所述，自然界中存在的大量复杂系统都可以通过形形色色的网络加以描述。一个典型的网络是由许多节点与连接两个节点之间的一些边组成的，其中节点用来代表真实系统中不同的个体，而边则用来表示个体间的关系，往往是如果两个节点之间具有某种特定的关系则连一条边，反之则不连边，有边相连的两个节点在网络中被看做是相邻的。例如，神经系统可以看做是大量神经细胞通过神经纤维相互连接形成的网络；计算机网络可以看做是自主工作的计算机通过通信介质如光缆、双绞线、同轴电缆等相互连接形成的网络。类似的还有电力网络、社会关系网络、交通网络等。

真实世界很多网络的结构是非常简单的，甚至可以说一目了然。比如在小型实验室、公司部门等计算机局域网中最为广泛应用的结构是星型结构[1]，也就是说所有的计算机都仅和一台网络服务器相连。这种结构设计实现非常简单且易于管理，但是其缺点也是明显的，不但需要中央网络服务器具有较高的性能，而且一旦它出现故障，整个网络就瘫痪了。所以星型结构往往只适用于小规模网络或者网络的局部。图 1（a）给出了具有 7 个节点的星型网络的示意图。又比如在大型高性能计算机的设计研究中，一种常用的处理器连接方式就是平面阵列，或者用更专业的术语称为 Mesh 网络[2]。图 1（b）显示了一个平面 Mesh 网络的局部，早期大型机的处理器网络多半采用了这种结构[3]。

上面两个例子的共同特点是网络结构都非常简单，对称性很好，是确定性的，且很容易给出严格的数学定义。在很长的一段时间里，数学家主要研究的就是这类网络；事实上，由于特殊的实用价值和理论上的优美性，对这类网络的研究仍然是当前网络理论的最重要的方向之一[4]。那么，真实世界的网络是

3

不是都能够用这些类似的模型囊括呢？如果不能，它们又有哪些特异的性质呢？下面我们将从社会网络、技术网络和生物网络三个方面让大家一睹真实网络的风采。在介绍这些网络时，可能会用到一些图论的基本概念，我们假设读者已经具备本科离散数学的知识，如果读者觉得有些概念比较陌生，也可以在本章第二节找到它们的解释。

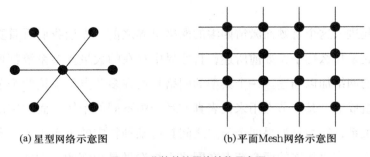

(a) 星型网络示意图　　　　　　　(b) 平面Mesh网络示意图

图 1　一些简单的网络结构示意图

1.1.1　社会网络

社会网络分析是社会学研究中发展较为成熟的方向，有相当长的历史[5-10]。早在 19 世纪 30 年代，就已经出现很多有代表性的社会网络研究范例，只是那个时代的社会学家往往热衷于讨论一些政治意味浓厚、相对沉重的话题，比如劳工命运、妇女权益等[11,12]。早期的社会网络研究还特别关注人们之间的友谊关系[13,14]，Rapoport 对学校学生间友谊关系网络的研究即使从今天的眼光来看，也是一件杰作[15]。这些前期的研究有一些共同的弱点：首先是网络的规模大多数比较小；其次是网络的建构带有很多主观的因素，比如什么叫朋友，这个定义就很主观；再有就是网络的数据往往不完整，比如 Milgram 著名的"六度分离"实验，大部分信件都在传递过程中丢失了，这就使得其结论的可信度大打折扣[16]。归功于海量数据库的出现和计算机处理能力的提高，近年来对于社会网络的研究开始向大规模化、精确化和定量化发展[9]，下面我们简要介绍五类不同的社会网络。

1. 社会合作网络

社会合作网络的节点是参与合作的人，如果几个人之间有某种合作关系，就互相连边。比如说演员们在同一部电影中出现过，可以看做一次合作；又比如科学家在同一篇论文上共同署名，可以看做一次合作，等等。社会合作网络是最早得到关注的一类网络，实际上，很多复杂网络新性质的发现都应归功于对好莱坞电影演员合作网[17-19]和科学家合作网络[20-23]的研究。图2展现了复杂网络研究领域早期的科学家合作网络，每一个矩形框里的名字，都是为复杂网络研究的蓬勃发展做出过卓越贡献的科学家。需要特别指出的是，关于合作网络的研究虽然源于社会网络，但并不仅限于社会网络，Myers和何大韧给出了非社会合作网络很多有趣的例子[24,25]，例如软件之间的合作，公交站点之间的合作，甚至一道中药或者菜肴中配料之间的合作。

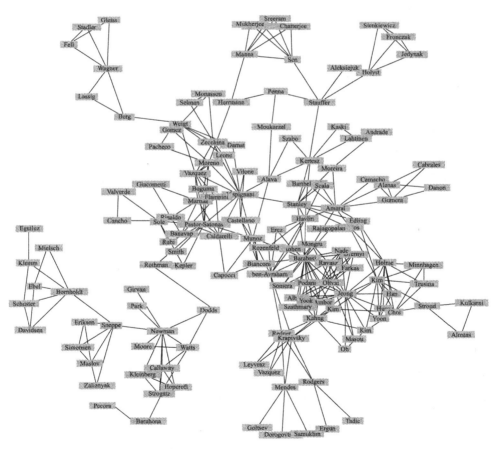

图2 复杂网络领域早期科学家合作网络示意图

2. 朋友网络

朋友网络最近的一些研究主要集中于在线社交网站中的好友关系。如美国的 Facebook[26]，韩国的 Cyworld[27]，日本的 Mixi[28]，匈牙利的 WIW[29]，中国的校内网[30]（现改名人人网），Google 旗下的 Orkut[31]，等等，都受到了广泛的关注。有趣的是，尽管每个人都能够感觉到虚拟世界的好友关系与现实生活中的朋友关系很不一样，但在线朋友关系网络却展现了很多与现实朋友关系网络一致的特点。举个例子，通过对 Facebook 上 420 万用户的好友列表信息进行分析，Golder 等人[26]发现，用户的好友平均数为 180，中值为 144，这与 Dunbar[32]提出的著名的"150 法则"，即一个人最多能维持 150 个好友关系，不谋而合。Ahn 等人[27]对 Cyworld 的研究再次印证了这个法则。又如 Zakharov[33]发现 LiveJournal 网络从结构上直接继承了现实社会网络的特征，特别有趣的是，Liben-Nowell 等人[34]发现，即便是 LiveJournal 这类虚拟在线网络也明显存在几何效应，依然是 IP 地址地理距离相近的用户容易产生关系。

3. 信息网络

信息网络即基于信息传递、共享和交换形成的网络，但又不同于下面将要介绍的通信网络。信息网络的一种典型形式，是由信息传播路径所连接的信息发送者和接收者之间的关系网络。以微博为例，用户从关注对象那里获得信息，自己发布的信息又会自动传送给粉丝。如果用从用户指向粉丝的边表示信息流向，就可以构成一个有向的信息网络。类似的信息传递关系还包括博文订阅，接受来自其他用户的新闻、图书、音乐、电影等推荐，复制或分享其他用户的收藏，等等。通过对来自 Delicious、Flickr、Twitter 和 Youtube 的海量数据进行分析，我们发现[35]，在这四个有代表性的信息网络中，用户的领导能力（用粉丝数量表征）都服从幂律分布——少数人拥有非常大的影响力，大多数人则应者寥寥。在一篇名为《谁对谁说了什么》的有趣文章中[36]，作者通过对用户的身份进行分类，剖析了 Twitter 中连接形成的模式和机制。事实上，如果把 BBS 和论坛中的评论者和转发者看成对楼主帖子的信息接收者，也可以建立相应的信息网络[37,38]。当然，也可以把同一个帖子下的所有评论者看成针对某一个话题进行了一次合作，从而用合作网络的分析方式进行分析。信息网络的结构和功能之间存在着极强的耦合演化关系：结构的变化会影响信息传播的动力学性质，与此同时，用户会因为对某些信息内容的兴趣，而建立一些新的连接，造成结构的改变。

4. 通信网络

随着通信技术的发展，各种各样的通信工具伴生出各种各样的社会通信网络。谢智刚小组研究了包含固定电话和手机的通信网络，发现通信对象数目的分布符合幂函数律[39]。Onnela 等人研究了包含 460 万节点的大规模手机通信网络，发现决定该网络连通能力的关键是较弱的连接[40]，该发现从一个全新的角度印证了"弱连接理论"[41]的正确性。Ebel 等人研究了包含近 6 万节点的电子邮件网络[42]，发现该网络是典型的小世界和无标度网络；Eckmann 等人则提出了用熵来刻画网络中包含的长期通信模式和临时通信模式，前者对应一个规则固定的事物，后者对应于临时因会议或者其他活动形成的电子邮件联系[43]。Smith 研究了 nioki 即时通信系统构成的社会网络，其中节点是注册用户，每位用户与自己的联系人相连接，连接是有方向的[44]。Wang 等人研究了基于 P2P 通信的社会网络，其中如果用户 B 曾回答过用户 A 的提问，则从 A 到 B 建立一条有向边，该边的权重定义为回答的次数，整个网络是有向含权的[45]。

5. 社会接触网络

社会接触网络，即指由真实物理接触形成的人与人之间的网络。分析这类网络，对于理解流行病的传播有重要帮助。社会接触网络主要是通过调查问卷和口头采集信息建立的，数据量通常都比较小，大部分研究集中在相对封闭的系统，例如学校、社区、公司董事会等[9]。比较深入的研究主要集中在性关系网络方面，包括网络自身结构的特点以及其对各种性传播疾病的影响[46,47]。例如，Liljeros 等人[48]分析了瑞典的性关系网络，Latora 等人[49]分析了布基纳法索的性关系网络。遗憾的是，真实准确的性伙伴和性行为数据获取非常困难，因此实证分析总是停留在较小规模的网络中，除了知道这类网络节点度分布具有异质性（大部分节点具有很少性伙伴，而少量节点具有大量性伙伴）外，可以获取的可信又有价值的信息很少。很多学者开始探索利用先进的数据分析方法或从其他角度探索性关系网络。Fichtenberg 等人[50]尝试从抽样得到的网络中推断性关系网络的全局性质，遗憾的是，数据非常稀疏，以至于通过访谈对象得到的网络只能给出极少量的局部信息。Frost 另辟蹊径，研究了性活跃人群和捕获性伴侣场所之间的关系，希望借此了解性关系网络的性质[51]。事实上，互联网的发展也能帮助理解性关系网络，最近 Rocha 等人分析了巴西 6 624 名网络色情服务提供者和 10 106 名消费者的记录，建立了网上色情交易活动的二部分网络[52]。我们有理由相信这些相当一部分服务人员和消费者之间存在线下的物理接触，因此这种基于互联网记录的虚拟网络和真实的性关系网络有很大的重合部分。需要小心的是，色情业从业人员及消费者的性关系网络，特别是懂得利用互联网媒介的这一部分人员之间的关系，不一定能够作为一个合适的样本反映整个社会性关系网络的统计特性。通过监测佩戴 RFID、传感器或其他可以精确定位相互作用的小型设备的志愿者的活动，可以真正探测由物理接触形成的社会网络[53-56]，但是这往往只能针对特定环境下的少量人群，并且这些人群由于知道自己处于被监测的情形下，因此行为可能和常态有所不同。

1.1.2 技术网络

技术网络是指人造的网络系统，但又不同于描述人和人之间直接关系的社会网络。技术网络的形成过程也不是一蹴而就的，而是经历了相当长时间的演化发展，并且依然处于变化中。这类网络的形成过程往往既体现了明确的全局优化和设计方案，又包含了系统本身和相关环境自组织演化发展的因素——在不同的系统中，这两种力量的对比各不相同。在电力网络、航空网络、铁路公路网络这类系统中，网络的演化，包括调整和增长，无一不经过慎之又慎的全局统筹规划。与此同时，真正在背后驱动这些网络演化的力量是社会经济的需求、城市/乡镇格局的变化、人口的分布和流动模式等，而这些恰好又不是能够完全预先统筹规划的复杂系统。在万维网这类系统中，尽管存在一些人为设计因素，譬如某新闻门户网站要求每一个新闻网页都添加超链接，指向自己门户中通过文本分析判断出最相似的五个其他新闻网页，但是总体上来说是自组织演化驱动的，统筹和决策扮演较不重要的角色。对于更复杂的类似互联网这样的系统，从不同的层次来看，这两种力量的对比各不相同，譬如在自主系统的层次，统筹设计占主导地位，而在接入互联网的计算机层次，自组织演化占主导地位。

技术网络往往具有特殊的设计目的，承载特定的功能，这种功能往往又依赖于网络上的某种"流"来完成。譬如，在万维网和互联网上流动的是信息，在电力网络上流动的是电流，而在交通网络上流动的是人。下面我们简要介绍一下上述几类典型的技术网络。

1. 万维网和互联网

图 3 给出了万维网真实连接示意图，其中节点代表网页，有超链接连接的两个网页被认为有边相连。WWW 是目前深入研究过的规模最大的网络之一，很多新的网络性质最早是从 WWW 研究中发现的，或者通过 WWW 的实证而获得广泛认可，譬如下一节会提到的无标度特性[57-59] 和自相似性质[60-62]。由于 WWW 规模巨大，而且每天都在变化，所以以前的研究往往是通过"网络机器人"的自动搜索功能发现新网页[62]。这样构建的网络在理论上存在一个问题，就是超链接比较多的网页具有更大的可能性被发现，因此目前已知的 WWW 结构与实际结构是有偏差的[63]。

图 3　万维网真实连接示意图

Internet 也是被广泛研究的技术网络之一，根据分析对象粒度的不同，节点可以是自主系统，也可以指路由器，还可能是接入 Internet 的计算机，一个网

链路预测

络中甚至可能混合了几类节点。与 WWW 类似，早期对 Internet 的研究衍生出了很多刻画网络的工具和指标，包括网络的无标度特性[64]、度度相关性[65,66]、分形性质[67]和几何性质[68]等。与后面我们会经常打交道的演化的无标度网络相比，Internet 还具有很多独特的性质，譬如它具有特别强的连接上的负相关，如果用 Pearson 关联来刻画这种负相关（参考 1.2 节的度相关指数），即便是通过交叉重连这种保持度序列不变的随机化方法[69]，也不能显著降低负相关的程度[70]——这很可能是因为 Internet 中度最大的中枢节点度特别大。Internet 在演化上也体现出不同于大多数网络的特性，比如它的节点和连边数都以指数形式增长，但是它的最大度却有不增反减的趋势[71]。这些"诡异之处"恰恰是学术界关心的问题。与 WWW 类似，Internet 的结构往往是通过跟踪信息包而间接得到的，一些利用率较低的链路很可能检测不到，从而使得目前广泛用于研究的 Internet 数据与真实网络存在一定的差异。关于 Internet 结构演化和动力学的详细研究，可以参考 Pastor-Satorras 和 Vespignani 的著作[72]。

2. 电力网络

电力网络的研究一方面受到控制大停电事故的重大需求的推动，一方面得益于复杂网络研究所提供的新的分析工具和分析方法[73]。由于长距离电力传输在技术和经济上的困难，输电线长度是有限的，经过一定距离需设置相应的变电站或其他电力传输、储备、转移设施，因此电力网络整体上具有规则网络的局域化特性。早期的分析认为电力网络节点度分布可以用一个幂函数刻画[74]，后来针对同样数据，更细致的分析显示电力网络度分布是典型的指数分布[18,75]，这一结论被后来针对北美[76]和意大利[77]的电力网络分析所验证——有趣的是，尽管连接度符合指数分布，这两个网络中节点电力负载的分布却接近幂律[76,77]。目前电力网络研究的重点仍集中在网络上的级联故障模型以及相应的防控预警措施上。

3. 交通网络

交通网络覆盖的对象非常广泛，其中受到广泛关注的包括航空网络[78]、铁路网络[79]、公路网络[80]、道路网络[81]、城市地铁[82]、城市公交[83]，等等。这类技术网络各自具有很不相同的特征，譬如说铁路网和公路网比较接近于规则网络，而航空网络则具有明显的无标度网络的性质。这类网络也具有一些有别于其他类型技术网络的共同特征，譬如这些网络从功能上讲就是把乘客或者货物从一个地方运往另外一个地方，因此地理上的限制是网络结构得以形成、功能得以实现的重要因素[84]——这一点就完全不同于 WWW，一个超链接就可以跨越太平洋；又如交通网络每个节点的吞吐量和每条边的运输量是其生命力的体现，所以交通网络天然地就需要用含权形式进行刻画[85]。交通网络的演化，实际上是一个优化的过程，但是这个优化往往是局部的，而且具有贪婪算法的特征，譬如说新机场和新航线的开辟，往往不以关闭老机场放弃老航线为代价，因为这个代价太高。这个优化是拓扑优势和几何限制两种势力竞争平衡的结果[86]：前者驱使节点建立与中枢节点的连边，从而使整个系统中所有节点到自己的拓扑距离变小；后者驱使节点优先建立距离较短的连边，因为这种连边的费用较小。如果连边费用和边长相关性极强，譬如铁路和公路，后者的力量就大，网络结构局域化强，更像规则网络；反之，如果连边费用和边长相关性较弱，譬如航空网络，前者的力量就大，网络平均距离就短，并且会出现无标度网络的性质。当然，仅仅这一点还不够，要完全理解交通网络的结构和功能以及把握其发展趋势，就必须充分了解相应的社会经济因素[87]和城市设施发展情况[88]。多个交通网络的耦合作用[89]以及交通网络与地理经济学[90]的结合，应该是未来研究的热点，这方面的发展同时也会促进我们对于城市发展与规划以及流行病传播的理解。

1.1.3　生物网络

生物几十亿年的演化历程，沉积了大自然最深处的秘密。网络生物学的发展为我们进一步观察微观到细胞结构功能，宏观到生物演化历程的种种生命的奥妙，提供了全新的视角和有力的武器。从宏观的角度研究最多的是食物链网络[91]，其中每个节点表示一个物种，两个物种间如果有捕食关系，就用一条从被捕食者到捕食者的有向边连起来——图 4 给出了一个真实食物链网络连接图和一个食物链网络逻辑含义的简单示意图。研究表明，食物链网络具有高度的小世界性质，绝大多数物种往往能通过不多于 3 条边连起来[92-94]。Camacho 等人的研究还表明，食物链网络中有一些特别重要的节点，这些节点对应的物种数目如果出现大的波动，将会对整个生物圈产生影响[94]。

微观上研究得最多的是新陈代谢网络[95,96]、蛋白质相互作用网络[97,98]和基因调控网络[99,100]。在代谢网络中，节点表示代谢物（酶作用物），边代表这些代谢物能够直接参与的酶催化生化反应。在蛋白质作用网络中，节点代表不同的蛋白质，如果实验表明两个蛋白质能够形成化学键，就相互连接。在基因调控网络中，节点表示基因，边表示基因间的表达关系。

用系统论的观念，以网络为手段研究微观生物问题，对于深入理解细胞的形态和功能以及各个子功能模块之间的协同作用具有非常重要的指导意义，这方面的研究进展在 Barabási 和 Oltvai 的综述[101]中有非常详细的介绍，此处就不再赘述了。

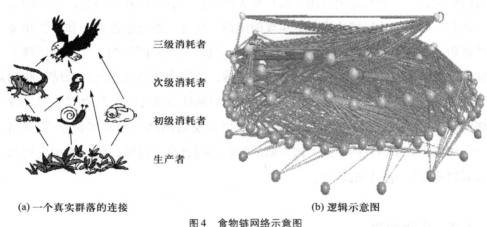

(a) 一个真实群落的连接　　　　　　　　　　　　　(b) 逻辑示意图

图 4　食物链网络示意图

从上面简短的介绍，特别是图 2 至图 4 直观的图示中读者可以发现，有些真实网络的结构非常复杂——首先它们不是规则的，其次似乎又显示了某种结构，因此不能看成完全随机的。这可能是科学家把这一大类网络叫做复杂网络的初衷吧。这种复杂性和多样性背后有没有什么共同的特征？如何去刻画这种复杂的结构？这是我们下一节主要讨论的问题。

最后需要特别说明，网络的分类方法很多，比如 Newman 在对网络进行分类时，另设信息网络一类，并将 WWW 归入其中，因为 WWW 并不是物理实体构建的网络[102]。但是这些分类都不是完备的。还有很多网络，例如河道形成的网络[103,104]、语义网络[105]，等等，很难令人信服地归入上述某类中。当然，分类的出现是为了帮助我们理解网络，而不是阻碍我们的理解，更没有必要争执和拘泥于某种分类方案。

1.2 如何刻画网络

在 1.1 节中我们已经看到，网络无处不在，而且已经成为描述和刻画形形色色的真实系统的有力武器。本节要讨论的问题是：如何描述和刻画网络？"图论"是一门专门用来刻画和分析网络性质的学科[106,107]，它始于二百七十多年前欧拉解决的"哥尼斯堡七桥问题"[108]。一个网络其实是由两个集合组成的，一个是节点的集合，一个是边①的集合，而每一条边描述了两个节点之间的关系（在超网络中[109]，每一条边也可以描述多个节点之间的关系，在第七章中我们会稍作介绍）。我们不打算采用图论教材循序渐进并且严格周密的体系，而选择用生动形象的方式介绍最相关的概念和定义。本节只介绍简单无向无权网络，更加复杂的一些类型，譬如有向网络、加权网络、二部分网络等，将在本书后面进行介绍。我们有的时候会不加定义直接使用一些图论的术语，这些术语的定义在相关教材或者互联网上很容易找到。

一个简单无向无权网络，记为 $G(V, E)$，由节点的集合 $V = \{v_1, v_2, \cdots, v_N\}$ 和边的集合 $E = \{e_1, e_2, \cdots, e_M\}$ 组成，其中任意一条边对应于一个节点的二元组：$e_x = \{v_i, v_j\}$。简单无向无权网络满足以下 4 个条件：

（1）节点自己和自己不能连接——不允许存在诸如 $e_x = \{v_i, v_i\}$ 这样的边。

（2）节点之间最多只能有一条连边，不允许多条连边——对任意两条边

---

① 很多文献中也叫做链路，这也是本书书名的来源。本书边、链路和链接表示同一个概念，不做区分。

13

e_x，e_y，不会出现诸如 $e_x=e_y=\{v_i,\ v_j\}$ 这样的情况。

（3）连边没有方向性，即 $\{v_i,\ v_j\}\equiv\{v_j,\ v_i\}$。

（4）连边只代表节点之间关系的存在性，没有权重的概念，故也没有与之对应的数值。

节点 v_i 的度记为 k_i，即包含节点 v_i 的边的数目。图 $G(V,\ E)$ 中的一条路径是指一个节点序列 $\{v_1,\ v_2,\ \cdots,\ v_m\}$，其中每一对相邻节点之间都有一条边。路径的长度定义为这条路径所包含的边的数目，也就是 $m-1$。

在使用计算机进行分析的时候，通常用邻接矩阵来刻画一个网络，可参见本书附录 C 图 C1 中给出的示例。图 $G(V,\ E)$ 的邻接矩阵即为 A，是一个 N 阶方阵，如果节点 v_i 和节点 v_j 相连，则 A 的第 i 行第 j 列上的元素 $a_{ij}=1$，否则 $a_{ij}=0$。关于含权网络和有向网络的邻接矩阵定义可在第五章和第六章中分别找到。

1.2.1　平均距离与小世界效应

两个节点 v_i 和 v_j 之间的距离，记为 d_{ij}，等于连接这两个节点的最短路径所包含的边的数目。图 $G(V,\ E)$ 的平均距离可以表示为

$$\langle d\rangle=\frac{1}{N(N-1)}\sum_{i\neq j}d_{ij} \tag{1}$$

其中，N 表示节点总数。

80 多年前，匈牙利作家 Karinthy 在短篇小说《锁链》中通过小说中的角色指出，从地球 15 亿人口中任意选出一个人，通过自己的人际关系，不超过 5 个人，他就可以联系上这个人。40 多年前，Milgram 最早明确提出了"小世界"的概念[16]，认为美国任意两个人之间的人际关系距离大约只有 6，也就是说一个人平均而言只需要通过 5 个中间人就可以找到任何一个人——与 Karinthy 的假想不同，Milgram 是通过定量化的科学实验来证明他的观点。

绝大部分真实网络的平均距离都短得出乎我们的想象，譬如具有 225 226 个节点的好莱坞演员合作网络[17]，其平均距离仅为 3.65；具有 153 127 个节点的 WWW[110]，其平均距离仅为 3.1；具有 460 902 个节点的语义网络[111]，其平均距离仅为 2.67，等等。更让人吃惊的是，截止 2011 年 5 月，

具有 7.21 亿活跃用户（一个月内登录至少一次）的 Facebook，其平均距离只有 4.7[112]。这种网络规模很大但平均距离却很小的性质被形象地称为小世界效应[16,17]。更确切地讲，如果网络的平均度固定，平均距离随网络节点数以对数的速度或者慢于对数的速度增长，就称此网络具有小世界效应。特别提醒注意，在很多文献中，小世界效应不仅要求网络具有短的平均距离，还要求网络的簇系数足够大，因此读者在文献中遇到小世界这个术语，一定要注意上下文。

敏锐的读者可能已经注意到平均距离定义上的一个问题——当网络不连通时，平均距离会变成无穷大。一种简单的办法是只计算最大连通分支的平均距离，因为该分支多半已经囊括了网络中绝大多数节点。举个例子，刚才我们提到的 7.21 亿用户的 Facebook 网络[112]，其最大连通分支的节点数目占整个网络的 99.91%，第二大连通分支只有区区两千用户。遗憾的是，不能保证所有的网络都具有"最大连通分支压倒一切"的性质。我们还可以只计算连通的节点对的距离的平均值，但是，在这种情况下，一个破碎成非常多小片的网络平均距离会很小，而这显然和我们的常识不符合，因为支离破碎的网络往往被认为是连通性很差的。为了解决这个问题，我们可以采用一种名为"网络效率"的替代定义[113]：

$$E = \frac{1}{N(N-1)} \sum_{i \neq j} \frac{1}{d_{ij}} \tag{2}$$

在这个定义下，当两个节点 v_i 和 v_j 处于两个不连通的分支时，$d_{ij} = \infty$，于是 $\frac{1}{d_{ij}} = 0$。一般而言，"效率"越高的网络传输性能越好。

网络小到什么程度才能叫做小世界呢？这个问题没有答案，全凭感觉。有的学者认为这事儿不能全凭感觉，提出小世界网络的平均距离至少应该和具有同样多节点和边的随机网络（参考第 1.3 节的网络模型部分）差不多——但是这个"差不多"也很难量化。因为随机网络的平均距离是按照网络规模的对数增长的：

$$\langle d \rangle \propto \log N \tag{3}$$

所以有些学者认为，小世界网络平均距离随网络规模的增长速度不能超过

15

对数。对于网络模型，这是一个非常有用的判据，譬如第 1.3 节将要介绍的 Erdös–Rényi 网络[114-116]、Watts–Strogatz 网络[17] 及 Newman–Watts[117] 网络的平均距离都是按照对数增长，而无标度网络当幂指数在 2 和 3 之间时，其增长速度更为缓慢，是对数的对数[118-121]

$$\langle d \rangle \approx \log(\log N) \tag{4}$$

我们还分析过一个通过整除关系把所有合数连接起来的网络，可以证明，这个网络的平均距离有一个有限上界[122]。

这个对模型很管用的判据，对于真实网络不一定好用，因为观察真实网络平均距离的增长趋势其实并不容易，比如说大部分生物网络的形成都是经过了漫长的时间，现在的结构对于我们而言几乎是静态的，没有办法知道其演化的过去和未来。相对而言，互联网及其上衍生的各类社会网络疯狂生长，成为很好的例证。这些网络平均距离增长的速度可能超乎我们想象的缓慢，譬如 Kumar 等人[123]和 Leskovec 等人[124]各自独立观察在线社会网络和电子邮件通信网络，发现经过一个特定时间后，这些网络的平均距离随着网络规模增大反而逐渐变小——世界越来越大，我们之间的距离却更加接近！

1.2.2　度分布与无标度特性

定义 $p(k)$ 为网络中度为 k 的节点数占节点总数的比例，此即为节点的度分布。图 1 所示的星型和规则网络的度分布都是平凡的，前者是两点分布，后者每个节点的度都是一样的，因此实际上没有所谓的分布的概念。近年来的实证研究表明，很多真实网络的度分布，都近似地遵从幂函数的形式[125]，即

$$p(k) \propto k^{-\gamma} \tag{5}$$

其中 γ 称作幂指数。由于幂函数是标度不变的，这类网络被称作无标度网络。与指数函数相比（随机网络服从这种分布形式），幂函数下降比较缓慢，允许一些度很大的节点（中枢节点）存在，这些中枢节点对网络整体的结构和功能有至关重要的影响。

真实网络的无标度性很早就有人注意到[126]，但直到 Barabási 和 Albert 开创性的文章发表以后[74]，才真正激起了无标度网络研究的热潮。这一浪潮容易让

人产生一种错觉，就是绝大多数的真实网络度分布都是近似幂律的，事实上网络的度分布是多种多样的，幂律形式只是其中有代表性的一种[18,75]。具有其他代表性度分布的网络实例很多，比如摩门教徒的熟人关系网络服从高斯分布[127]，美国和加拿大的电力网络服从指数分布[17,18]，科学家合作网的度分布介于指数和幂律之间，可以用带指数截断的幂函数[22]或带漂移的幂函数[128]（也称 Mandelbrot 律）更好地刻画。图 5 给出了具有代表性的频数和累积度分布的示意图[75]，注意幂律分布和指数分布分别在双对数和单对数坐标下是直线。

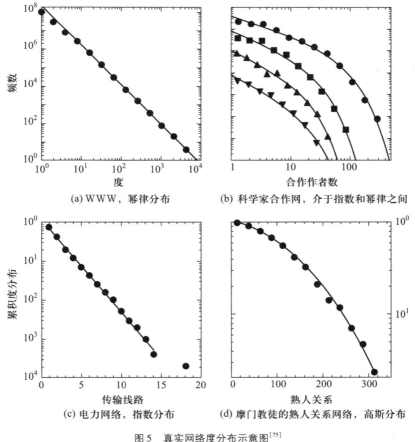

(a) WWW，幂律分布　　　　(b) 科学家合作网，介于指数和幂律之间

(c) 电力网络，指数分布　　　　(d) 摩门教徒的熟人关系网络，高斯分布

图 5　真实网络度分布示意图[75]

17

1.2.3 局部结构

局部结构中最早受到关注的是三角形。早在一百多年前，三角形结构在社会网络中的重要性就备受学者关注[129]。在社会网络分析中，表现为三角关系的局部集聚性质被称为传递性[130]，定义为

$$T = \frac{3T_3}{T_2 + T_3} \tag{6}$$

式中，T_3 是恰好拥有三条边的节点三元组（三角形）的数目，T_2 是恰好拥有两条边的节点三元组的数目。显然这是一个基于局部三角形聚集性质的全局指标。

1998 年，从类似的思路出发，Watts 和 Strogatz 给出了一个局部性指标。针对任意节点 v_i，其簇系数定义为它所有相邻节点之间连边的数目占可能的最大连边数目的比例，即

$$C_i = \frac{2l_i}{k_i(k_i - 1)} \tag{7}$$

式中，k_i 表示节点 v_i 的度，l_i 表示节点 v_i 的 k_i 个邻居之间的连边数目。如图 6 所示，$k_i = 7$，$l_i = 5$，所以节点 v_i 的簇系数为 $C_i = \frac{5}{21}$。整个网络的簇系数定义为所有节点簇系数的平均值：

$$C = \frac{1}{N'} \sum_{i, \, k_i > 1} C_i \tag{8}$$

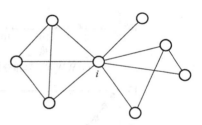

图 6 网络局部结构示意图

注意，由于簇系数的定义只对度大于 1 的节点有意义，故求和只考虑度大于 1 的节点。N' 代表所有度大于 1 的节点的数目。

簇系数 C 和传递性 T 虽然思路相近，但在有些情况下会有非常大的差别，Bollobás 和 Riordan[131] 给出了优雅而深刻的数学分析。为了克服 1.2.6 节将要介绍的关联性导致的偏差，Dorogovtsev[132] 以及 Soffer 和 Vázquez[133] 提出了改进的定义。Serrano 和 Boguná[134,135] 系统给出了几种常见簇系数的分析和比较，有兴趣的读者可以通过阅读这里提供的文献加深对簇系数的理解。

三角形是包含两点之间多条路径的最小结构，在此基础上直接的推广就是

环结构。一个长度为 h 的环，是由 h 个节点 $\{v_1, v_2, \cdots, v_h\}$ 和 h 条边（$\{v_1, v_2\}$，$\{v_2, v_3\}$，$\cdots$，$\{v_{h-1}, v_h\}$，$\{v_h, v_1\}$）组成的封闭回路。环的存在，尤其是低阶环的多寡，对于网络功能有重要的影响[136]。在真实的无向网络中，低阶环的数目超过具有同样多节点和链路的随机网络，但是在真实的有向网络中（参见本书第六章），低阶环的数目反而明显少于随机网络[137]。事实上，网络中环的分布也很不均匀，其中低阶环比较集中的地方，往往是网络结构形成和功能实现最重要的部位[138]。

另外一种受到广泛关注的局部结构是完全子图，或称派系。一个 c 阶派系是指由 c 个节点和 $c(c-1)/2$ 条边组成的完全图。揭示派系的组织方式对于寻找网络中的重叠群体[139]和重叠群落[140]有重要意义。Kaczor 和 Gros 的实证分析显示[141]，阶数为 c 且不属于更高阶派系的派系在所有派系中出现的频次分布具有肥胖的尾部。一个网络最大派系的阶数，即 c_{max}，称为网络的派系数。关于派系分布和派系数的研究很少，因为寻找网络最大派系是一个 NP 完全问题。为了刻画一个节点周围的派系密度，肖伟科等人[142]提出了名为派系度的指标：节点 v_i 的 c 阶派系度 $k_i^{(c)}$ 定义为包含该节点的不同 c 阶派系的数目。显然，2 阶派系度就等于度。以图 6 为例，对于节点 v_i，其各阶派系度分别为：$k_i^{(2)} = 7$，$k_i^{(3)} = 5$，$k_i^{(4)} = 1$，$k_i^{(\geqslant 5)} = 0$。肖伟科等人发现[142]，很多真实网络的低阶派系度分布都符合幂函数律，且幂指数随派系阶数上升而下降。

图 7　保持连通的四个节点所能形成的不同构的所有 6 种子图

环和派系都是比较特殊的结构，一般地，我们可以分析连通的低阶子图。譬如说连通的 4 阶子图，只有如图 7 所示的 6 种不同的结构。比较不同子图在真实网络和随机网络中出现的频次，如果在真实网络中出现的频次远远高于随机网络，这样的子图就被称做网络的模体，被认为具有特别重要的结构和功能的意义[143,144]。在本书的第六章，读者将看到低阶子图分析的方法在有向网络链路预测中发挥巨大作用。

1.2.4　节点与链路的中心性

节点的重要性往往用其"中心性"来衡量。在不同的定义下，不同的中心性刻画了节点在网络中的不同作用，例如节点的传播能力，节点受到攻击后对网络整体性质的影响等。度中心性（就等于节点的度）是衡量节点重要性最简单最直接的方法。一般而言，一个节点的度越大就意味着这个节点越重要，但是并不是所有网络中度大的节点都是最重要的。Kitsak 等人指出，节点的传播影响力与节点所处网络的位置有关——如果节点处于网络的核心位置，即使其连接度很小，那么也往往具有高的影响力；相反，即使是大度节点，如果它处于网络的边缘也不会有高的影响力[145]。

节点的重要性与所要关注网络的结构与功能相关。例如，在通信网络中，有些节点的连接度很小，但是很多信息包都要经过这个节点进行传递，因此该节点对于网络的连通性起到关键作用[146]。为了刻画这类节点的重要性，Freeman 于 1977 年提出了介数的概念[147]，用于衡量某节点在基于最短路径的路由策略下信息的吞吐量。对应的指标叫做节点的介数中心性，定义为网络中节点对最短路径中经过该节点的数目占所有最短路径数的比例。具体地，节点 v_i 的介数定义为

$$B(v_i) = \sum_{s \neq i \neq t} \frac{n_{st}^i}{g_{st}} \tag{9}$$

式中，g_{st} 为节点 s 到节点 t 的最短路径的数目，n_{st}^i 为从节点 s 到节点 t 的最短路径中经过节点 v_i 的数目。

另一种与最短路径相关的中心性称为接近中心性[148]，它被定义为节点与网络中其他所有节点最短距离的平均值。如果一个节点到达网络其他节点的最短距离均值越小，说明该节点的接近中心性越大，暗示该节点可能更加重要。接近中心性也可以理解为利用信息在网络中的传播时间来确定节点的重要性。如果说介数最高的节点对于网络中信息的流动具有最大的控制力，那么接近中心性最大的节点则对于信息的流动具有最佳的观察视野。

除了上面最常见的三种中心性指标，还有特征向量中心性[149]、路由中心性[150]、子图中心性[151]以及环中心性[152,153]等指标；一些可以用于节点排序的

算法，譬如 PageRank[154] 及 LeaderRank[155] 等，所给出的节点上的分值，往往也被视作一种中心性。PageRank 和 LeaderRank 适用于有向网络，相关介绍参见附录 A.3。

与节点度相似，边度是衡量网络链路重要性最简单的方法。在图论中，一条边的度定义为所有与这条边关联的边的数量。对于一条边 $e = \{v_i, v_j\}$，其度为

$$d_e = k_i + k_j - 2 \tag{10}$$

在复杂网络的相关研究中，研究者也常使用乘积的形式，即 $k_i k_j$ 来表示边度。

与节点的介数定义类似，一条边 e 的边介数定义为

$$B(e) = \sum_{s \neq t} \frac{n_{st}^e}{g_{st}} \tag{11}$$

式中，n_{st}^e 为从节点 s 到节点 t 的最短路径中经过边 e 的数目。边介数衡量了边的连通能力，介数越大的边对网络的连通性起到的作用越重要。通常情况下，连接两个社团的边具有较大的介数，而处于社团内部的边介数较小。因此，边介数为区分一个社团的内部边和连接社团之间的边提供了一种有效的度量标准[156]，我们在 1.2.5 节还会提及。

程学旗等人[157]提出了一种基于网路局部信息的指标，称为桥接数。一条边所连接的两个节点所在的最大全连通子图越大，与此同时，这条边自身所在的最大全连通子图越小，那么这条边的桥接数越大。具体地，任意边 $e = \{v_i, v_j\}$ 的桥接数定义为

$$\Theta(e) = \frac{\sqrt{S_i S_j}}{S(e)} \tag{12}$$

式中，S_i 是包含节点 v_i 的最大派系的大小，$S(e)$ 是包含边 e 的最大派系的大小。这个局部性指标被证明能够很好地刻画链路在网络连通性上起到的作用。

1.2.5 群落结构

直观地讲，群落结构是指网络由很多群落组成，群落内部连边密集，群落之间连边很少。图8是一个简单群落结构示意图，共包括三个群落。在引文网络中，群落代表特定的研究领域；在万维网中，群落反映网络的主题分类；在

神经网络中，群落可能代表功能单元；在社会网络中，群落可能代表具有类似兴趣爱好的人群，如此等等。

如何定义"群落"本身就是一个不简单的问题。可以给出群落严格的数学定义，譬如一个子图是强/弱群落，当且仅当该子图中每一个节点的内部度（指向子图中其他节点的边数）都大于/不小于该节点的外部度（指向不属于此子图的节点的边数）[158,159]。这样的定义虽然严格优美，但在实际使用的时候并不方便。目前主流的思路是抛弃"非此即彼"的定义方式，不再严格界定什么样的网络具有群落结构或什么样的子图可以称为一个群落，而是给出度量群落划分结果的指标。同样一个网络，如果用不同的方法进行划分，指标有高有低，指标越高，相应的划分方法就被认为越好；不同的网络，如果有的已经找到了可以得到很高指标值的方法，有的还没有找到，暂时就认为前者具有更明显的群落结构。

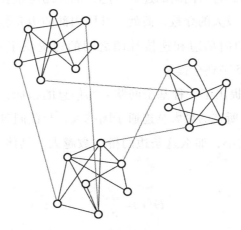

图 8　群落结构示意图

从这个思路出发，目前应用最广泛的指标称作"模块化程度"，其基本假设是随机网络不存在群落结构（事实上，这个假设受到广泛质疑[160,161]）。模块化程度本质上是描述真实网络划分群落后，在多大程度上比相应的随机网络具有更多的内部连边，定义为[162]

$$Q = \frac{1}{2M} \sum_{i \neq j} \left(A_{ij} - \frac{k_i k_j}{2M} \right) \delta^{ij} \tag{13}$$

其中 A 是邻接矩阵，M 是网络总边数，如果节点 v_i 和 v_j 同属于一个群落，则有 $\delta^{ij}=1$，否则为 0。除了我们上面提到的假设本身存在争议以外，模块化程度这个指标还存在很多问题，其中特别突出的是分辨率的问题，即通过优化模块化程度得到的群落划分无法识别规模很小的群落[163]。考虑到模块化程度存在的缺陷和应用上的局限性，近几年研究人员提出了很多替代或改进的指标，包括局部模块化程度[164]、归一化互信息[165]、模块密度指标[166]以及基于自然密度的模块化程度[167]等。

群落挖掘算法是相关研究特别集中的方向。以前在社会网络研究中，主要采用聚类的方法对群落进行分析[168]。与之相反，Girvan 和 Newman[156]提出了一种基于分裂的检测群落结构的算法，这种算法的基本思想是每次选择一条介数最大的边，将其从网络中去掉。依次迭代，就可以凸显网络的群落结构。目前算法方面的主要挑战还不完全在于精确性，而是如何快速地对包含数千万乃至数亿甚至上十亿节点的社会网络进行群落划分[169-174]。

在上面的讨论中，每一个节点只能属于一个群落，所以可以称作不重叠的群落划分。与之相对，一个更加复杂的问题是可重叠的群落划分[175]。图 9 给出了一个典型的例子，其中有一些节点同时属于多个群落。针对可重叠的群落结构，如何定义相关度量指标以及如何设计高效率的算法，都是亟待解决的问题[176-179]。

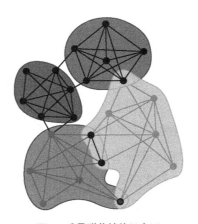

图 9　重叠群落结构示意图

1.2.6　关联性

研究最多的关联行为是一条边所连接的两个节点度之间的关联。如果度大的节点倾向于和度大的节点相连，度小的节点倾向于和度小的节点相连，我们就说这种网络是度度正相关的，简称正相关；反之，如果度大的节点倾向于和度小的节点相连，我们就说这个网络是负相关的。Pastor-Satorras 等人[65,66]给出了度度相关性一个直观的刻画，他们在对 Internet 的研究中计算了一个节点的邻居节点的平均度，进而再对所有度相同的节点取平均，得到度为 k 的节点邻居节点平均度的平均值：

$$k_{nn}(k) = \sum_{k'} k' P(k' \mid k) \tag{14}$$

式中，$P(k' \mid k)$ 是条件概率，即已知某边的一个端点度为 k，另一个端点度为 k' 的概率——当网络完全没有度度相关性的时候，对所有 k'，都有 $P(k' \mid k) = P(k')$。当网络正相关时，$k_{nn}(k)$ 是一条随 k 递增的曲线；反之，随 k 递减。

Newman 提出通过计算网络连边两个端点度的 Pearson 关联，来度量网络的度度相关性，其定义为[180,181]

$$r = \frac{M^{-1} \sum_e j_e k_e - \left[M^{-1} \sum_e \frac{1}{2}(j_e + k_e) \right]^2}{M^{-1} \sum_e \frac{1}{2}(j_e^2 + k_e^2) - \left[M^{-1} \sum_e \frac{1}{2}(j_e + k_e) \right]^2} \tag{15}$$

式中，j_e 和 k_e 分别是边 e 的两个端点的度，求和包括所有边。r 指标也称为网络的同配系数。显然 $-1 \leq r \leq 1$，当 $r > 0$ 时网络是正相关的，即同配网络；当 $r < 0$ 时网络是负相关的，即异配网络；$r = 0$ 时网络无相关性。当网络度分布异质性非常强，譬如度分布幂指数不超过 3 的时候，度分布的二阶矩发散，这个定义本身在数学上存在缺陷[182]。尽管任何有限的网络不存在真正意义上的发散，但是该定义依然值得仔细斟酌，事实上这个定义在有限网络中也会出现一些问题，譬如网络度分布异质性足够强之后，内部的节点之间不管是怎么样连接的，只要度序列不变化，相关性指数 r 也基本不变[183]。类似的问题也存在于人类行为时间统计特性中对阵发性和记忆性的刻画指标[184]——一切涉及方差这个概念的统计参量的使用都需要特别谨慎小心！

记度为 k 的节点具有的平均簇系数为 $C(k)$，那么 $C(k)$ 与 k 的关系就叫做簇度相关性。Ravasz 等人最早发现[19,185]，很多真实网络具有负的簇度相关性，可以近似表示为倒数相关：

$$C(k) \propto k^{-1} \tag{16}$$

该关系可能源自于网络的层次组织结构，可以在若干具有明确层次关系迭代生成的网络模型中精确解出[19,186-189]。当网络的边具有明确的几何意义时，即边的长度可以测量时，网络的簇度往往是不相关的，例如电力网络和真实物理连接形成的 Internet，这可能是因为高昂的成本限制了长距离边的形成，从而破坏了全局的层次组织。有趣的是，航空网络具有明显的簇度负相关[190]。虽然航线也具有定义明确的几何长度，但因为毕竟不是物理连接，所以很长的航线也有较高的出现频率[191]。在 1.2.3 节我们曾提到过的 Soffer 和 Vázquez[133]对簇系数定义的改进，在此定义下，簇度要么是基本不相关的，要么簇系数随节点度的增大以对数趋势衰减。

1.2.7　熵

受香农熵[192]启发，网络度分布的异质性可以用度分布熵来衡量，记为[193]

$$H = - \sum_k p(k) \log p(k) \tag{17}$$

这个量被认为可以反映网络的鲁棒性[193]：H 越小，鲁棒性越高。度分布熵也可以用剩余度来定义[194]：

$$H^* = - \sum_k p^*(k) \log p^*(k) \tag{18}$$

其中

$$p^*(k) = \frac{(k+1)p(k+1)}{\langle k \rangle} \tag{19}$$

是剩余度分布[180,181]。式（17）和式（18）的定义都存在相当的局限性，因为它们只考虑了度分布的特征，而具有完全一致度序列的网络内部的连接可以很不相同[195]。

从统计物理的思路出发，一个网络的熵可以定义为在给定的系统中该网络结构出现的对数似然[196]，而这个系统一般而言都是正则系综[197]。系综是统计物理中的一个概念，在这里表示具有相同性质和结构的网络的集合。系综本身的熵更值得关注，它被定义为属于该系综的网络数目的对数[198,199]。这个定义非常有用，譬如可以证明，具有幂律度分布的网络系综的熵远远小于度分布比较均匀的网络系综[198]，暗示前者有更高级的序，从而也更复杂。当然，这只是来自于波尔兹曼熵的简单类比，并不是严格的。Anand 和 Bianconi[200] 给出了各种熵的定义之间关系的系统分析。Bianconi 等人[201] 还展示了如何利用熵的概念定量刻画节点各种属性对网络演化的影响。

为了更直接刻画真实网络和演化模型之间的偏差，熵还可以直接定义在模型上。记 Ω 为一组网络生成规则的集合，通俗地讲，也就是一个完整的网络模型。能够被 Ω 生成的所有可区分的网络组成了系综 $G = \{G_1, G_2, \cdots\}$。李季等人[202] 提出了一个针对模型的熵：

$$H_\Omega = - \sum_i p(G_i) \log p(G_i) \tag{20}$$

其中 $p(G_i)$ 是网络 G_i 在模型 Ω 下出现的概率。举例来说，如果 $\Omega(N, p)$ 表示在 N 个节点的网络中，任意两对节点都以概率 p 连一条边（参考第 1.3 节将要介绍的 Erdös–Rényi 网络），给定 $N=2$ 和 $p=0.3$，对应的系综只有两个元素，一个是两个孤立节点，一个是一条边，前者出现概率为 0.7，后者出现概率为 0.3，因此 $H_{\Omega(2,0.3)} = -(0.7\log 0.7 + 0.3\log 0.3)$。这种定义可以让我们反过来观察模型本身有多么的"不同凡响"。特别要提醒注意的是，除了度分布熵，其他定义下计算复杂性都很大。

1.2.8 其他网络特征概览

网络的邻接矩阵或拉普拉斯矩阵的特征值谱既能够反映网络的直径、环的数目、群落结构、连通性等结构性质[203-207]，又能够反映传播阈值、同步能力等功能特征[208,209]。

一些粗粒化[210-212]的方法可以把真实网络规模大幅度缩小却保持网络很多特征不变，暗示网络在不同尺度上具有自相似的结构。利用网络结构的自相似性，Song 等人[213-215] 提出了利用盒子覆盖法估计网络分形维数的方法。

周实等人[216]指出很多真实网络具有所谓的"富人俱乐部"效应，也就是说那些度大的节点有很强的相互紧密连接的趋势，可以用富人俱乐部参数刻画：

$$\phi(k) = \frac{2M_{>k}}{N_{>k}(N_{>k}-1)} \tag{21}$$

其中 $N_{>k}$ 是度大于 k 的节点数，$M_{>k}$ 是这些节点之间的连边数。周实等人认为递增的 $\phi(k)$ 曲线能够说明网络具有富人俱乐部效应。Colizza 等人[217]发现随机网络也具有递增的 $\phi(k)$ 曲线，因此认为周实等人所提出的指标应该除以具有同样度序列的随机网络的平均的 ϕ 值。有趣的是，周炜星小组又为修正后的指标找出了反例[218]。如何度量富人俱乐部效应至今也没有定论，但是这个思路非常有启发性，实际上还可以应用在除了节点度以外的其他特征指标上[219]。

我们还可以通过 k-核分解的办法计算网络的核数[220]，分析网络结构中隐含的搜索能力[221]、导航能力[222]以及网络传送信息的吞吐量[146]等。刻画网络特征的指标不胜枚举，未来还会出现更多。本节仅仅是走马观花，点到为止，并无意提供一个完整的评述。尽管新鲜的指标如雨后春笋，纷沓而至，我们相信本小节中介绍的内容在网络科学和工程研究中会拥有长久的生命力。有兴趣的读者应该自己主动发掘更多的资料和文献，充实这方面的知识。对于网络特征刻画方法的深入理解，不仅对于理解本书有帮助，对于理解"网络科学与工程丛书"中的任何一本书，都是至关重要的！

1.3 最基本的网络模型

如前所述，很多复杂系统都可以进行网络抽象，这些形形色色的网络既具有各不相同的特异性，又表现出很多相似之处。为什么这些完全不同的系统抽象出来的网络具有相似的性质，这些性质形成的内在机制是什么？有没有什么简单的方法可以在理论上再现这些机制？这些简单而深刻的问题，将来自不同领域的科学家们吸引到了网络建模的方向。如果顺着图论的大树向上攀爬，对于网络模型的研究可以追溯到两百多年前，其间大致可以划分为三个阶段。在最初的一百多年里，科学家们认为真实系统各因素之间的关系可以用一些规则的结构表示[4]，例如二维平面上的欧几里得格网，它看起来像是格子 T 恤衫上的花纹；又或者最近邻环网，它总是会让你想到一群手牵着手围着篝火跳圆圈舞的姑娘。到了 20 世纪中叶，数学家们想出了一种新的构造网络的方法。在这种方法中，两个节点之间连边与否不再是确定的事情，而是根据一个概率决定。数学家把这样生成的网络叫做随机网络，它在接下来的半个世纪里一直被很多科学家认为是描述真实系统最适宜的网络[223]。直到最近，由于计算机数据处理和运算能力的飞速发展，科学家们发现大量的真实网络既不是规则网络，也不是随机网络，而是具有与前两者皆不同的统计特征的网络。这样的一些网络被科学家们笼统地叫做复杂网络，对于它们的研究标志着第三阶段的到来。在本节中，我们将介绍 4 个最基本的网络模型：规则网络、随机网络、小世界网络和无标度网络，其中，由 Watts 和 Strogatz[17] 提出的小世界网络模型以及由 Barabási 和 Albert[74] 提出的无标度网络模型，是掀起网络研究新高潮的两大先锋。

1.3.1　规则网络

规则网络在图论中有很严格的定义，即指每个节点度都相同的图。这个定义尽管简单严格，但是不符合物理直观。我们假想一个有 10 000 个节点的网络，每个节点都随机找 10 个节点相连——这个网络的结构无论如何都不能用规则来形容，却拥有规则网络的头衔。物理学家所指的规则网络往往强调网络的结构是确定性的，具有很强的对称性，可以通过简单的方法构造。事实上，每个节点度都相同只是物理学家眼中规则网络的一个性质。大部分物理学家讨论的规则网络的节点地位都是完全相同的，这类网络被数学家称做点可迁图[4]。严格地讲，图 $G(V, E)$ 是点可迁图，如果对任意两个节点 v_i，v_j，存在一个自同构映射 $\varphi: V \rightarrow V$，使得 $\varphi(v_i) = v_j$。显然，点可迁图中每个节点的地位都是完全一样的。

最近邻环网是一类很有代表性的规则网络。在这类网络中，节点被排布成一个环，每个节点都和距离自己最近的 $2z$ 个节点相连，因此度均为 $2z$，其中 z

被称做配分数[224]。图 10 给出了 $z=2$ 的最近邻环网示意图。

通过简单的计算，可以得到最近邻环网的平均距离约为

$$\langle d \rangle \approx N/4z \tag{22}$$

当网络的节点数 N 趋于无穷大时，平均距离也趋于无穷大，而且和 N 是同阶无穷大，这是一维规则网络的典型特征。最近邻环网的簇系数为

$$C = \frac{3z-3}{4z-2} \tag{23}$$

随着 z 变大，趋于极限值 0.75。总的来说，最近邻环网具有长的平均距离和大的簇系数。

图 10　最近邻环网示意图，其中 $z=2$

最近邻环网也叫做一维格网，相应的，还有二维、三维等多维格网。图 1（b）给出了一个二维格网的示意图。如果不考虑簇系数定义上的不妥（譬如二维格网簇系数为 0，而实际上它具有明显的局部集聚的性质），可以认为长的平均距离和大的簇系数也是大多数规则网络共同的性质。可以证明，维度为 **d** 的格网，其平均距离与节点数满足关系：

$$\langle d \rangle \propto N^{\frac{1}{d}} \tag{24}$$

毫无疑问，格网是研究最为彻底的一种规则网络。众所周知的元胞自动机实际上就是格网上的一种特殊的动力学[225]，它的应用范围涵盖了交通[226]、经

济[227]、历史[228]、战争[229]等方方面面，是当前复杂性科学研究的有力工具之一。这里，我们特别想要强调的一点是，规则网络决不仅限于格网，如超立方体[230]、双环网[231]、凯莱图[232]等都是研究较多、应用广泛的规则网络。最近史定华等人的工作揭示了规则网络可能具有的丰富多彩的动力学性质[233]。

1.3.2 随机网络

随机网络也叫随机图，其理论起源于 20 世纪 40 年代一些零星的文章[234-236]。1959 年到 1961 年，Erdös 和 Rényi 连续发表三篇著名的文章，使得随机图论开始成为图论一个正式的分支，他们所构建的随机网络的模型在后来被称做 Erdös-Rényi（ER）网络[114-116]。下面我们主要介绍 ER 模型及其相关性质。

考虑一个 N 阶无向图 $G(V, E)$，Erdös 和 Rényi 给出了两种相似但又不完全相同的随机网络模型。如果任意两点之间独立地以概率 p 连边，以概率 $q = (1-p)$ 不连边，就得到第一种 ER 随机图，习惯上记做 $G_{N,p}$；如果完全随机地选择 m 条边作为边集 E，则得到第二种 ER 随机图，习惯上记做 $G_{N,m}$。当 $m = \frac{p}{2}N(N-1)$ 时，$G_{N,p}$ 与 $G_{N,m}$ 具有基本一致的性质。

设 $N \to \infty$ 且 $p \to 0$，使得节点平均度 $\langle k \rangle = p(N-1)$ 为有限常数。只需注意到任意节点度为 k 的概率为

$$p(k) = \binom{N-1}{k} p^k (1-p)^{N-1-k} \approx \frac{\langle k \rangle^k e^{-\langle k \rangle}}{k!} \tag{25}$$

即可知 $G_{N,p}$ 的度分布为均值在 $\langle k \rangle$ 的泊松分布，因此 $G_{N,p}$ 也叫泊松网络。可以证明，当平均度超过 3.5 后，ER 网络的平均距离约为[237]

$$\langle d \rangle \approx \frac{\ln N}{\ln \langle k \rangle} \tag{26}$$

另外，由于对任何一个节点的任何两个邻居而言，它们之间有边相连的概率都是 p，因此 ER 网络的簇系数恰为 p。当 $p(N-1)$ 为有限常数时，随着 N 的增大，网络簇系数按 $1/N$ 的趋势衰减。总结起来，ER 随机图具有小的簇系数、短的平均距离和泊松形式的度分布。图 11 是 ER 网络的一个示意图，其顶点数和边

数都与图 10 相同。

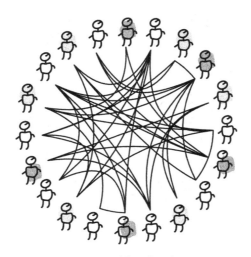

图 11 ER 随机网络示意图

1.3.3 小世界网络

如前所述，绝大多数真实网络具有大簇系数和短平均距离的特征，因此既不同于规则网络，又异于随机网络。为了更好地刻画真实网络，Watts 和 Strogatz[17] 于 1998 年提出了一个介于规则网和随机网之间的单参数模型（WS 模型）。WS 模型从具有 N 个节点、配分数为 z 的最近邻环网开始，对于每一条环网上的边，以概率 p 随机重连（此处随机重连是指保持其一个端点不变，另外一个端点随机选择），同时保证没有重复边。这一模型在社会系统中有其根源，社会系统中大多数人是他们直接邻居的朋友——邻居、同事或同学；与此同时，每个人都有若干来自远方甚至其他国度的朋友——他们由 WS 模型中通过重连得到的长距离边（也称捷径）来代表。图 12 是 WS 网络的一个示意图，其顶点数和边数与图 10 及图 11 相同。

用 $\langle d \rangle_p$ 和 C_p 分别表示不同重连概率 p 下 WS 网络的平均距离和簇系数，显然，$\langle d \rangle_0$ 和 C_0 代表最近邻环网的情况，$\langle d \rangle_1$ 和 C_1 代表随机网络的情况。图 13 给出了 $\langle d \rangle$ 和 C 随 p 变化的曲线，从图中可以看出，在 p 值一个相当宽阔的区间内，$\langle d \rangle_p$ 接近 $\langle d \rangle_1$，而 $C_p \gg C_0$——这一规律源于 p 很小时，$\langle d \rangle_p$

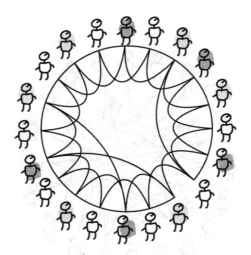

图 12　WS 小世界网络示意图

快速下降而 C_p 基本保持不变。相比规则网络和随机网络，WS 网络表现出来的短平均距离和大簇系数共存的特征是与真实网络高度一致的。

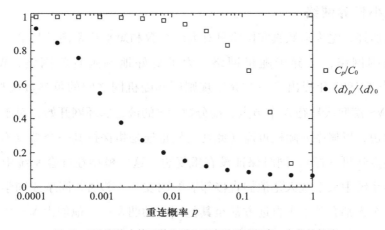

图 13　WS 网络中簇系数和平均距离随重连概率 p 变化的规律

特别值得一提的是由 Monasson[238] 和 Newman 及 Watts[117] 独立提出的关于 WS 模型的一个变体，文献中一般称之为 Newman-Watts（NW）模型。在 NW 模型中，原来在最近邻环网上的边都保留，只是以概率 p 在每对尚未连接的顶点间连一条边。可以证明，在 N 足够大 p 足够小的情况下，WS 网络和 NW 网络的性质几乎一致，都具有大的簇系数和短的平均距离，但是 NW 网络可以避免在 WS 网络"断边重连"过程中出现网络整体不连通的可能性，且更易于解析研究。以上两种小世界网络模型的簇系数都是易于计算的，对于 WS 网络，Barrat 和 Weigh 给出了簇系数的解析结果[239]：

$$C = \frac{3(z-1)}{2(2z-1)}(1-p)^3 \qquad (27)$$

对于 NW 网络，其值为[102]

$$C = \frac{3(z-1)}{2(2z-1)+4zp(p+2)} \qquad (28)$$

WS 网络的平均距离 $\langle d \rangle$ 遵从普适的标度关系[117,240]：

$$\langle d \rangle = \frac{N}{z}f(zpN) \qquad (29)$$

其中 f 形式为[241]

$$f(u) = \begin{cases} \text{常数}, & u \ll 1 \\ \dfrac{\ln u}{u}, & u \gg 1 \\ \dfrac{4}{\sqrt{u^2+4u}}\tanh^{-1}\dfrac{u}{\sqrt{u^2+4u}}, & u \approx 1 \end{cases} \qquad (30)$$

因此当 $zpN \gg 1$ 时，WS 网络表现出小世界性质。在高维规则网络基础上生成的 WS 网络和 NW 网络性质与一维情况类似[117,224,242,243]，只是其平均距离的标度关系（式（29））需要一个简单的修正：将 N 替换成 $N^{1/d}$，其中 $\mathbf{d}$ 是 $p=0$ 时规则网络的维度。易于证明，WS 网络度分布形式与随机网络相似，大度节点出现的概率呈指数衰减[239]。

1.3.4　无标度网络

为了解释真实网络无标度特性出现的内在机理，Barabási 与 Albert[74] 于 1999 年提出了一个增长网络模型（BA 网络）。在该模型中，网络初始时具有 m_0 个节点，以后每一时间步增加一个新节点，新节点从网络中已经存在的节点中选择 m 个并与之相连，其中节点 v_i 被选中的概率与它的度 k_i 成正比。图 14 是 BA 网络演化增长的一个示意图，其中圆圈的大小代表节点的度，空心圈是新增节点，深色是老节点，浅色是青年节点。利用平均场近似，Barabási 等人证明了 BA 网络度分布是指数为 3 的幂律分布[244]：

$$p(k) \propto k^{-3} \tag{31}$$

当节点数 $N >> m_0$ 时，该分布与初始条件无关。主方程法[245]、率方程法[246]、非齐次马尔可夫链分析[247]等方法可以得到更精确的解或者更严格的证明，此处不再详细介绍。

Barabási 与 Albert 认为真实网络自组织并表现出无标度特性的根本原因有二：一是网络在不断地生长；二是新产生的节点都倾向于和已经具有很多连接的顶点相连。这两个机制常被简称为"生长"和"偏好依附"，它们与我们的直觉是相符的。以 WWW 为例，每天都有新的网页和网站，而这些新生儿总是倾向于连接到一些知名的网站（度大的节点）。事实上，BA 模型的基本思想可以向前一直追溯到 Price[126,248] 和 Simon[249]，不过当时他们的工作并未如 BA 模型般引起如此广泛的关注。

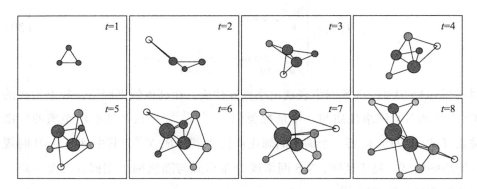

图 14　BA 网络演化增长过程示意图

Bollobás 等人的研究表明，BA 网络具有小世界效应，其直径（最长的平均距离）增长趋势为[121]

$$d_{\max} \approx \frac{\ln N}{\ln(\ln N)} \tag{32}$$

但是，与真实网络不同的是，BA 网络的簇系数很小，并且随着网络节点数 N 的增大很快趋于 0，其趋势为[250,251]

$$C \propto \frac{\ln^2 N}{N} \tag{33}$$

由于很多真实网络具有很大的簇系数，且簇系数的值并不随着网络节点数的增加而变小，因此 BA 网络并不能很好地再现真实网络高集聚的性质。

表 1 网络主要拓扑特征一览

	平均距离	簇系数	度分布
规则网络	大	大	δ 函数
随机网络	小	小	泊松分布
WS 小世界网络	小	大	指数分布
BA 无标度网络	小	小	幂律分布
部分真实网络	小	大	近似幂律分布

表 1 对比了上述四个网络模型与部分真实网络的基本拓扑性质。当然，网络建模方面的研究发展至今，其描述和刻画真实系统的能力已经远远超过了表 1 所陈列的内容[252]。列出此表，只是便于我们更好地品味历史罢了。

1.4 小结

如果从 1998 年 Watts 和 Strogatz[17] 提出小世界网络模型，以及 1999 年 Barabási 和 Albert[74] 提出无标度网络算起，复杂网络这个研究领域已经走过了十几年。除去开创时期的文章，从 2000 年到现在，明确以"复杂网络"为主题（这是很不完全的统计，因为还有很多文章仅以小世界网络或者无标度网络为主题）的 SCI 论文就达到了 8 724 篇之多，引用累计 166 248 次，其中他引 108 228 次，单篇均引 19.05 次，H 指数为 162，且如图 15（a）所示，发文量依旧呈现上涨势头。

我国一些学者较早意识到了复杂网络研究的重要性，积极推动了我国网络科学的迅猛发展。如图 15（b）所示，复杂网络研究在我国呈现出了类似的迅猛发展的势头。在统计的 SCI 论文中，有中国地址的论文共有 2 263 篇，超过了四分之一。在欣喜之余，我们也需要警醒，这 2 263 篇论文获得的引用仅仅是 23 004 次，他引 15 159 次，均引 10.17 次，只有国际平均水平的一半；H 指数也只有 60，还不到国际水平的一半，高引用的论文更是凤毛麟角！希望网络科学与工程丛书，能够帮助我国学者更好地了解网络科学与工程的国际前沿，更快地做出国际一流水平的成果。

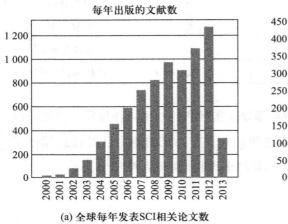
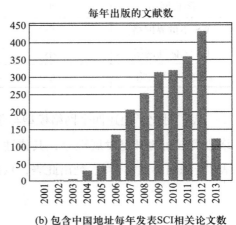

图 15　以复杂网络为主题每年在 SCI 期刊发表的论文数量增长趋势（数据截止日期：2013 年 5 月 5 日）

为了帮助我国年轻学者，特别是一些刚刚开展相关研究工作的本科生、研究生尽快熟悉复杂网络的研究，我们在这里为大家介绍一些有代表性的中英文专著和综述性论文，这些可以作为大家进入相关领域的入门材料。

目前综合类专著中最全面的当属 Newman 的《网络引论》[253]，最简洁的则是 Dorogovtsev 的《复杂网络讲义》[254]。2006 年普林斯顿大学出版社出版过一本三巨头的专著，叫做《网络结构与动力学》[255]，但是不要期望太高，因为这只是早期经典文献的一个汇编。Watts 以前写过两本书，一本叫《六度》[256]，一本叫《小世界》[257]，Barabási 写过一本名为《链接》[258]的小书，这些都可以看做半专著半科普的著作，书中除了一些基本概念方法和结论外，更重要的是读者可以从中了解领域开创者创新灵感的来源以及这个领域在学术和文化史中的位置。汪小帆、李翔和陈关荣合作撰写的《网络科学导论》是目前最全面的中文图书[259]，2009 年何大韧、刘宗华和汪秉宏推出的《复杂系统与复杂网络》[260]，其中复杂网络是重点——这本书物理味道要浓一些。郭雷和许晓鸣主编过一本《复杂网络》[261]，其中每一章都是由国内有声望的学者撰写的专题，值得一阅。

早期 Newman[262] 和 Hayes[263,264] 给出过关于小世界网络研究的短综述，更短的一篇由 Strogatz 完成[75]，对于推广复杂网络的研究起到了很大的作用。Albert 和 Barabási 给出了一篇像是教科书的综述[265]，讨论的重点是演化的无标度网络。更为详尽的关于网络演化模型的综述是由 Dorogovtsev 和 Mendes 给出的[266]，在这篇文章中，他们用超过 100 页的篇幅穷举了在此之前几乎所有关于演化网络的模型和结论，包括相当详细的实验与分析过程。2003 年 Newman 的综述堪称精品[267]，漂亮的组织结构和独到的视角，使你在阅读时会忘掉是在读一篇学术文献，后面所附的四百多篇参考文献，足以填饱任何人的肚子。汪小帆和陈关荣在 IEEE 期刊上的一篇短综述[268]，非常适合作为入门读物，一个完全不谙此道的人都可以通过一个下午的阅读对复杂网络的研究概貌有所了解。目前为止最详尽的综述当属 Boccaletti 等人 2006 年的作品[269]，这篇综述在动力学上花了更多笔墨，基本上可以当做一本专著来读。中文综述首推吴金闪和狄增如 2004 年在《物理学进展》上的长文[270]，该文影响了很多国内早期从事复杂网络研究的学生学者。方锦清等人后来在《物理学进展》上连续撰写了两篇百页篇幅的长综述[271,272]，是目前覆盖面最广最完整的中文综述。陈关荣在《力学进展》上总结了复杂网络较近期的一些研究进展和存在的问题[273]。朱涵等人[274] 和周涛等人[275] 在《物理》上发表了两篇科普性质的短综述，文章生动风趣，可以作为入门读物，其中前文强调了复杂网络建模，后文强调了复杂网络上的动力学行为，各有侧重。

随着复杂网络研究的蓬勃发展，其所涉及的研究对象、理论方法、现象结论等越来越多，因此近期的一些专著和综述主要强调复杂网络研究的一个或若干特定主题。Pastor-Satorras 和 Vespignani[276] 的专著集中讨论了互联网的结构和功能，Caldarelli[277] 专注于无标度网络的实证、建模和功能特征，Barrat 等人[278] 则集中讨论了复杂网络上具有代表性的动力学行为，特别强调了传播动力学，史定华[279] 详细介绍和比较分析了各种求解网络度分布的理论和方法，Estrada 等人[280] 讨论了网络的通信能力。针对网络中特定动力学的综述覆盖了同步[281-284]、传播[285-287]、交通[288-290]、演化博弈[291-294]等方面；另外还有一些和网络科学有密切亲缘关系的方向，包括链路预测[295,296]、信息推荐[297-299]和社会动力学[300]等；还有专门的综述讨论网络的时间结构[301]、空间结构[84,302,303]、社团结构[304-306]、模块结构[307]等；以及具有普适意义的网络测度指标[308]、统计物理方法论[309,310]、网络应用[311]等。

　　复杂网络研究入门容易，发表一两篇论文也不难，但要做出令国际同行尊重的工作并不简单。如我们曾在《复杂网络观察》[312]一文中指出的，想要在复杂网络研究中做出真正重要的贡献，离不开"精""深""广"三字。以前对于网络结构的刻画，要么很宏观，例如网络的连接密度和平均距离；要么很微观，从节点的局部性质入手，比如节点的度和簇系数。这些量都只能从比较粗糙的层面揭示网络的结构，而现在的研究涉及连接微观与宏观的中尺度结构，包括模体、圈、核、群落等，而刻画微观特征的指标也远远比以前丰富——这类进展体现了从粗放到精细的趋势。以前对幂律度分布的拟合，往往是双对数坐标下简单的最小二乘法，拟合得好不好，也就是肉眼判断一下。如何判断一个分布是不是幂律的、幂指数如何确定、离散和连续分布的区别等，包括最基本的数据相关性的判断方法，最近又重新成为学术界争论的焦点——这类研究体现了从浅显到深刻的趋势。以前复杂网络的研究，大部分集中于网络结构分析和建模，对于网络功能的研究，也主要集中在传播、同步、交通、博弈等少数几个方面，虽然号称交叉学科，但是和其他学科关系松散，基本上可以说是自娱自乐。现在复杂网络研究和数据挖掘、细胞动力学、群集动力学、社会物理等研究方向已存在深入结合——这类研究体现了从狭促到广阔的趋势。

　　复杂网络研究在中国发展的势头是可喜的。2011年第七届全国复杂网络会议在电子科技大学召开，已有60多个报告，与会代表接近400人；2012年在南京召开的第八届全国复杂网络会议，主会场竟然无法容纳远远超出预期的与会代表；2012年在北京科学会堂召开的网络科学论坛，更是有超过一千人报名。与此同时，需要特别注意的是，在这一股可喜的研究势头中，也不乏危险的因素。苏珊·朗格在《哲学新视野》一书中说："某些观念有时会以惊人的力量给知识状况带来巨大的冲击。由于这些观念能一下子解决许多问题，所以，它们似乎将有希望解决所有基本问题，澄清所有不明了的疑点。每个人都迅速抓住它们，作为进入某种新实证科学的法宝，作为可以用来建构一个综合分析体系的概念轴心。这种'宏大概念'突然流行起来，一时间把几乎所有的东西都挤到一边。"苏珊·朗格认为，这是由于"所有敏感而活跃的人都立即致力于对它进行开发这个事实造成的"。很多读者对这段话都会产生默然会心之感。前几年在遗传算法、神经网络、混沌分形等红极一时的时候，我们身边也出现了很多追赶风潮的"时髦之作"，这些工作大多都是一些牵强的应用，对于相应领域的发展毫无裨益，反而浪费了很多宝贵的时间。我们不希望复杂网络也成为这类"宏大概念"或"万能钥匙"中的一员。面对复杂网络这样一个内涵深广的概念，我们应该表现出科学家特有的冷静的兴奋。人类学家吉尔兹在其著作《文化的解释》中曾给出了一个朴素而冷静的劝说："试图在可以应用、可以拓展的地方，应用它、拓展它；在不能应用、不能拓展的地方，就停下来。"我想，这应该是所有研究人员面对一个方兴未艾的领域时应有的态度。

第二章 链路预测的基本概念

链路预测是将复杂网络与信息科学联系起来的重要桥梁之一，它所要处理的是信息科学中最基本的问题——缺失信息的还原和预测。链路预测相关研究不仅能够推动网络科学和信息科学理论上的发展，而且具有巨大的实际应用价值，譬如可以指导蛋白质相互作用实验、进行在线社交推荐、找出交通传输网络中有特别重要作用的连边等。本章我们将介绍链路预测的基本概念以及数据集划分的方法和预测评价指标。

2.1　背景和意义

　　网络中的链路预测是指如何通过已知的网络节点以及网络结构等信息，预测网络中尚未产生连边的两个节点之间产生连接的可能性[295,296,313]。这种预测既包含了对未知链接（网络中实际存在但尚未被我们探测到的链路）的预测，也包含了对未来链接（网络中目前不存在，但应该存在或者未来很可能存在的链路）的预测。

　　链路预测作为数据挖掘领域的研究方向之一在计算机领域已有较深入的研究，其研究思路和方法主要基于马尔可夫链和机器学习。Sarukkai[314]应用马尔可夫链进行了网络的链路预测和路径分析。之后 Zhu 等人[315]将基于马尔可夫链的预测方法扩展到了 WWW 网络的预测中，并进一步帮助网络用户进行在线导航。此外，Popescul 和 Ungar[316]提出了一个回归模型并应用于文献引用网络，对科学文献引用关系进行预测。他们的方法不仅用到了引文网络的信息，还有作者信息、期刊信息以及文章内容等外部信息。应用节点属性的预测方法还有很多，例如，O'Madadhain 等人[317]利用网络的拓扑结构信息以及节点的属性建立了一个局部的条件概率模型来进行预测。Lin[318]基于节点的属性定义了节点间的相似性，可以直接用来进行链路预测。

　　虽然应用节点属性等外部信息的确可以得到很好的预测效果，但是很多情况下这些信息的获取非常困难，甚至是不可能的。比如很多在线系统的用户信息都是保密的。另外即使获得了节点的属性信息也很难保证信息的可靠性，即这些属性是否反映了节点的真实情况，例如在线社交网络中一些用户的注册信息包含虚假的内容。更进一步，在能够得到节点属性精确信息的情况下，如何鉴别哪些信息对网络的链路预测是有用的，有多大的用处，而哪些信息是没用的仍然是个问题。

最近几年，基于网络结构的链路预测方法受到越来越多的关注[295,296]。相比节点的属性信息而言，网络的结构信息更容易获得，也更加可靠。同时基于网络结构的链路预测方法对于结构相似的网络具有一定的普遍适用性。例如科学家合作网络具有较大的簇系数，在这个网络中应用共同邻居的相似性指标进行预测可以得到很高的精确度。因此，我们可以粗略地判断在同样具有较高簇系数的航空网络中，共同邻居相似性指标也应有不错的预测效果。而考虑节点属性信息的方法往往需要通过机器学习的方式，确定针对不同网络的各自不同的参数组合以达到较好的预测效果。Liben-Nowell 和 Kleinberg[319] 提出了基于网络拓扑结构的相似性定义方法，并将这些指标分为基于节点和基于路径的两类，并分析了若干指标在社会合作网络链路预测中的效果。在对大型科学家合作网络进行的实证研究中，他们发现仅考虑节点共同邻居的方法和 Adamic-Adar 指标[320]（Adamic-Adar Index，AA）是预测准确性最好的方法。周涛等人[321]用 9 种基于局部信息的指标对 6 种现实网络进行了准确性对比，进一步验证了 Liben-Nowell 和 Kleinberg 的研究结果，并提出两种准确性更高的指标：资源分配指标（Resource Allocation Index，RA）和局部路径指标（Local Path Index，LP）。最近，其他小组的研究结果显示，新提出来的指标在进行群落划分[322]、加权网络权重设置[323]和处理含噪网络链路预测[324]的时候也比原有指标好。一些更复杂的物理过程，例如局部随机游走，也被应用于度量网络节点间的相似性（也可以理解为一种接近性），并借此提高链路预测的准确性[325]。另外一类链路预测方法是基于网络结构的最大似然估计。Clauset，Moore 和 Newman 于 2008 年发表在《自然》上的论文提出了一种利用网络的层次结构进行链路预测的方法，该方法在具有明显层次结构的网络中表现很好[326]。此外 2009 年底 Guimerà 和 Sales-Pardo 在《美国科学院院刊》（PNAS）上发表了一篇利用随机分块模型[327]预测网络缺失边和识别错误链路的方法[328]。值得一提的是，这篇文章第一次提到网络错误连边的概念，即在网络已知的链接中很可能存在一些错误的链接，比如我们对蛋白质相互作用关系的错误认知。上述所提及的预测方法将在后续的章节中做详细介绍。

链路预测问题因其重大的实际应用价值，受到不同领域拥有不同背景的科学家的广泛关注。在生物领域研究中，例如蛋白质相互作用网络和新陈代谢网

链
路
预
测

络，节点之间是否存在链接，或者说是否存在相互作用关系，是需要通过大量
实验结果进行推断的。我们已知的实验结果仅仅揭示了巨大网络的冰山一角，
以蛋白质相互作用网络为例，酵母菌蛋白质之间 80% 的相互作用仍然未知[329]，
而对于人类自身，我们知道的仅有可怜的 0.3%[330,331]。由于揭示这类网络中
隐而未现的链接需要耗费高额的实验成本，如果能够事先在已知网络结构的基
础上设计出精确的链路预测算法，再利用预测的结果指导试验，就有可能提高
实验的成功率从而降低试验成本，并加快揭开这类网络真实面目的步伐。另
外，Guimerà 和 Sales-Pardo 所提出的对网络中的错误链接的预测[328]，对于网
络重组和结构功能优化也有重要的应用价值。例如在很多构建生物网络的实验
中存在暧昧不清甚至自相矛盾的数据[332]，我们就有可能应用链路预测的方法
对其进行纠正。另外，链路预测的思想和方法，还可以用于在已知部分节点类
型的网络中预测未标记节点的类型——这可以用于判断一篇学术论文的研究主
题[333]以及判断一个手机用户是否会更换运营商（例如从中国移动到中国联
通）[334]。实际上，社会网络分析中也会遇到数据不全的问题，这时候链路预测
同样可以作为准确分析社会网络结构的有力的辅助工具[335,336]。

实际上，链路预测技术可应用于任何可以将实体及其间关系抽象成网络形
式的系统中，如在线社交网络、电子商务网站等，从而产生可观的商业价值。
近几年在线社交网络发展非常迅速[123]，链路预测可以基于当前的网络结构去
预测哪些现在尚未结交的用户"应该是朋友"，并将此结果作为"朋友推荐"
发送给用户。如果预测足够准确，显然有助于提高相关网站在用户心目中的地
位，从而提高用户对该网站的忠诚度。新浪微博的"关注对象推荐"就是应用
了本书第三章中提到的基于共同邻居相似性的推荐方法。而如果新浪的相关技
术人员有耐心读完本书的第六章，那么他们一定能够发现更好的推荐方法。

随着网络应用的普及，互联网作为一种更加便捷的消费途径被广大网民采
用。很多用户现在更愿意在网上观看电影或购买产品，因此成就了一大批电子
商务网站。与社交网络不同的是，这类系统包含两类实体：用户和产品。用户
在这些网站上的历史行为，如观看了哪一类电影、浏览或购买了哪些商品等，
或多或少反映了他们的兴趣爱好。如果能够根据这些信息向用户推荐电影或者
商品，那么不仅能够增加用户的黏着性、提高网站的盈利收入，而且对于吸引

更多用户、取得更大收益都有举足轻重的作用。在当前势头正盛的电子商务时代，各大电商平台都在抢夺用户市场，有了用户基础，才能谈各种盈利模式。价格优势无疑是有效的方法，但是这将以网站的利润为代价。而一个好的推荐系统能够提高用户的体验感，让用户有"酒逢知己千杯少"的感觉。因此，推荐系统在电子商务网站中起到非常重要的作用。而推荐技术本质上就是在用户–产品二部分图上的链路预测问题。但是，当数据稀疏的时候很难得到准确的推荐，这也被称为推荐的冷启动问题[337]。链路预测则可以通过添加一些可能的链接在一定程度上克服数据稀疏的问题从而提高推荐精度[338]。

链路预测研究不仅具有广泛的实际应用价值，也具有重要的理论研究意义，特别是对一些相关领域理论方面的推动和贡献。近年来，随着网络科学的快速发展，其理论上的成果为链路预测搭建了一个良好的研究平台，使得链路预测的研究与网络的结构与演化紧密联系起来。因此，对于预测的结果更能够从理论的角度进行解释。与此同时，链路预测的研究也可以从理论上帮助我们认识复杂网络演化的机制。针对同一个或同一类网络，很多模型都提供了可能的网络演化机制[265,266]。由于刻画网络结构特征的统计量非常多，很难比较不同的机制孰优孰劣。链路预测有望为演化网络提供一个简单统一且较为公平的比较平台，从而推动复杂网络演化模型的理论研究。

近期有学者利用链路预测的方法推断影响航空网络演化的重要因素[339]。结果表明，两个城市之间是否存在航空线路与它们的经济水平紧密相关，其中GDP 中的第三产业产值表现得更为重要。这一结论与偏相关分析和因果分析的结论是一致的。刘震等人[340]在美国航空网络中，利用链路预测中对异常连接的分析，发现虽然一些航空港之间存在着大量的共同邻居（同时与两个或多个航空港有连线），但是它们之间并没有航班，其原因是受到"地理位置"这一因素的限制。受链路预测问题启发，王文强等人[341]提出了一种评估网络演化模型的一般性框架，其思路是更好的模型将会使得当前观察到的网络出现的似然更大。上述研究成果表明，链路预测在揭示网络的结构和演化机制以及影响网络演化因素方面是有效的方法。

另外，如何刻画网络中节点的相似性也是一个重要的理论问题[342]，这个问题和网络聚类等应用息息相关[322]。类似地，相似性的度量指标数不胜数，只有能够快速准确地评估某种相似性定义是否能够很好刻画一个给定网络节点间的关系，才能进一步研究网络特征对相似性指标选择的影响。在这个方面，链路预测可以起到核心技术的作用。链路预测问题本身也带来了有趣且有重要价值的理论问题，也就是通过构造网络系综并借此利用最大似然估计的方法进行链路预测的可能性和可行性研究。这方面的研究对于链路预测本身以及复杂网络研究的理论基础的建立和完善，可以起到借鉴和推动的作用。

2.2　问题描述

针对任意无向网络 $G(V, E)$，令 U 为 $N(N-1)/2$ 个节点对组成的全集。给定一种链路预测的方法，为每对没有连边的节点对 v_x，v_y 赋予一个分数值。这个分数值可以理解为一种接近性，它与两节点的连接概率正相关。将所有未连接的节点对按照该分数值从大到小排序，排在最前面的节点对相互连接的概率最大。

为了测试算法的准确性，一般将已知的连边 E 分为两部分：训练集 E^T 和测试集 E^P。在计算分数值的时候只能使用训练集中的信息。显然，$E = E^T \cup E^P$，且 $E^T \cap E^P = \varnothing$。在此，将属于 U 但不属于 E 的边称为不存在的边，属于 U 但不属于 E^T 的边为未知边。

图 16 给出一个简单的例子。图 16（a）为完整的网络，该网络含有 13 个节点，19 条边。全集为 78 条边，于是有 59 条不存在的边。选出 19 条已知边中的 4 条作为测试边，如图 16（b）虚线所示，其余的 15 条边构成训练集。给定某种预测方法，算法将赋予 63 条未知边（包括 4 条测试边和 59 条不存在的边）一个分数值。然后将这 63 条边按照分数值从大到小排序——如果能够更多地将测试边（共 4 条）排在不存在边（共 59 条）的前面，则表示算法的预测精度越高。

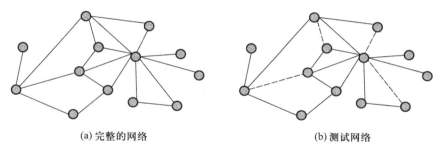

(a) 完整的网络　　　　　　　　　　(b) 测试网络

图16　网络连边预测示例（测试网络中虚线表示测试集，实线表示训练集）

2.3　数据集划分

对于给定的网络，为了测试和比较算法的性能，需要从已知的数据中选出一部分作为测试集。训练集和测试集的划分方法有很多种，关于不同划分方法对链路预测效果的影响可参见文献[343]。算法在不同的划分方法下的表现也不同。本节将介绍7种常见的抽样方法。

2.3.1　随机抽样

在以往的文献中，随机抽样是最常用的方法。给定网络 G，含有 N 个节点，M 条边。假设需要划分其中比例为 $p(p \in (0, 1))$ 的边作为测试集，那么随机抽样法将从 M 条已知边中随机选择 pM 条边构成测试集。随机抽样保证了每条边被选入测试集的概率是相同的。有时候会根据需求给出一些限制条件，譬如保证抽样后网络的连通性等，这时样本空间的性质会变得非常复杂。

2.3.2　逐项遍历

在有些规模较小的网络中，一种更加精确的数据集划分方法是逐项遍历，即每次从网络中选取一条边作为测试边，其余的 $M-1$ 条边构成训练集。对这

链
路
预
测

一条测试边进行测试得到一个预测精度。遍历网络的 M 条边，即对网络的每条边都进行一次这样的操作，得到预测精度的一个平均值，即为整个网络的预测精度。值得注意的是，这种方法由于每次都需要重新计算，计算复杂度非常高，因此不适用于规模很大的网络。该方法也有中文翻译为留一法、留一估计等，并非广为人知的术语，此处意译为逐项遍历法。

2.3.3　k-折叠交叉检验

k-折叠交叉检验是指将样本集随机分为 k 份，选择其中 1 份作为测试集，其余的 $k-1$ 份作为训练集，得到一个预测精度。重复进行 k 次，因此所有 k 份数据都被选择且只被选择了一次。整个网络的预测精度为 k 个预测精度的平均值。k-折叠交叉检验的方法保证了每条边都有一次机会作为测试边，而在随机划分的方法中有些边可能不会被选择到。10-折叠交叉检验是常用的方法[344]，此时相当于选取整个网络数据的 10% 为测试集，即 $p=0.1$。值得注意的是，当 $k=M$ 时，k-折叠交叉检验等价于逐项遍历。

2.3.4　滚雪球抽样

滚雪球抽样[345,346]是指先访问随机选择的一些被调查者，然后再请他们推荐符合要求的调查对象。这种抽样方法在实际操作上等同于广度优先搜索。初始时刻随机选择一个节点（或者一组节点）构成初始样本集，然后遍历样本集里每一个节点所有的邻居节点，并将这些邻居节点也放入样本集中。过程一直继续直到样本集中样本数量达到要求的值为止。

显然这种抽样方法选出的是节点而不是边，因此和链路预测的数据集划分关系不大。为了保持完整性将此方法也放在这里做一简单介绍。

2.3.5　熟识者抽样

熟识者抽样最早由 Cohen 等人应用于信息缺失情况下的传染病免疫研究[347,348]。其抽样步骤如下：在网络中随机选择一个节点 v_x，假设它的度为 k_x，然后随机选择 v_x 的邻居节点 v_y，将边 $\{v_x, v_y\}$ 放入训练集中。重复进行这样的操作，直到训练集中有 $(1-p)M$ 条边为止，其余的 pM 条边构成测试集。在这种抽样方法中，边 $\{v_x, v_y\}$ 被选入训练集的概率为 $\dfrac{(1-p)M}{N}\left(\dfrac{1}{k_x} + \dfrac{1}{k_y}\right)$ 。可见，熟识者抽样倾向于把度小的节点之间的连边放入训练集，而把度大的节点之间的连边放入测试集。反过来，如果我们将通过熟识者抽样方法选择的边放入测试集中，那么测试集中的边就倾向于是那些度小节点之间的连边了。当然，这种反过来的做法只适用于对链路预测算法进行性能测试分析，没有明显的实际应用背景。

2.3.6 随机游走抽样

随机游走抽样是通过一个粒子在网络上随机游走来进行抽样的方法[349]。具体步骤如下：

（1）初始时刻在网络中随机选择一个节点并释放一个粒子。

（2）这个粒子将随机游走到当前节点的一个邻居节点上，被粒子经过的这条边放入训练集中。

（3）重复步骤（2），直到训练集中包含了 $(1-p)M$ 条边为止。网络中剩余的 pM 条边构成测试集。

这种抽样方法能够保证训练集的连通性，但是有可能会遗失一些节点。

2.3.7 基于路径抽样

基于路径的抽样方法曾被用于 Internet 路由器层面的网络分析中[350]，跟踪探测信息包在网络中的传输过程。一般而言，一条链路如果被很多信息包通过，那么就有较大的概率被检测出来。每一步随机选择两个节点，一个视做信息包传输的起始点，另一个视做终点。假设信息包将选择一条最短路径从起点到终点。如果从起点到终点有多条最短路径，那么将随机选择其中的一条。每条边的初始分数值为零，实验过程中每被信息包通过一次加 1 分。重复进行多次实验后，统计每条边的分数值。分数值大于一定阈值 N_{T} 的边将被选入训练集中，其余的边构成测试集。可见，在最短路径上出现次数越多的边被选入训练集的概率越大。此外，还可以通过排序的方法进行筛选，即将所有边按分数值从高到低排序，排在前 $(1-p)M$ 位的边视做训练集，其后的边视做测试集。这相当于将阈值设置成排在第 $(1-p)M$ 位的边的分数值。

该抽样方法的另一种实现方法是：

（1）在网络中随机选择两个节点 v_x，v_y。

（2）计算节点 v_x，v_y 之间的最短路径。

（3）针对每一条出现在最短路径上的边，考察该边已经出现在几条最短路径上，出现几次得几分。

（4）分数值大于阈值 N_T 的边选入训练集。

（5）重复步骤（1）~（4），直到训练集包含 $(1-p)M$ 条边为止。其余的 pM 条边构成测试集。

注意：在这种抽样方法中阈值的选取很重要。如果 p 较小，而阈值很大，则有很大可能出现训练集选不满的情况。

2.4 评价指标

衡量链路预测算法精确度的指标主要有 AUC、精确度（Precision）和排序分（Ranking Score）。它们对预测精确度衡量的侧重点不同。其中 AUC 是最常用的一种衡量指标，它从整体上衡量算法的精确度[351]。Precision 只考虑排在前 L 位的边是否预测准确[352]，而 Ranking Score 更多考虑了所预测的边的排序[353]。关于如何评价信息挖掘算法的深入讨论可参考相关综述文献[354,355]。

2.4.1 AUC

AUC 的英文全称为 area under the receiver operating characteristic curve，是指 ROC 曲线（receiver operating characteristic curve）下的面积。在信号探测理论中，ROC 曲线用来评价某种分类器的分类效果[351]。这种评价指标可以用来衡

量链路预测算法的精确度。

给定某种预测算法，对于每条未知边都会给出一个分数值或者称之为存在的可能性的值。由于未知边包含两类，一类是不存在的边，一类是测试边，因此针对每一类未知边都会有一个分数值的分布，即所有不存在边上分数值的分布和所有测试边上分数值的分布。显然第一个分布应该在第二个分布的左侧，并且这两个分布距离越远，说明算法的预测效果越好。图 17 给出了一个可能的分布示例。左侧虚线表示的是不存在边的分布曲线，右侧实线表示的是测试边的分布曲线。

对于一种预测算法的预测结果，绘制 ROC 曲线的步骤如下：

（1）计算所有未知边的分数值，即可能出现连接的可能性值。

（2）根据上述分数值从大到小排列，生成一个排序列表，排在前面的节点对之间出现链接的可能性较大。

（3）绘制 ROC 曲线坐标轴。横坐标为不存在链接所占的比例，纵坐标为测试边所占的比例。

（4）绘制 ROC 曲线。从坐标原点出发，对于每条未知链接，按照步骤（2）中生成的排序列表开始检验。

① 如果这个未知链接属于测试集中的边，则沿 y 轴方向画一步。注意，这里的一步等于 $1/|E^p|$。

② 如果这个未知链接为不存在的边，则沿 x 轴方向画一步。注意，这里的一步等于 $1/|U-E|$。$|U-E|$ 表示未知边数目。

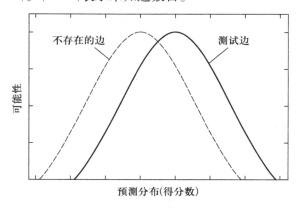

图 17　链路预测中不存在的边和测试边所得分数的分布示例

　　图 18 给出了一个 ROC 曲线的示例。假设有 7 条未知边 a、b、c、d、e、f 和 g。其中四条边 a、b、c 和 d 为测试边，另三条 e、f 和 g 为不存在边。如果某种算法给出的排序结果为 $a>b>c>f>d>g$，那么它的 ROC 曲线为图中从 A 到 F 的阶梯形折线所示，AUC 的值为折线下的面积即 2/3。有些时候某两对节点对可能出现相同的分数，此时只需将相应的步数内的横线和竖线替换为对角线即可。例如，如果排序给出 $a>e=b>c>f>d>g$，那么原来的第二步 BC 和第三步 CD 就会由对角线 BD 取代，AUC 的值为图中阴影部分的面积，即 2/3+（1/4× 1/3）/2=17/24。

　　显然，对于随机打分，ROC 曲线就在对角线 AF 附近波动，因此 AUC 的值应在 0.5 左右。而对于最好的预测算法，任意测试边的分数值都大于不存在边的值，其 ROC 曲线为折线 AEF，对应的 AUC=1。

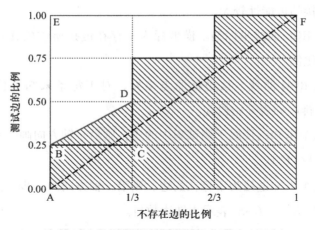

图 18　ROC 曲线绘制示意图（含 4 条测试边和 3 条不存在边）

　　实际计算时并不需要画出具体的 ROC 曲线，特别是当样本非常多的时候，可以采用抽样比较的方法得到近似的值。事实上，AUC 可以理解为在测试集中随机选择一条边的分数值比随机选择的一条不存在的边的分数值高的概率[356]。也就是说，每次随机从测试集中选取一条边，再从不存在的边中随机选择一条，如果测试集中的边分数值大于不存在的边的分数，那么就加 1 分，如果两个分数值相等就加 0.5 分。这样独立比较 n 次，如果有 n' 次测试集中的边分数值大于不存在的边分数，有 n'' 次两分数值相等，那么 AUC 定义为

$$AUC = \frac{n'+0.5n''}{n} \tag{34}$$

显然，如果所有分数都是随机产生的，$AUC \approx 0.5$，因此 AUC 大于 0.5 的程度衡量了算法在多大程度上比随机选择的方法精确。AUC 在形式上等价于 Mann–Whitney U 统计测试[357]和 Wilcoxon rank–sum 测试[358]。

一个有趣的问题是，参数 n 如何选择？最精确的方法是将所有的测试边与不存在的边都进行比较，这样共有 $n = |E^p| \cdot |U-E|$ 次比较。对于规模较小的网络是可以做到的。但是当网络规模巨大时，对所有可能的边对进行计算效率极低。例如对于有 10 000 个节点的网络，可能需要数千万次比较。因此可以通过随机抽样的方式得到一个近似的 AUC 值以减少计算复杂度，提高计算效率。那么在抽样的时候如何选择一个最佳的抽样次数，记为 n^*，使得在满足一定的精度需求下计算量最低呢？在不存在相同分数值的情况下，计算 AUC 的过程类似于一个伯努利实验（各次实验结果互不影响，即每次实验各种可能结果出现的概率都不依赖于其他各次实验的结果）。假设一个链路预测算法的 AUC 值为 p，那么在抽样计算 AUC 时，应该有 p 的概率得到+1，$1-p$ 的概率得到 0。如此做伯努利实验，n 次独立重复实验（对应于 AUC 计算中的 n 次抽样）中会有 n' 次实验是成立的（对应于+1 的情形），那么此时的 n'/n 就是抽样得到的 AUC 值。显然，n 越大，AUC 越接近于 p。而所谓的 n^* 就是使得 n'/n^* 以我们能接受的精度接近于 p 的最小 n 值。详细讨论参见附录 A.1。

图 19 给出了一种具体链路预测方法下如何计算 AUC 值的例子。图 19（a）展示的是完整的网络结构。这个网络包含 5 个节点，因此网络可能的链接数为 $5 \times (5-1)/2 = 10$。其中有 7 条是我们已经观测到的链接，其余 3 条为不存在的链接。为了测试算法的精确性，需要在这 7 条已知链接中选择一些作为测试集，例如我们选择边 {1，3} 和 {4，5} 为测试边，如图 19（b）中虚线所示，则剩余的 5 条已知链接构成了训练集。注意，预测的时候只可以应用训练集中的信息，也就是要应用图 19（b）中的 5 条实线预测其余 5 条未知链接（包含 3 条不存在的边和两条测试边）出现的可能性。如果根据某一预测方法得到 5 条未知链接的分数值分别为 $s_{12}=0.4$，$s_{13}=0.5$，$s_{14}=0.6$，$s_{34}=0.5$，$s_{45}=0.6$，那么在计算 AUC 的时候需要将测试边的分数值与不存在边的分数值进行

比较。在这个例子中，有 3 条不存在的边，两条测试边，因此一共有 6 对分数值需要比较。针对每一条测试边有 3 对，分别为

对测试边 $\{1, 3\}$ 　　　　　　　　对测试边 $\{4, 5\}$

$s_{12} = 0.4 < s_{13} = 0.5$　AUC+1　　　$s_{12} = 0.4 < s_{45} = 0.6$　AUC+1

$s_{14} = 0.6 > s_{13} = 0.5$　AUC+0　　　$s_{14} = 0.6 = s_{45} = 0.6$　AUC+0.5

$s_{34} = 0.5 = s_{13} = 0.5$　AUC+0.5　　$s_{34} = 0.5 < s_{45} = 0.6$　AUC+1

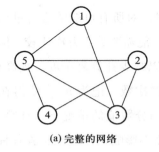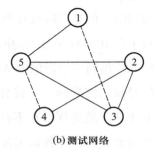

图 19　计算 AUC 值示例（测试网络中虚线表示测试集，实线表示训练集）

通过比较，可见有 3 对测试边的分数值大于不存在的边，有两对不存在的边的分数值和测试边的分数值相等，于是，AUC = $(3 \times 1 + 2 \times 0.5)/6 = 2/3 \approx 0.67$。上述例子对应的 ROC 曲线如图 20 中折线 ACD 所示，分数从大到小排序

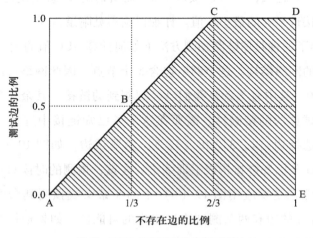

图 20　图 19 示例对应的 ROC 曲线

为 $s_{14}=s_{45}>s_{13}=s_{34}>s_{12}$。由于边 {1, 4} 和 {4, 5} 具有相同的最高分数，因此前两步为对角线 AB。同理，由于边 {1, 3} 和 {3, 4} 分数相同，第三四步为对角线 BC。最后一条边 {1, 2} 为不存在的边，因此为水平线 CD。由此得到 ROC 曲线 ABCD。AUC 的值则为曲线下的面积，即阴影部分的面积，得到 $AUC=2/3\approx0.67$。

值得注意的是，训练集选择的比例不同，AUC 的值也会相应变化。一般来讲，训练集越大，AUC 的值越高。但是对于不同的算法，趋势不同，有的算法对训练集大小的变化更敏感。

2.4.2 精确度

有些时候我们不会关注所有的预测结果，而是只关心前面的几条边是否预测准确。例如针对蛋白质相互作用网络的预测，如果排在前面的边的预测都是正确的，那么就可以直接拿预测结果进行实验。此时在评价算法预测精度的时候可使用精确度（Precision）。精确度定义为在前 L 个预测边中预测准确的比例。如果有 m 个预测准确，即根据出现连接的可能性值从大到小排列，排在前 L 的边中有 m 个在测试集中，那么精确度定义为

$$Precision=\frac{m}{L} \tag{35}$$

显然，此值的大小与参数 L 相关。对于给定的 L，Precision 越大预测越准确。如果两个算法 AUC 差不多，而算法 1 的 Precision 大于算法 2，那么说明算法 1 更好，因为利用算法 1 只需要检查较少排在前面的边就能找到更多正确的预测。

2.4.3 排序分

排序分考虑了测试集中的边在最终排序中的位置。令 $H=U-E^{\mathrm{T}}$ 为未知边的集合（相当于测试集中的边和不存在的边的集合），r_e 表示测试边 $e\in E^{\mathrm{P}}$ 在排序中的排名。那么这条测试边的排序分为

$$RS_e=\frac{r_e}{|H|} \tag{36}$$

遍历所有在测试集中的边，得到系统的排序分为

$$RS = \frac{1}{|E^{P}|} \sum_{e \in E^{p}} RS_e = \frac{1}{|E^{P}|} \sum_{e \in E^{p}} \frac{r_e}{|H|} \qquad (37)$$

显然，排序分值越小说明算法的预测效果越好。图 19 所示的例子中排序分为 0.5。

第三章 基于相似性的链路预测

利用节点间的相似性进行链路预测的一个重要前提假设是，两个节点之间相似性（或者相近性）越大，它们之间存在链接的可能性就越大。这里，相似性也可以理解为一种接近的程度。刻画节点的相似性有多种方法，最简单直接的方法就是利用节点的属性，如果两个人具有相同的年龄、性别、职业、兴趣等，就说他们俩很相似。网络中属性相似的节点之间更容易连接[359]。

虽然应用节点属性等外部信息的确可以得到很好的预测效果，但是很多情况下这些信息的获得是非常困难的，甚至不可能的。比如很多在线系统的用户信息都是保密的。另外即使获得了节点的属性信息也很难保证信息的可靠性，即这些属性是否反映了节点的真实情况。更进一步，在能够得到节点属性的精确信息的情况下，如何鉴别出哪些信息对网络的链路预测是有用的，哪些信息是没用的仍然是个问题。

　　与节点属性信息相比较，已观察到的网络结构或者用户的历史行为信息更容易获得也更为可靠。基于网络的结构信息定义的相似性，称为结构相似性。基于结构相似性的链路预测精度的高低取决于该种结构相似性的定义是否能够很好地抓住目标网络的结构特征。如基于共同邻居的相似性指标，即两个节点如果有更多的共同邻居就更可能连边，在集聚系数较高的网络中表现非常好，有时甚至超过一些非常复杂的算法。然而对于集聚系数较低的网络如路由器网络或电力网络等，预测精度就差很多。本章将分三类详细介绍现有的几种结构相似性指标，并给出其中一些代表性指标在真实网络中的预测效果。

3.1　基于局部信息的相似性指标

　　基于局部信息的相似性指标是指那些只通过节点局部信息（譬如节点的度和最近邻居）即可计算得到的相似性指标。这类指标的优势在于计算复杂度低，适合大规模的网络应用。但是由于信息量有限，相比一些全局指标而言，预测精度稍低。

3.1.1　基于共同邻居的相似性指标

1. CN 指标

　　基于局部信息的最简单的相似性指标是共同邻居指标（common neighbors，CN）。CN 相似性又可称为结构等价（structural equivalence）[360]，即两个节点如果有很多共同邻居节点，那么这两个节点相似。可见，结构等价关注的是两个节点是否处于同一个环境。在链路预测中应用 CN 指标的基本假设是，两个未连接的节点如果有更多的共同邻居，则它们更倾向于连边。例如，在社交网络中，如果两个陌生人有很多共同的朋友，那么这两个人成为朋友的可能性就比较大[336]。又如，Newman 等人发现，在科学家合作网络中有更多共同合作者的两个科学家在未来合作的可能性较高[361]。

CN 指标定义为：对于网络中的节点 v_x，定义其邻居集合为 $\Gamma(x)$，则两个节点 v_x 和 v_y 的相似性就定义为它们共同的邻居数，即

$$s_{xy} = |\Gamma(x) \cap \Gamma(y)| \tag{38}$$

其中等式右边表示集合的势。显然它们的共同邻居数量就等于两节点之间长度为二的路径数目，即 $s_{xy} = (A^2)_{xy}$。在共同邻居的基础上考虑两端节点度的影响，从不同的角度以不同的方式又产生如下 6 种相似性指标：

（1）Salton 指标[362]

Salton 指标又称余弦相似性，其定义为

$$s_{xy} = \frac{|\Gamma(x) \cap \Gamma(y)|}{\sqrt{k_x k_y}} \tag{39}$$

（2）Jaccard 指标[363]

Jaccard 于 100 多年前提出此指标，其定义为

$$s_{xy} = \frac{|\Gamma(x) \cap \Gamma(y)|}{|\Gamma(x) \cup \Gamma(y)|} \tag{40}$$

（3）Sørensen 指标[364]

这个指标常用于生态学数据研究，其定义为

$$s_{xy} = \frac{2 \times |\Gamma(x) \cap \Gamma(y)|}{k_x + k_y} \tag{41}$$

（4）大度节点有利指标（hub promoted index，HPI）[185]

这一指标被用来定量刻画新陈代谢网络中每对反应物的拓扑相似程度，其定义为

$$s_{xy} = \frac{|\Gamma(x) \cap \Gamma(y)|}{\min\{k_x, k_y\}} \tag{42}$$

由于分母只由度较小的节点决定，在此定义下可知大度节点（hub）与其他节点之间更容易具有高的相似性。

（5）大度节点不利指标（hub depressed index，HDI）[321]

其定义与 HPI 相似，只是分母取两端节点度的最大值，即

$$s_{xy} = \frac{|\Gamma(x) \cap \Gamma(y)|}{\max\{k_x, k_y\}} \tag{43}$$

（6）LHN-I 指标[342]

这个指标由 Leicht，Holme 和 Newman 提出，定义为

$$s_{xy} = \frac{|\Gamma(x) \cap \Gamma(y)|}{k_x k_y} \tag{44}$$

其中分母 $k_x k_y$ 正比于节点 v_x 和节点 v_y 共同邻居数的期望值，即 $E(|\Gamma(x) \cap \Gamma(y)|)$[365]。在文献［342］中，Leicht 等人同时提出了另一个基于路径的指标，为了有所区别，我们将此局部指标命名为 LHN-I 指标，将基于路径的指标命名为 LHN-II 指标。关于 LHN-II 指标的详细介绍见第 3.2.3 节。

2. AA 指标

如果考虑两节点共同邻居的度的信息，著名的有 Adamic-Adar 指标（AA 指标）[320]，其思想是度小的共同邻居节点的贡献大于度大的共同邻居节点。这一点很容易理解，例如在微博中受关注较多的人往往是某个领域的专家或名人，因此共同关注他们的人之间可能并不拥有特别相似的兴趣——一个中学生和一个企业家都有可能是姚晨的粉丝。相反，如果两个人共同关注了一个粉丝很少的人（非名人），那么说明这两个人确实具有相同的兴趣爱好或者重叠的社交圈，因此有更高概率相连。这个简单的解释对于很多网络都是适用的，例如两个都引用了 Barabási 论文的人可能都对网络或者非平衡态统计物理有兴趣，而两个都引用了吕琳媛论文的人有很大可能都对链路预测有兴趣，后两者期望的相似性远远大于前者，他们之间将来产生引用关系的可能性也远远大于前者。又如在推荐系统中，共同购买冷门产品的两个用户往往比共同购买热门产品的用户更相似。

AA 指标根据共同邻居节点的度为每个节点赋予一个权重值，该权重等于该节点的度的对数分之一，即 Adamic-Adar 指标[320]定义为

$$s_{xy} = \sum_{z \in \Gamma(x) \cap \Gamma(y)} \frac{1}{\ln k_z} \tag{45}$$

3. RA 指标

受网络资源分配过程的启发[366]，周涛等人提出了资源分配指标（resource

allocation，RA)[321]，其与 AA 指标有异曲同工之妙。

考虑网络中没有直接相连的两个节点 v_x 和 v_y，从 v_x 可以传递一些资源到 v_y，而在此过程中，它们的共同邻居就成为传递的媒介。假设每个媒介都有一个单位的资源并且将平均分配传给它的邻居，则 v_y 可以接受到的资源数就可定义为节点 v_x 和 v_y 的相似度，即

$$s_{xy} = \sum_{z \in \Gamma(x) \cap \Gamma(y)} \frac{1}{k_z} \tag{46}$$

RA 指标和 AA 指标最大的区别在于赋予共同邻居节点权重的方式不同，前者以 $1/k$ 的形式递减，后者以 $1/\ln k$ 的形式递减。可见，当网络的平均度较小时，RA 和 AA 差别不大；但是当平均度较大时，就有很大的区别了。图 21 给出了一个示例。节点 v_x 和节点 v_y 有两个共同邻居 z_1 和 z_2，它们的度分别为 $k_{z_1} = 4$，$k_{z_2} = 6$。于是根据 AA 指标的定义，得到节点 v_x 和 v_y 的相似性值为

$$s_{xy}^{\mathrm{AA}} = \sum_{z \in \{z_1, z_2\}} \frac{1}{\ln k_z} = \frac{1}{\ln k_{z_1}} + \frac{1}{\ln k_{z_2}} = \frac{1}{\ln 4} + \frac{1}{\ln 6} \approx 1.28$$

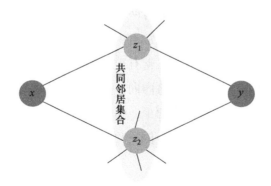

图 21 计算 AA 和 RA 指标

同理，根据 RA 指标的定义，得到 v_x 和 v_y 的相似性值为

$$s_{xy}^{\mathrm{RA}} = \sum_{z \in \{z_1, z_2\}} \frac{1}{k_z} = \frac{1}{k_{z_1}} + \frac{1}{k_{z_2}} = \frac{1}{4} + \frac{1}{6} = \frac{5}{12} \approx 0.42$$

研究显示，RA 指标在刻画加权网络[323]和社区挖掘[322]应用中的表现胜过 AA 指标，图灵奖得主 Hopdroft 最近的一篇论文也显示，可以利用社区等中观结构信息改进局部指标，其中 RA 指标改进后效果最佳[367]。

3.1.2　偏好连接相似性

应用优先连接的方法可以产生无标度的网络结构。在这种网络中，一条新边连接到节点 v_x 的概率正比于该节点的度 k_x[74]。这种机制也被应用于不考虑增长的网络[368]。在这种网络模型中，每一步首先去除一条链接，然后再添加一条链接。新链接连接节点 v_x 和 v_y 的概率就正比于两节点度的乘积。由此可定义两个节点间的偏好连接相似性（preferential attachment，PA）为

$$s_{xy} = k_x k_y \tag{47}$$

3.1.3　局部朴素贝叶斯模型

共同邻居方法假设两个节点拥有的共同邻居越多，它们越倾向于连接。这一方法在很多实证网络中都证明是有效的[319,321]。简单地计数共同邻居的数量意味着每一个共同邻居对产生链接的可能性的贡献是相同的。但是在一些网络中，由于节点自身的重要性不同，对链接作用也有所区别。例如，两个未曾相识或者还不是朋友的人张三和李四拥有两个共同朋友飞飞和静静。飞飞性格活泼开朗，喜爱社交活动，很活跃，经常组织一些朋友的聚会活动，那么在这些活动中，飞飞的两个未曾相识的朋友就有很大的可能互相认识且在将来成为朋友。相反，他们的共同朋友静静性格内向，是一个宅女，很少参加聚会，那么张三和李四通过她认识的机会就非常少，因此宅女静静对张三和李四成为朋友的贡献远小于他们的共同朋友飞飞。传统共同邻居的方法并没有对不同共同邻居的作用进行区分。

基于此，刘震等人提出了一种局部朴素贝叶斯模型[340]，该模型引入了一个角色函数，用于揭示不同共同邻居的不同作用。在对美国航空网络的实证分析中发现，有些机场之间虽然共同邻居很多，但由于这些共同邻居大多数都是枢纽机场，通过计算角色函数，可以看到这些共同邻居反而倾向于抑制机场之间形成链接，因此这些机场之间一般不会形成直航航线，而是建立经由枢纽机场转机的联程航线。相对于共同邻居方法，局部朴素贝叶斯模型可以更好地刻画美国航空网络实际航线建立的情形。

局部朴素贝叶斯模型的优点在食物链网络、蛋白质相互作用网络以及科学

家合作网络等多种网络中也得到了证实。尤其在食物链网络中效果非常明显。例如在佛罗里达海湾雨季的食物链网络中[369]，CN 指标的 AUC 为 0.606，考虑前 100 条最可能连边的节点对的预测精度为 0.087（用 Precision 衡量），而其对应的局部朴素贝叶斯模型可将 AUC 提高 14.5%，同时 Precision 也可以提高 21.8%。关于局部朴素贝叶斯模型的定义和方法在本书的附录 A.2 中有详细介绍。

3.2　基于路径的相似性指标

本节所介绍的基于路径的相似性指标有 3 个，分别是局部路径指标（local path，LP）、Katz 指标和 LHN-II 指标。

3.2.1　局部路径指标

基于共同邻居的相似性指标的优势在于计算复杂度较低，但是由于使用的信息非常有限，预测精度受到限制。以包含 5 000 多个节点的一个 Internet 路由器网络为例[370]，该网络有一千多万节点对，在使用共同邻居指标进行预测时，有 99.59% 的节点对 CN 相似性分数都是 0，在剩余的节点对中又有 91.11% 的节点对分数是 1，4.48% 的节点对分数是 2。也就是说使用 CN 指标进行预测时，相似性分数的分布过于集中（绝大部分是 0，1，2），使得节点对之间的区分度不大，这也是造成预测精度有限的原因。周涛[321,324] 等人在共同邻居的基础上考虑三阶路径的因素，提出了基于局部路径的相似性指标。其定义为

$$S = A^2 + \alpha \cdot A^3 \tag{48}$$

其中 α 为可调参数，A 表示网络的邻接矩阵，$(A^3)_{xy}$ 表示节点 v_x 和 v_y 之间长度为 3 的路径数目。当 $\alpha = 0$ 时，LP 指标就退化为 CN 指标。CN 指标本质上也可看成基于路径的指标，只是它仅考虑了二阶路径数目。局部路径指标可以扩展

为更高阶的情形，即考虑 n 阶路径的情况

$$S^n = A^2 + \alpha \cdot A^3 + \alpha^2 \cdot A^4 + \cdots + \alpha^{n-2} A^n \tag{49}$$

随着 n 的增加，局部路径指标的计算复杂度越来越大。一般而言，考虑 n 阶路径的计算复杂度为 $O(N \langle k \rangle^n)$。但是当 $n \to \infty$ 的时候，局部路径指标相当于考虑网络全部路径的 Katz 指标，此时计算量反而有可能下降，因为可转变为计算矩阵的逆。

3.2.2　Katz 指标

Katz 指标考虑了网络的所有路径，其定义为[149]

$$s_{xy} = \sum_{l=1}^{\infty} \alpha^l \cdot \left| paths_{x,\,y}^{<l>} \right| = \alpha A_{xy} + \alpha^2 \left(A^2 \right)_{xy} + \alpha^3 \left(A^3 \right)_{xy} + \cdots \tag{50}$$

其中 $\alpha > 0$ 为控制路径权重的可调参数，$\left| paths_{x,\,y}^{<l>} \right|$ 表示连接节点 v_x 和 v_y 的路径中长度为 l 的路径数。如果上述级数收敛，即参数 α 小于邻接矩阵最大特征值的倒数，则此定义还可以表示为

$$S = (I - \alpha \cdot A)^{-1} - I \tag{51}$$

显然，当参数 α 很小时，高阶路径的贡献就很小了，使得 Katz 指标的预测结果接近于局部路径指标。其中 X^{-1} 表示矩阵 X 的逆矩阵，I 为单位矩阵，其对角元都为 1，其他元素都为 0。关于矩阵求逆的一般算法以及稀疏矩阵求逆的快速算法的复杂度分析参见附录 A.4。

3.2.3　LHN-II 指标

LHN-II 指标是 Leicht，Holme 和 Newman 在文献［342］中提出的另一种相似性计算方法。他的基本思想是基于一般等价（regular equivalence）提出的。与结构等价不同，一般等价的定义更广泛。在一般等价的定义下，如果两个节点所连接的节点之间相似，那么这两个节点也相似，即使它们之间没有共同的邻居节点[371]。图 22 给出了一个简单的例子来帮助我们理解结构等价和一般等价的区别。图 22（a）和图 22（b）分别表示公司 A 和 B 的网络结构图。根据结构等价的定义，在公司 A 内部，由于员工 a 和员工 b 都认识员工 e 和员工 f（即他们有两个共同邻居节点），于是称员工 a 和 b 是结构等价的。同理，员工

e 和 f 也是结构等价的，因为他们都认识员工 a 和 b。同样的，在公司 B 中，员工 c 和 d 是结构等价的，员工 g 和 h 是结构等价的。现在考虑员工 a 和员工 c 是否相似？根据一般等价的定义，由于员工 a 连接的节点 e、f 与员工 c 连接的节点 g、h 分别是相似的，那么我们可以认为员工 a 和员工 c 也是相似的。同理，在一般等价的意义下，员工 b 和员工 d 也是相似的。由这个例子可以看出，结构相似性或称结构等价更强调的是两个节点是否在同一个环境下，也就是说是否连接了相同的节点。然而一般等价考虑的是这两个节点是否处于同样的角色，即使他们没有相同的邻居节点，但是由于各自的邻居节点之间本身相似，这两个节点也相似。一般等价意义下的相似性是 LHN-II 指标的核心。

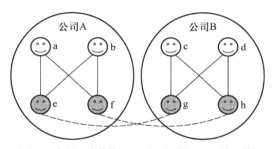

(a) 公司 A 人际网络结构图　　(b) 公司 B 人际网络结构图

图 22　一般等价和结构等价示例（图中实线表示连接，虚线表示相似关系）

LHN-II 指标认为在考察两个节点 v_x 和 v_y 的相似性时，如果其中一个节点 v_x 的邻居节点与另一节点 v_y 相似，则这两个节点相似（一个基本的假设是相似性可以传递）。于是，考虑 v_x 的邻居节点 v_z 与 v_y 相似性，得到

$$s_{xy} = \phi \sum_z A_{xz} s_{zy} + \varphi \delta_{xy} \tag{52}$$

式中的第一项表示 v_x 的邻居节点 v_z 对相似性的贡献，第二项表示节点的自身相似性；δ_{xy} 是 Kronecker 函数，当 $x=y$ 时 $\delta_{xy} = 1$（即节点自身的相似性为 1），否则，$\delta_{xy} = 0$。

同理，也可考虑 v_y 的邻居节点 v_z 与 v_x 的相似性，得到

$$s_{xy} = \phi \sum_z A_{zy} s_{xz} + \varphi \delta_{xy} \tag{53}$$

上述两式均可写成如下矩阵形式：

$$S = \phi AS + \varphi I \tag{54}$$

整理上式可得

$$S = \varphi\,(I-\phi A)^{-1} = \varphi(I+\phi A+\phi^2 A^2+\phi^3 A^3+\cdots) = \varphi(S^{katz}-I)+\varphi \tag{55}$$

其中 ϕ 和 φ 为参数。φ 作为一个全局常数存在，其取值不会影响相似性的相对大小，因此不妨设 $\varphi = 1$。此时，式（55）的表达类似于 Katz 指标。

注意，$(A^l)_{xy}$ 表示节点 v_x 和节点 v_y 之间路径长度为 l 的路径数目。在随机化网络模型中，大度节点之间的路径数目比小度节点之间的路径数目大。用来刻画网络某种性质的统计指标常通过与随机网络模型进行比较，以体现这些性质的显著程度。LHN-II 也考虑了这一点，在这类随机化网络模型（又称零模型）中，$(A^l)_{xy}$ 的期望值近似等于

$$E\big[(A^l)_{xy}\big] = \left(\frac{k_x k_y}{2M}\right)\lambda_1^{\,l-1} \tag{56}$$

其中 λ_1 为邻接矩阵 A 的最大特征值，M 为网络的总边数。考虑与零模型的比较，将式（55）中的每一项 $(A^l)_{xy}$ 替换成 $\dfrac{(A^l)_{xy}}{E\big[(A^l)_{xy}\big]}$，于是得到

$$s_{xy} = \delta_{xy} + \frac{2M}{k_x k_y}\sum_{l=0}^{\infty}\phi^l \lambda_1^{\,1-l}\,(A^l)_{xy}$$

$$= \left[1 - \frac{2M\lambda_1}{k_x k_y}\right]\delta_{xy} + \frac{2M\lambda_1}{k_x k_y}\left[\left(1 - \frac{\phi}{\lambda_1}A\right)^{-1}\right]_{xy} \tag{57}$$

由于第一项是一个对角矩阵，在不考虑自环的情况下，计算的时候可以省略此项，于是得到 LHN-II 相似性指标

$$S = 2M\lambda_1 D^{-1}\left(I - \frac{\phi}{\lambda_1}A\right)^{-1}D^{-1} \tag{58}$$

其中 D 为度矩阵，即 $D_{ij} = k_i\delta_{ij}$，ϕ 为可调参数，其取值范围为（0，1）。式（58）所示的 LHN-II 指标可以看做是 Katz 指标的一个推广。不同的是，Katz 指标的每一项为路径数目，即 $(A^l)_{xy}$，而 LHN-II 指标的每一项都是路径数目除以路径数目的期望值，即 $\dfrac{(A^l)_{xy}}{E\big[(A^l)_{xy}\big]}$。

3.3 基于随机游走的相似性指标

有相当数量的相似性指标是基于随机游走过程定义的，包括平均通勤时间[372]、Cos+指标[373]、有重启的随机游走[154]、SimRank 指标[374]、局部随机游走指标[325]和有叠加效应的随机游走指标[325]等。

3.3.1 全局随机游走

基于网络全局的随机游走指标主要有以下几种：

（1）平均通勤时间（average commute time，ACT）[372]

定义平均首达时间 $m(x, y)$ 为一个随机游走粒子从节点 v_x 到节点 v_y 平均需要走的步数，那么节点 v_x 和 v_y 的平均通勤时间定义为

$$n(x, y) = m(x, y) + m(y, x) \tag{59}$$

其数值解可通过求该网络拉普拉斯矩阵 $\boldsymbol{L}$（$\boldsymbol{L} = \boldsymbol{D} - \boldsymbol{A}$）的伪逆 $\boldsymbol{L}^+$ 获得[375]，即

$$n(x, y) = M(l_{xx}^+ + l_{yy}^+ - 2l_{xy}^+) \tag{60}$$

其中 l_{xy}^+ 表示矩阵 $\boldsymbol{L}^+$ 中第 x 行 y 列的位置所对应的元素。两个节点的平均通勤时间越小，那么两个节点越接近。由此定义基于 ACT 的相似性为（M 作为网络的总边数，对每一对节点对都相同，因此在计算中可忽略）

$$s_{xy}^{\mathrm{ACT}} = \frac{1}{l_{xx}^+ + l_{yy}^+ - 2l_{xy}^+} \tag{61}$$

（2）基于随机游走的余弦相似性（Cos+）[373]

马氏距离（Mahalanobis distance）[376]常用来衡量两个向量之间的不相似程度，且满足三角不等式。对于两个随机向量 $\boldsymbol{x} = (x_1, x_2, \cdots, x_N)^{\mathrm{T}}$，$\boldsymbol{y} = (y_1, y_2, \cdots, y_N)^{\mathrm{T}}$，这两个向量的马氏距离为

$$S^{\mathrm{M}}(\boldsymbol{x}, \boldsymbol{y}) = \sqrt{(\boldsymbol{x} - \boldsymbol{y})^{\mathrm{T}} \boldsymbol{C}^{-1} (\boldsymbol{x} - \boldsymbol{y})}, \tag{62}$$

其中 $\boldsymbol{C}^{-1}$ 是协方差矩阵。如果协方差矩阵为单位矩阵，马氏距离就简化为欧氏

距离。我们可以把公式（60）重新写成矩阵形式

$$n(x,\ y) = M\,(e_x - e_y)^{\mathrm{T}} L^+ (e_x - e_y),\tag{63}$$

其中 e_x 表示一个一维列向量且仅有第 x 个元素为 1，其他元素都为 0。可以发现，$\sqrt{n(x,\ y)}$ 就是对应于 L^+ 的马氏距离。注意到 L^+ 是半正定阵[377]，可以对角化为

$$\Lambda = U^{\mathrm{T}} L^+ U\tag{64}$$

其中 Λ 为以 L^+ 的特征根为对角元素的对角矩阵，即

$$\Lambda = \begin{pmatrix} \lambda_1 & & & & \\ & \lambda_2 & & & \\ & & \ddots & & \\ & & & \lambda_{n-1} & \\ & & & & \lambda_n \end{pmatrix}\tag{65}$$

$\lambda_1 \geqslant \lambda_2 \geqslant \cdots \geqslant \lambda_{n-1} \geqslant \lambda_n = 0$ 是 L^+ 的特征值，而

$$U = [\,u_1,\ u_2,\ \cdots,\ u_{n-1},\ o\,],\tag{66}$$

其中列向量 u_k 是对应于 λ_k 的标准正交特征向量，且 $U^{\mathrm{T}} U = I$。在此对角化条件下，可以得到

$$\begin{aligned} n(x,\ y) &= M\,(e_x - e_y)^{\mathrm{T}} L^+ (e_x - e_y)\\ &= M\,(e_x - e_y)^{\mathrm{T}} U U^{\mathrm{T}} L^+ U U^{\mathrm{T}} (e_x - e_y)\\ &= M\,[\,U^{\mathrm{T}}(e_x - e_y)\,]^{\mathrm{T}} U^{\mathrm{T}} L^+ U[\,U^{\mathrm{T}}(e_x - e_y)\,] \end{aligned}\tag{67}$$

若令 $v'_x = U^{\mathrm{T}} e_x$，则可得

$$\begin{aligned} n(x,\ y) &= M\,(v'_x - v'_y)^{\mathrm{T}} \Lambda (v'_x - v'_y)\\ &= M(v'_x - v'_y)^{\mathrm{T}} \Lambda^{\frac{1}{2}} \Lambda^{\frac{1}{2}} (v'_x - v'_y)\\ &= M(v'_x - v'_y)^{\mathrm{T}} (\Lambda^{\frac{1}{2}})^{\mathrm{T}} \Lambda^{\frac{1}{2}} (v'_x - v'_y)\\ &= M[\,\Lambda^{\frac{1}{2}} (v'_x - v'_y)\,]^{\mathrm{T}} \Lambda^{\frac{1}{2}} (v'_x - v'_y) \end{aligned}\tag{68}$$

若令 $v_x = \Lambda^{\frac{1}{2}} v'_x = \Lambda^{\frac{1}{2}} U^{\mathrm{T}} e_x$，得

$$n(x,\ y) = M\,(v_x - v_y)^{\mathrm{T}} (v_x - v_y)\tag{69}$$

因此，在节点 v_x 坐标为 $\boldsymbol{v}_x$ 的 N 维欧氏空间中，节点 v_x 与节点 v_y 的距离为 $\sqrt{n(x,\ y)}$，而对应向量的余弦相似性为

$$s_{xy}^{\cos+} = \cos(x,\ y)^+ = \frac{\boldsymbol{v}_x^{\mathrm{T}}\boldsymbol{v}_y}{|\boldsymbol{v}_x||\boldsymbol{v}_y|} = \frac{l_{xy}^+}{\sqrt{l_{xx}^+ \cdot l_{yy}^+}}, \tag{70}$$

其中 $l_{xy}^+ = \boldsymbol{v}_x^{\mathrm{T}}\boldsymbol{v}_y$ [378]。

（3）有重启的随机游走指标（random walk with restart，RWR）[154]

这个指标可以看成是网页排序算法 PageRank 的拓展应用。它假设随机游走粒子在每走一步的时候都以一定概率返回初始位置。设粒子返回概率为 $1-c$，$\boldsymbol{P}$ 为网络的马尔可夫概率转移矩阵，其元素 $P_{xy} = a_{xy}/k_x$ 表示节点 v_x 处的粒子下一步走到节点 v_y 的概率，其中如果 v_x 和 v_y 相连则 $a_{xy} = 1$，否则 $a_{xy} = 0$。某一粒子初始时刻在节点 v_x 处，那么 $t+1$ 时刻该粒子到达网络各个节点的概率向量为

$$\boldsymbol{\pi}_x(t+1) = c \cdot \boldsymbol{P}^{\mathrm{T}}\boldsymbol{\pi}_x(t) + (1-c)\boldsymbol{e}_x \tag{71}$$

其中 $\boldsymbol{e}_x$ 表示初始状态（其定义与 cos+ 中 $\boldsymbol{e}_x$ 的定义相同）。不难得到上式的稳态解为

$$\boldsymbol{\pi}_x = (1-c)(\boldsymbol{I} - c\boldsymbol{P}^{\mathrm{T}})^{-1}\boldsymbol{e}_x, \tag{72}$$

其中元素 π_{xy} 为从节点 v_x 出发的粒子最终有多少概率走到节点 v_y。由此定义 RWR 相似性为

$$s_{xy}^{\mathrm{RWR}} = \pi_{xy} + \pi_{yx} \tag{73}$$

关于 RWR 的一种快速算法请参见文献 [379]。RWR 指标已被应用于推荐系统的算法研究中，并取得较好的推荐效果[380]。

（4）SimRank 指标（SimR）[374]

它的基本假设是如果两节点所连接的节点相似，那么这两个节点就相似。它的自洽定义式为

$$s_{xy}^{\mathrm{SimR}} = C\frac{\displaystyle\sum_{v_z \in \Gamma(x)}\sum_{v_{z'} \in \Gamma(y)} s_{zz'}^{\mathrm{SimR}}}{k_x k_y} \tag{74}$$

其中假定 $s_{xx} = 1$，$C \in [0,\ 1]$ 为相似性传递时的衰减参数。

细心的读者可能已经注意到，SimR 指标同时考虑了结构等价和一般等价。

当节点 v_x 的邻居 v_z 同时也是节点 v_y 的邻居时，该指标考虑了结构等价。当 v_z 不等于 $v_{z'}$ 时，该指标考虑了一般等价。可以证明，SimR 指标描述了两个分别从节点 v_x 和 v_y 出发的粒子平均过多久会相遇。

3.3.2 局部随机游走

基于全局的随机游走指标往往计算复杂度很高，因此很难在大规模网络上应用。刘伟平和吕琳媛[325] 提出了一种基于网络局部随机游走的相似性指标（local random walk，LRW）。该指标与上述四种全局随机游走的指标不同，它只考虑有限步数的随机游走过程。

（1）局部随机游走指标[325]

一个粒子 t 时刻从节点 v_x 出发，定义 $\pi_{xy}(t)$ 为 $t+1$ 时刻这个粒子正好走到节点 v_y 概率，那么可得到系统演化方程

$$\boldsymbol{\pi}_x(t+1) = \boldsymbol{P}^{\mathrm{T}}\boldsymbol{\pi}_x(t), \ t \geq 0 \tag{75}$$

其中 $\boldsymbol{\pi}_x(0)$ 为一个 $N \times 1$ 的向量，只有第 x 个元素为 1，其他元素为 0，即 $\boldsymbol{\pi}_x(0) = \boldsymbol{e}_x$。设定各个节点的初始资源分布为 q_x，那么基于 t 步随机游走的相似性为

$$s_{xy}^{\mathrm{LRW}}(t) = q_x \cdot \boldsymbol{\pi}_{xy}(t) + q_y \cdot \boldsymbol{\pi}_{yx}(t) \tag{76}$$

刘伟平和吕琳媛讨论了一种与度分布一致的初始资源分布，即 $q_x = k_x/M$，并在此基础上进行了大量实验，结果表明此方法明显好于共同邻居方法，并且发现最优行走步数与网络的平均最短距离正相关。

LRW 相似性由于只考虑了有限步数的随机游走，此算法的计算复杂度比基于全局随机游走的 ACT、RWR、cos+ 以及 SimR 算法都要小很多，因此对于规模较大的网络非常适用。

（2）有叠加效应的局部随机游走指标（superposed random walk，SRW）[325]

在 LRW 的基础上，将 t 步及其以前的结果加总便得到 SRW 的值，即

$$s_{xy}^{\mathrm{SRW}}(t) = \sum_{l=1}^{t} s_{xy}^{\mathrm{LRW}}(l) = q_x \sum_{l=1}^{t} \boldsymbol{\pi}_{xy}(l) + q_y \sum_{l=1}^{t} \boldsymbol{\pi}_{yx}(l) \tag{77}$$

这个指标给邻近目标节点的点更多的机会与目标节点相连，充分考虑了很

多真实网络连接上的局域性特点。

3.4 其他相似性算法

3.4.1 矩阵森林指数

基于矩阵森林理论（matrix-forest theory），可以提出相应的矩阵森林指数（matrix-forest index，MFI），其定义为[381]

$$S = (I + L)^{-1} \tag{78}$$

其中 L 为网络的拉普拉斯矩阵。更广义的，考虑一个允许两个节点之间有多条含权边的情形，则 L 定义如下：

$$l_{xy} = \begin{cases} -\sum_p w_{xy}^p, & x \neq y \\ -\sum_{x \neq y} l_{xy}, & x = y \end{cases} \tag{79}$$

其中 w_{xy}^p 表示连接节点 v_x 和 v_y 的第 p 条边的权重。这里，节点 v_x 和 v_y 的相似性可以理解为在网络所有含一个根节点的生成森林中，有多少比例的森林是节点 v_x 和 v_y 属于同一个以节点 v_x 为根节点的树。矩阵森林指数的含参数形式为

$$S = (I + \alpha L)^{-1}, \alpha > 0 \tag{80}$$

文献［382］应用矩阵森林指数刻画协同推荐系统中节点的相似性，结果表明基于 MFI 的算法可以得到较好的推荐效果。

3.4.2 自洽转移相似性

转移相似性是基于节点之间相似性可传递的假设来刻画节点之间的间接相似程度[383]。提出该指数的最初目的是为了克服推荐系统中由于数据稀疏性导致的一些直接刻画用户相似性方法不准确的问题。图 23 给出一个简单的示例。

在推荐系统中，如果用户购买了某产品，则该用户和该产品之间会有一条连接，图23（a）表示了3个用户A、B和C对产品α和β的选择关系。由图可知用户A和B都选择了产品α，用户B和C都选择了产品β。根据共同邻居相似性的定义可得，用户A和B的相似性为1，用户B和C的相似性也为1，而用户A和C由于没有共同购买的产品，因此相似性为0。于是得到用户之间的相似性关系网络，如图23（b）所示。而事实上由于A和C都与B相似，那么A和C也很可能相似，而这种相似性可能由于数据的稀疏或缺失被掩盖了。

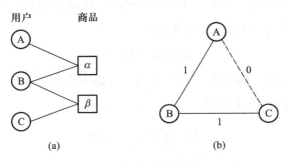

图 23 转移相似性示意图

考虑到这一点，孙舵等人[383]提出自恰转移相似性指数。认为节点的相似性由两部分组成，即直接相似性和间接相似性，具体如下式所示：

$$s_{xy}^{\mathrm{Tr}} = \varepsilon \sum_{v} s_{xv} s_{vy}^{\mathrm{Tr}} + s_{xy} \tag{81}$$

式中，s_{xy}可以为由任意一种相似性指标得到的直接相似性；ε为可调参数，用以控制直接相似性和间接相似性的比例。式（81）第一项表示间接相似性的贡献，第二项为直接相似性。

回顾上一节中的式（52）~（54），可以发现自洽转移相似性实际上是LHN-II思想的一个扩展。当直接的相似性就定义为邻接矩阵，即$S=A$的时候，式（81）和式（52）的表达是一致的，此时转移相似性就等价于Katz指标。转移相似性的矩阵表示为

$$S^{\mathrm{Tr}} = (I - \varepsilon S)^{-1} S \tag{82}$$

3.5　相似性算法计算示例

为了使读者更好地理解各个相似性算法的含义和具体计算方法，本节通过一个具体示例，介绍如何应用三种不同的相似性定义方法进行链路预测。这里仍然考虑无向无权的简单网络情形。

图24给出了一个包含5个节点7条边（实线）的网络。下面分别应用 CN 指标、RA 指标和 Jaccard 指标来计算网络中节点3和节点4的相似性以及节点3和节点5的相似性。

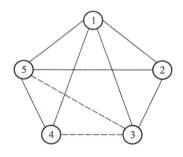

图24　示例网络（实线表示已有链接，虚线表示要预测的链接）

（1）CN 指标得到的相似性

CN 指标中两个节点 v_x 和 v_y 的相似性定义为它们共同的邻居数，参见式（38）。根据网络已知的链接，即实线部分，可以得到节点3和节点5共有两个共同邻居，分别是节点1和节点2，于是得到节点3和节点5的 CN 相似性为2，即 $s_{|3,\,5|}^{CN}=2$。同理，可以得到节点3和节点4的 CN 相似性为1，即 $s_{|3,\,4|}^{CN}=1$，因为它们只有一个共同邻居节点1。因此，根据 CN 相似性指标，我们可以说节点3和节点5之间产生连接的可能性大于节点3与节点4之间产生连接的可能性。

（2）RA 指标得到的相似性

应用 RA 指标计算相似性的时候，需要考虑共同邻居的度的影响。如图 24 得到节点 1 的度为 4，节点 2 的度为 3，因此可以得到 $s_{[3, 5]}^{RA} = \dfrac{1}{4} + \dfrac{1}{3} = \dfrac{7}{12} \approx 0.583$。同理，考虑节点 3 和节点 4 的 RA 相似性时，也需要考虑其共同邻居节点 1 的度，因此可得 $s_{[3, 4]}^{RA} = \dfrac{1}{4} = 0.25$。由此可得，根据 RA 相似性的预测方法，节点 3 和节点 5 之间产生连接的可能性大于节点 3 与节点 4 之间产生连接的可能性。

（3）Jaccard 指标得到的相似性

Jaccard 指标在考虑两个节点共同邻居数量的同时也考虑它们所有邻居的数目。由图 24 可得 $\Gamma(3) = \{1, 2\}$，$\Gamma(5) = \{1, 2, 4\}$。根据式（40）的定义，得到图 24 中节点 3 和节点 5 的相似性为 $s_{[3, 5]}^{Jaccard} = \dfrac{|\{1, 2\}|}{|\{1, 2, 4\}|} = \dfrac{2}{3}$。同理，由于 $\Gamma(4) = \{1, 5\}$，可得节点 3 和节点 4 的相似性为 $s_{[3, 4]}^{Jaccard} = \dfrac{|\{1\}|}{|\{1, 2, 5\}|} = \dfrac{1}{3}$。因此，根据 Jaccard 指标得到的相似性，节点 3 和节点 5 之间产生连接的可能性大于节点 3 与节点 4 之间产生连接的可能性。

3.6 链路预测效果比较分析

本节总结了上述几类算法在真实网络中进行链路预测的表现，网络来自 8 个不同的领域，包括交通网络、社会网络、生物网络、技术网络等。预测准确度由 AUC 衡量。

3.6.1 实验数据

（1）美国航空网络（USAir）[384]

该网络中的每一个节点对应一个机场，如果两个机场之间有直飞的航线，那么这两个机场所对应的两个节点之间就有一条连边。这里考虑的是无向无权的情况，即不考虑航班的方向、频次以及客流量等信息。该网络共包含 332 个机场及 2 126 条航线。

（2）科学家合作网络（NS）[206]

该网络由发表过复杂网络为主题论文的科学家构成。节点表示科学家，连边表示科学家之间的合作关系。显然，根据合作的次数不同，这个网络应该是含权的网络，但此处我们只考虑不含权的情形。该网络包含 1 589 个节点，268 个连通集，其中最大连通集团含有 379 个节点。

（3）政治博客网络（PB）[385]

该网络节点为美国某政治论坛的博客网页，如果两个博客之间存在超链接，不管方向如何，都在相应的两个博客之间建立一条无向边。网络包含1 224 个节点和 19 022 条有向边，最大连通集团包含 1 222 个节点和 19 021 条有向边，若将网络无向处理，则有 16 714 条边。

（4）蛋白质相互作用网络（Yeast）[332]

节点表示蛋白质，边表示相互作用关系。该网络包含 2 617 个节点和 11 855 条边。虽然网络包含了 92 个连通块，但是最大连通集团包含了 2 375 个节点，涵盖了整个网络 90.75% 的节点。

（5）线虫的神经网络（C. elegans）[17]

该网络中节点表示线虫的神经元，边表示神经元突触（synapse）或者间隙连接（gap junction）。该网络含有 297 个节点和 2148 条连接。

（6）食物链网络（FWFB）[369]

佛罗里达海湾雨季的食物链网络。含 128 种生物以及 2 106 条捕食关系。

（7）电力网络（Power）[17]

美国西部电力网络。节点表示变电站或换流站，连边表示它们之间的高压线。含 4 941 个节点和 6 594 条边。

（8）路由器网络（Router）[370]

Internet 路由器层次的网络。该网络中的每一个节点表示一个路由器，如果两个路由器之间通过光缆等方式相连并直接交换数据包，则这两个路由器对应的两个节点相连。该网络非常稀疏，包含 5 022 个节点却只有 6 258 条边。

对于上述 8 个实验网络，我们只考虑无权无向的情况，对于有多个集团的情形，我们只考虑最大连通集。这些网络很多是可以定义权重和方向的，本书会在第五章和第六章讨论其中部分网络连边权重和方向性对链路预测的影响。网络的基本统计性质和更加详细的信息参见附录 B。

3.6.2　预测结果比较

表 2 给出了算法在 8 个真实网络中的预测精确性（用 AUC 衡量），括号中的数字表示所取的参数值。实验时，网络测试集与训练集的划分比例为 1∶9，即测试集包含 10% 的边。从表 2 可以看出，全局指标普遍表现比只利用最近邻信息的局部指标好一些，但是利用了最近邻和次近邻的局部路径指标（LP）表现已经和全局指标不相上下。全局指标中 RWR、Cos+ 和 Katz 表现特别突出。只利用最近邻的指标中，RA 表现最为抢眼，AA 次之，说明惩罚大度的共同邻居确实可以起到作用，这一思想在局部朴素贝叶斯方法中得到了淋漓尽致的展现，此方法的确能够将精确性再推进一步。对比网络结构特征（参考附录 B），我们还可以发现网络结构对于指标的选择有重要影响，譬如说只考虑最近邻的局部指标往往只在网络簇系数很大的时候才会有良好表现[321,386]，又譬如基于共同邻居的转移相似性指标（TSCN）对于 Router 网络和 Power 网络有非常好的表现，是因为这些网络连接密度低，而在其他情况则可能表现平平。表 2 蕴含了巨大的信息量，留给读者慢慢品味吧。

表 2　相似性算法在 8 个真实网络中的预测精确度

相似性指标＼真实网络	USAir	NS	PB	Yeast	C. elegans	FWFB	Power	Router
CN	0.954 2	0.979 6	0.923 4	0.915 1	0.846 6	0.605 3	0.625 0	0.652 2
Salton	0.925 8	0.978 9	0.878 3	0.914 4	0.796 7	0.526 3	0.624 9	0.651 3
Jaccard	0.915 1	0.977 4	0.876 8	0.914 4	0.790 1	0.526 3	0.625 0	0.651 3
Sørensen	0.915 0	0.977 3	0.876 8	0.914 6	0.790 4	0.526 3	0.624 6	0.651 3
HPI	0.882 0	0.979 6	0.854 8	0.913 1	0.803 4	0.523 6	0.625 0	0.651 3
HDI	0.908 4	0.976 0	0.872 9	0.914 5	0.779 6	0.525 1	0.625 0	0.651 5
LHN–I	0.776 9	0.974 4	0.762 8	0.910 1	0.723 4	0.400 0	0.624 8	0.651 3

续表

相似性指标\真实网络	USAir	NS	PB	Yeast	C. elegans	FWFB	Power	Router
AA	0.965 9	0.983 1	0.926 8	0.916 0	0.863 6	0.606 5	0.624 9	0.652 2
RA	0.972 2	0.983 3	0.927 9	0.913 0	0.868 6	0.608 3	0.624 8	0.652 0
PA	0.911 6	0.655 5	0.909 3	0.863 9	0.754 5	0.731 4	0.579 1	0.954 9
LP (10^{-3})	0.952 2	0.985 7	0.936 2	0.970 4	0.864 6	0.621 9	0.698 5	0.943 8
Katz (10^{-2})	0.950 2	0.986 0	0.932 9	0.972 1	0.862 0	0.676 6	0.963 6	0.976 7
Katz (10^{-3})	0.951 9	0.986 0	0.935 9	0.973 1	0.863 7	0.621 5	0.963 6	0.976 7
LHN-II(0.90)	0.610 4	0.973 3	0.638 0	0.967 0	0.594 5	0.535 9	0.963 1	0.929 2
LHN-II(0.95)	0.588 9	0.967 3	0.582 4	0.965 5	0.544 9	0.540 7	0.962 8	0.915 7
LHN-II(0.99)	0.567 8	0.945 4	0.529 2	0.959 2	0.494 2	0.542 3	0.962 5	0.874 2
ACT	0.901 2	0.934 1	0.892 5	0.899 7	0.742 5	0.723 5	0.892 4	0.964 4
cos+	0.958 0	0.975 8	0.927 7	0.972 0	0.859 6	0.653 2	0.967 0	0.970 7
RWR(0.85)	0.968 2	0.991 1	0.942 1	0.979 5	0.902 1	0.744	0.975 5	0.983 8
RWR(0.95)	0.952 9	0.988 8	0.929 1	0.978 8	0.863 7	0.738 6	0.977 7	0.985 4
SimR(0.8)	0.798 9	0.983 9	0.773 8	0.964 6	0.763 8	0.417 6	0.971 0	0.907 8
LRW(3)	0.973 0	0.989 9	0.947 5	0.973 6	0.918 5	0.899 1	0.698 3	0.944 8
LRW(4)	0.972 2	0.991 4	0.940 6	0.974 6	0.905 2	0.680 1	0.756 8	0.959 2
LRW(5)	0.970 7	0.990 3	0.944 6	0.977 7	0.911 8	0.791 4	0.800 7	0.974 8
SRW(3)	0.973 7	0.992 1	0.935 5	0.972 3	0.900 7	0.706 0	0.698 3	0.943 7
SRW(4)	0.974 2	0.991 9	0.938 4	0.975 8	0.903 4	0.700 6	0.756 9	0.960 4
SRW(5)	0.974 2	0.991 5	0.940 7	0.977 3	0.906 8	0.722 3	0.800 7	0.973 7
LNB-CN	0.959 9	0.981 9	0.926 3	0.915 6	0.859 8	0.627 2	0.625 1	0.652 5
LNB-AA	0.967 6	0.983 1	0.927 9	0.916 0	0.864 5	0.637 2	0.624 9	0.652 4
LNB-RA	0.972 3	0.983 2	0.928 0	0.916 3	0.865 3	0.655 3	0.624 9	0.652 0
MFI	0.941 2	0.987 3	0.906 0	0.972 3	0.871 6	0.701 2	0.971 4	0.976 7
TSCN	0.604 2	0.970 7	0.492 3	0.522 3	0.495 8	0.499 4	0.952 2	0.811 2
TSAA	0.648 1	0.990 5	0.540 1	0.639 7	0.580 7	0.490 0	0.958 5	0.925 3
TSRWR	0.961 1	0.992 3	0.910 1	0.974 2	0.868 1	0.546 3	0.968	0.977 6

77

第四章　基于似然分析的链路预测

　　在第三章中，我们给大家展示了链路预测中最简单的一种框架，基于节点对相似性的预测方法。如果这个简单的框架再配上一种简单的相似性指数，比如基于共同邻居的相似性，那不能不说是一种简约到极致的美！让人惊讶的是，它不仅美，而且在很多情况下，都非常精确。这一章，我们将带大家到另外一个极端，去看看链路预测中最复杂的一种框架，基于似然分析的链路预测。这个框架本身远远复杂于基于相似性的框架，而且框架中每一个组成成分自身都非常复杂。理解本章需要我们付出远远大于上一章的努力，但是仔细读完本章后，你一定会觉得回报大于努力——这就像欣赏一个个精致的艺术品，通过阅读和理解，你从鉴赏者变成了艺术家。从极简约之美到极繁复之美，如同从郑板桥的墨竹到周昉的仕女，各有其味其韵。这些各擅其长的方法也彰显了链路预测这个基本问题所蕴含的深度。

从似然分析出发，也可以引致不同的算法框架。譬如可以根据假设的网络结构组织方式以及目前已经观察到的链路，直接计算每一对未连接的节点之间存在链路的似然；也可以根据链路产生的机理，设计定义网络整体的哈密顿量以及对应于这个哈密顿量的网络系综，通过观察一条链路的加入和移除对网络自身似然的影响而量化该边存在的可能性。由于这些算法框架的核心思想有共通之处，而且都用到了似然的概念，我们把这些方法都放入这一章中统一介绍。

似然分析不是一个应用性很强的方法。从本章后面具体的算法介绍中可以看出，即便是精巧实现的算法，处理几千个节点的网络也会感到吃力。对于在线社交网络或者神经元网络这类规模的网络，这些算法更是不敢想象的。很多这类算法的精确性，也不见得比基于结构相似性的算法好。但是，这些算法除了提供链路预测的结果之外，还给出了我们对于网络结构的深刻洞见。譬如第一节的算法实际上给出了网络层次组织形态的定量刻画，第二节的算法类似于社区分解一样把网络划分成了若干子块。这些对理解网络结构特征方面的贡献，是基于相似性的框架所不能提供的。

本章共分四节，前三节每节都会介绍一个具体的工作，这些工作无一例外都是数学、物理和计算机科学的巧妙结合。似然分析的方法在网络去噪和重构、网络结构演化机制推断等理论问题上都有成功的应用，其实际应用对象不仅包括生物网络和社会网络的预测和推荐，还可以应用到美国最高法院法官投票的预测上。部分有代表性的应用我们将在第八章与其他应用一起介绍。

4.1 层次结构模型

很多真实网络，譬如新陈代谢网络[185]和大脑神经网络[387]，都具有明显的层次组织关系。这些网络中节点可以被聚类成若干组群，每一个组群中的节点又可以被聚类成若干下一级组群……这样的结构可以通过层次聚类等方法进行刻画[305,388]。让人惊讶的不是层次结构的存在本身，而是这种针对网络大尺度组织模式的认识，居然可以应用于微观链路存在性的预测[5]。

Clauset，Moore 和 Newman 提出了一种简单的层次结构模型（hierachical structure model，HSM）[326]。在该模型中，一个 N 个节点的无向网络的层次结构可以用一个类似于族谱树的结构表示，这 N 个节点都是叶子节点，有 $N-1$ 个非叶子节点将它们联系起来。其中每个非叶子节点 r 都被赋予一个概率值 p_r，而一对叶子节点连边的概率等于这对节点最近的共同祖先 r' 对应的概率值 p_r。图 25 给出了一个包含 5 个叶子节点的网络层次结构示意图。每一对节点存在连边的概率都由其最近共同祖先节点的概率值决定。如图所示，节点 1 和节点 2 之间存在连边的概率是 0.5，节点 1 和节点 3 之间存在连边的概率是 0.3，节点 3 和节点 4 之间存在连边的概率是 0.4。

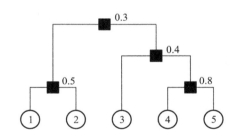

图 25　一个具有 5 个节点的网络层次结构示意图

给定一个无向简单网络 G，以及如图 25 所示的族谱树 $\mathfrak{D}$，用 E_r 表示网络 G 中两个端点正好以 r 为最近共同祖先的边的数目，用 L_r 和 R_r 分别表示非叶子节点 r 左支和右支包含的叶子节点数目，则该族谱树 $\mathfrak{D}$ 以及非叶子节点上所赋概率值集合 $\{p_r\}$ 对应于网络 G 的似然为

$$\mathfrak{L}(\mathfrak{D}, \{P_r\}) = \prod_r p_r^{E_r}(1-p_r)^{L_r R_r - E_r} \tag{83}$$

当网络结构 G 和族谱树 $\mathfrak{D}$ 给定后，每一个非叶子节点 r 对似然的贡献都是独立的，因此对于任意 r，方程

$$\frac{\partial}{\partial p_r}(p_r^{E_r}(1-p_r)^{L_r R_r - E_r}) = 0 \tag{84}$$

的解

$$p_r^* = \frac{E_r}{L_r R_r} \tag{85}$$

能够最大化对应的项。故对所有 $N-1$ 个非叶子节点，在给定网络结构 G 和族谱树 $\mathfrak{D}$ 后，按照（85）式很容易确定在最大化网络 G 的似然要求下，每个非叶子节点所应赋予的概率值。根据（85）式确定的 $\{p_r\}$ 值对应的 $\mathfrak{D}$ 的最大似然值记做 $\mathfrak{L}(\mathfrak{D})$。

图 26 给出了一个计算族谱树似然的例子。如图所示，无向网络共包含 $N=6$ 个叶子节点。图中给出了两个不同的族谱树，每棵树上都有 5 个表达层次结构的非叶子节点，其上所对应的概率值是通过式（85）计算得到的，能够最大化相应族谱树的似然。因为标为 1 的非叶子节点对应的左支叶子和右枝叶子之间肯定是完全连接的（$L_r R_r = E_r$），所以这些节点对族谱树似然的贡献项都是 1。对于概率值 p 小于 1 的非叶子节点，数一下这个节点所辖的左右支叶子之间存在多少连边，有多少对没有连边，分别将这两个数作为 p 和（$1-p$）的两个幂指数并乘起来，就得到了对应的贡献项。按照这种方法，针对图 26 中左右两个族谱树，计算得到的最大似然分别是

$$\mathfrak{L}_1 = \left(\frac{1}{3}\right)\left(\frac{2}{3}\right)^2 \cdot \left(\frac{1}{4}\right)^2 \left(\frac{3}{4}\right)^6 \approx 0.001\ 65 \tag{86}$$

$$\mathfrak{L}_2 = \left(\frac{1}{9}\right)\left(\frac{8}{9}\right)^8 \approx 0.043\ 3 \tag{87}$$

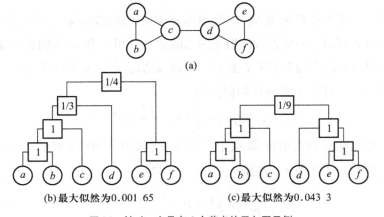

(a)

(b) 最大似然为 0.001 65　　　　(c) 最大似然为 0.043 3

图 26　针对一个具有 6 个节点的无向图示例

这个计算结果也比较符合我们的直观——右边的族谱树的确更好地刻画了网络存在的层次结构。需要注意的是，在实际计算时，这个连乘积会变得太小而超出了一般计算机处理的能力（喜欢信息奥林匹克或者 ACM 程序设计竞赛的读者或许会想到利用数组进行高精度计算，但是这种计算很繁复而且在这里完全没有必要），此时可以使用对数似然率 $\log \mathfrak{L}$ 把连乘变成连加。

由于给定族谱树之后确定每个非叶子节点的概率值比较容易，问题就转化为怎样探索不同的族谱树，并将对族谱树的分析映射到链路存在的可能性上。下面我们介绍一种名为"马尔可夫链蒙特卡洛方法"的抽样方法[390]。首先来看看如何将一个给定的族谱树转化成另外一个族谱树。给定族谱树 $\mathfrak{D}$，对于任意一个非叶子节点 r，所有的叶子节点根据和 r 关系的不同，可以分为 3 个子集：① 属于 r 的左支子树；② 属于 r 的右支子树；③ 其他。在图 27 中，这 3 个集合分别用 s、t、u 表示。选定 r 节点之后，图 27 实际上给出了一种在不同族谱树之间转化的方案（注意，这个转化方案并不是唯一的，此处我们只是给出了其中一种可行方案），即从图 27（a）出发，可以转化为图 27（b）或图 27（c）。类似地，从图 27（b）出发，也存在两种方案。举个实际的例子，如果以图 26（b）所示的族谱树为出发点，并且选择概率值为 1/3 的节点作为 r 节点，采用从图 27（a）到图 27（b）的转化方案，正好可以得到图 26（c）所示的结构。可以证明，上述转化方案是可遍历的，也就是说任意两个不同构的族谱树之间总能找到一系列"转化"（有限多个），从一个族谱树到另一个族谱树。

对于任意当前的族谱树，我们总是从所有的非叶子节点里面随机选择一个节点作为 r 节点，然后在针对 r 节点的两种可行转化方案中任意选择一种。记当前族谱树为 $\mathfrak{D}$，转化后的族谱树为 $\mathfrak{D}'$，根据 Matropolis-Hastings 规则[391,392]，如果 $\mathfrak{L}(\mathfrak{D}') \geqslant \mathfrak{L}(\mathfrak{D})$，则接受 $\mathfrak{D}'$ 作为当前族谱树，反之以概率 $\mathfrak{L}(\mathfrak{D}')/\mathfrak{L}(\mathfrak{D})$ 接受 $\mathfrak{D}'$ 作为当前族谱树（如果计算中采用了对数似然，这个地方一定要先用一个指数函数获得原始的似然值）。可以证明[390]，按照这种方式得到的族谱树的抽样序列中，如果序列长度趋于无穷，每一棵族谱树出现的次数正比于该族谱树的最大似然值。对算法比较敏感的读者可能已经注意到，Matropolis-Hastings 规则和大家熟知的"模拟退火"算法非常相似。可能大多数从事计算机科学与工程研究的学者，都会把模拟退火算法的提出归功于 Kirkpatrick 等人[393]，但事实上，原创性的贡献应属于 Matropolis-Hastings 规则。或许很多本领域的学者都不知道这个方法最初提出的目的是为了实现一种与给定适应度成比例的抽样方案。当然，没有 Kirkpatrick 等人[393]和 Cerný[394]创造性地把这个原则应用于解决计算机科学中存在的若干重大问题，或许也没有 Matropolis-Hastings 规则今日的辉煌。更详细的物理思想和算法规则请参考附录 A.5。

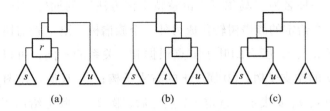

图 27 不同族谱树之间转化的示意图

此时此刻，完整的链路预测算法已经呼之欲出：

（1）从任何一个族谱树出发，通过上面介绍的规则，抽样大量的族谱树，使得每棵树出现的频次正比于该树对应的最大似然值，一般而言，要观察到当前族谱树的似然值基本稳定下来，抽样才能够结束；

（2）对于所有目前没有连边的节点对 v_x 和 v_y，其平均连边概率被定义为所有抽样的族谱树中节点对 v_x 和 v_y 连边概率的平均值，注意似然高的族谱树会出现多次，因此对这个平均概率的贡献也大；

（3）把平均连边概率看做第三章里的相似性 s_{xy}，按照这个值从大到小排列，排在前面的就是预测的连边。

图 28 是 Clauset 等人[326]层次模型的实验结果。用于比较刻画连接概率的指标包括共同邻居数、Jaccard 相似性、优先连接指标、最短路径长度的倒数等。从 AUC 值的比较来看，该模型具有一定优势。在三组实验中，（a）（c）两组层次结构模型效果最佳，（b）组最短路径长度的倒数效果最佳。遗憾的是，我们后来进行的大量实验显示，该方法相比较先进的基于共同邻居的方法而言，并没有优势[296]。该方法的另外一个缺陷就是计算复杂性太大。尽管

Clauset等人[326]通过实验猜测在大约 $O(N^2)$ 数量级上可以收敛，但最坏情况下是指数的[398]。如 Clauset 等人所言，这种算法最多也只能处理数千节点的网络。当然，这些缺陷并不能掩盖这个模型的精致和优美，以及它带给我们的除了链路预测以外的对于网络组织结构的见解。

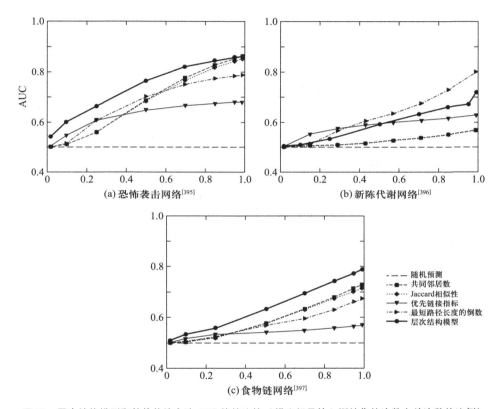

图 28 层次结构模型和其他传统方法 AUC 值的比较（横坐标是放入训练集的边数占总边数的比例）

4.2 随机分块模型

随机分块模型（stochastic block model，SBM）是最具普适性的网络模型之一[399-402]。该模型将网络中的节点分成若干个群，两个节点是否连接的概率只取决于节点所在的群。换句话说，同一个群中所有节点的地位是相同的。随机分块模型特别适合刻画节点所属群的成员身份对于其连接行为有关键影响的情况，例如，著名的"角色模型"[403,404]中就包含了随机分块模型的理念。

一个随机分块模型由两部分信息决定，一是网络被分成若干群的方案，二是分属于两个群的两点之间产生连边的概率矩阵。如果一个网络被分成了 7 个群，那么矩阵中就有 49 个元素。如果用 Ω 表示全体分群方案组成的集合，那么给定一个具体方案 $P \in \Omega$ 和这个方案下一个具体的连边概率矩阵 Q，一个随机分块模型就确定了，即 $M = (P, Q)$。当前已知的网络结构可以看做由某个未知的随机分块模型得到的。已知当前观察到的网络结构（用邻接矩阵 A^O 表示，其中上标 O 强调这是我们观察到的网络结构，并不一定代表真实或者完整的结构），网络具有某特性 $\aleph$ 的概率是

$$p(\aleph \mid A^O) = \int p(\aleph \mid M) p(M \mid A^O) \,\mathrm{d}M \tag{88}$$

其中 Θ 是所有随机分块模型的集合，$M \in \Theta$ 指代一个具体给定的随机分块模型，$p(\aleph \mid M)$ 是已知观察到的网络由模型 M 生成的前提下出现特性 $\aleph$ 的概率，而 $p(M \mid A^O)$ 是观察到的网络恰由模型 M 生成的概率。利用贝叶斯原理

$$p(M \mid A^O) p(A^O) = p(A^O \mid M) p(M) \tag{89}$$

可以得到

$$p(\aleph \mid A^O) = \frac{\int_{\Theta} p(\aleph \mid M) p(A^O \mid M) p(M) \,\mathrm{d}M}{\int_{\Theta} p(A^O \mid M') p(M') \,\mathrm{d}M'} \tag{90}$$

Guimerà 和 Sales-Pardo 认为，概率 $p(A_{xy} = 1 \mid A^O)$ 可以用来表征链路 $\{v_x, v_y\}$ 的信度[328]。注意，由于观察到的网络 A^O 并不完整，且可能包含噪音，故在 A^O 中存在链路 $\{v_x, v_y\}$ 并不代表该链路的信度就是 1。根据式（90），链路 $\{v_x, v_y\}$ 的信度可以表示为

$$p(A_{xy} = 1 \mid A^O) = \frac{1}{Z} \sum_{P \in \Omega} \int_0^1 |Q| p(A_{xy} = 1 \mid P, Q) p(A^O \mid P, Q) p(P, Q) \,\mathrm{d}Q$$

$$\tag{91}$$

其中 $|Q|$ 是矩阵元素数目，等于网络划分的群数的平方，而

$$Z = \sum_{P \in \Omega} \int_0^1 | \boldsymbol{Q} | p(\boldsymbol{A}^O \mid P, \boldsymbol{Q}) p(P, \boldsymbol{Q}) \mathrm{d}\boldsymbol{Q} \quad (92)$$

可以看做归一化因子。采用这个符号的另一个原因是，后面的推导会显示，该因子可以表做统计配分函数的形式。

根据定义，$p(A_{xy} = 1 \mid P, \boldsymbol{Q}) = Q_{\sigma_x \sigma_y}$，其中 σ_x 是节点 v_x 所属于的群的编号。在没有任何先验信息的前提下，$p(M) = p(P, \boldsymbol{Q})$ 可以认为是常数，在（91）式分子分母中同时消掉。对于某 P 中的两个群 α 和 β（允许 $\alpha = \beta$），如果用 $r_{\alpha\beta}$ 表示两个群中所有可能的连边数，而 $l_{\alpha\beta}^O$ 表示所观察到的网络 $\boldsymbol{A}^O$ 中连接两个群 α 和 β 的连边数，则根据随机分块模型的定义，有

$$p(\boldsymbol{A}^O \mid P, \boldsymbol{Q}) = \prod_{\alpha \leqslant \beta} Q_{\alpha\beta}^{l_{\alpha\beta}^O} (1 - Q_{\alpha\beta})^{r_{\alpha\beta} - l_{\alpha\beta}^O} \quad (93)$$

代入式（92），注意 $p(P, \boldsymbol{Q})$ 已经消掉，可以得到

$$Z = \sum_{P \in \Omega} \prod_{\alpha \leqslant \beta} \int_0^1 Q_{\alpha\beta}^{l_{\alpha\beta}^O} (1 - Q_{\alpha\beta})^{r_{\alpha\beta} - l_{\alpha\beta}^O} \mathrm{d}Q_{\alpha\beta} \quad (94)$$

利用 Beta 函数积分公式

$$\int_0^1 t^{a-1} (1 - t)^{b-1} \mathrm{d}t = \frac{(a - 1)! (b - 1)!}{(a + b - 1)!} \quad (95)$$

可以得到

$$Z = \sum_{P \in \Omega} \exp\left\{ - \sum_{\alpha \leqslant \beta} \left[\ln(r_{\alpha\beta} + 1) + \ln \binom{r_{\alpha\beta}}{l_{\alpha\beta}^O} \right] \right\} \quad (96)$$

不失一般性，假设 $\sigma_x \leqslant \sigma_y$，则与计算因子 Z 略有不同，式（91）在积分的时候要把 $(\alpha, \beta) = (\sigma_x, \sigma_y)$ 的项提出来单独计算。仍然利用 Beta 函数积分公式，可以分别得到

$$\prod_{\alpha \leqslant \beta, (\alpha, \beta) \neq (\sigma_x, \sigma_y)} \int_0^1 Q_{\alpha\beta}^{l_{\alpha\beta}^O} (1 - Q_{\alpha\beta})^{r_{\alpha\beta} - l_{\alpha\beta}^O} \mathrm{d}Q_{\alpha\beta}$$

$$= \exp\left\{ - \sum_{\alpha \leqslant \beta, (\alpha, \beta) \neq (\sigma_x, \sigma_y)} \left[\ln(r_{\alpha\beta} + 1) + \ln \binom{r_{\alpha\beta}}{l_{\alpha\beta}^O} \right] \right\} \quad (97)$$

和

$$\int_0^1 Q_{\sigma_x \sigma_y}^{l_{\sigma_x \sigma_y}^O + 1} (1 - Q_{\sigma_x \sigma_y})^{r_{\sigma_x \sigma_y} - l_{\sigma_x \sigma_y}^O} = \frac{l_{\sigma_x \sigma_y}^O + 1}{r_{\sigma_x \sigma_y} + 2} \exp\left[- \ln(r_{\sigma_x \sigma_y} + 1) - \ln \binom{r_{\sigma_x \sigma_y}}{l_{\sigma_x \sigma_y}^O} \right] \quad (98)$$

联合式（97）和式（98），可以得到链路 $\{v_x,\ v_y\}$ 信度的最终结果

$$\Re_{xy} = p(A_{xy} = 1 \mid \boldsymbol{A}^0) = \frac{1}{Z} \sum_{P \in \Omega} \left(\frac{l^0_{\sigma_x \sigma_y} + 1}{r_{\sigma_x \sigma_y} + 2} \right) \exp[-H(P)] \tag{99}$$

其中

$$H(P) = \sum_{\alpha \leqslant \beta} \left[\ln(r_{\alpha\beta} + 1) + \ln \binom{r_{\alpha\beta}}{l^0_{\alpha\beta}} \right] \tag{100}$$

如此，则归一化因子 Z 可以表示为统计配分函数的形式

$$Z = \sum_{P \in \Omega} \exp[-H(P)] \tag{101}$$

显然，遍历所有可能的划分方式即便对于一个很小的网络来说，其计算量也是不可接受的。但是，式（99）和式（101）的形式提醒我们可以如 4.1 节一般使用 Matropolis-Hastings 规则[391-394]进行估计。具体算法细节可以参考文献[382]，此处不再赘述。总的来说，该方法在精确性上的表现要略好于层次结构模型。下面在 4.4 节还会比较这两个模型的预测精度。

4.3　闭路模型

最近，潘黎明等人[405]提出了一种新的针对链路预测的似然分析框架，这种方法也具有相当的普适性。该框架首先根据网络结构形成的某项或某些驱动因素定义网络的哈密顿量。给定一个网络的系综，特定网络哈密顿量的负指数被统计配分函数归一化后，可以看做这个网络出现的似然[406]。对于给定的已观察到的网络，一条未被观察到的边存在的可能性可以用添加这条边后网络的似然来度量，此时系综即为在已观察网络上添加一条边可能形成的所有网络。在第 4.4 节我们会对比前 3 节介绍的 3 种方法。结果显示，潘黎明等人的新框架在定义恰当的哈密顿量后，预测精度比层次结构模型和随机分块模型更佳。

网络结构形成中特别重要的一个驱动因素是"局部性原则"。该原则认为有很多共同邻居或者至少在网络中距离很近的节点之间更容易产生新的连边。

这一原则得到三方面证据的支持：一是大部分真实网络都具有很高的簇系数[407]，二是利用局部性原则建立的网络模型往往能够很好再现真实网络的特征[408,409]，最重要的是，越来越多的观察揭示了真实网络生长中存在的局部性原则。例如，Kossinets 和 Watts 针对 43 553 位学校成员的社交网络的分析显示，拥有共同的熟人越多，将来成为熟人的可能性就越大[410]。而最近针对 Twitter 的实证更是显示，90% 以上的新链接都产生在原来就有至少一位共同邻居的节点对之间[411]。

符合局部性原则的网络，会有很高密度的低阶环，其中三阶环的多少直接决定了网络簇系数的大小。而第三章所介绍的基于共同邻居的相似性指标，也是基于高密度的三阶环。因为两个未连边的节点如果有共同邻居，就意味着它们之间如果有连边就会产生新的三阶环。从这个意义上讲，共同邻居相似性良好的表现背后是因为网络形成的时候更青睐三阶环。我们把这种观念进一步推广，认为封闭环路的存在本身就是一种局部性，于是可以定义相应的哈密顿量：

$$H = - \sum_{k=3}^{\infty} \beta_k \ln(\mathrm{Tr}A^k) \tag{102}$$

其中 A 是网络的邻接矩阵，$\mathrm{Tr}A^k$ 是所有长度为 k 的封闭回路数（允许多次经过一条边），β_k 是参数。如图 29 所示，选择对数求和的原因是因为随着 k 的增加，封闭回路数目指数上升。求和从 3 开始，是因为 1 阶回路不存在，2 阶封闭回路数平凡，就等于两倍网络的边数。

由于很高阶的回路已经很难体现局部性，我们设定一个截断阶 K_c。注意到幂矩阵的迹可以表示为特征值幂和[412]，即

$$\mathrm{Tr}A^k = \sum_{i=1}^{N} \lambda_i^k \tag{103}$$

其中 N 是网络节点数，则式（102）可以化为

$$H = - \sum_{k=3}^{K_c} \beta_k \ln \left(\sum_{i=1}^{N} \lambda_i^k \right) \tag{104}$$

潘黎明等人[405]通过大量真实网络实验，给出了 K_c 的一个经验值：$K_c = 10$。这个取值依赖于具体网络的结构特征，目前影响 K_c 最优值的因素尚不清楚。

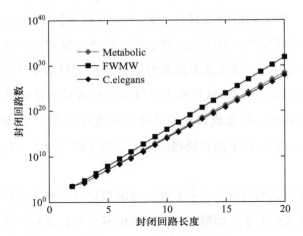

图 29   三种真实网络的封闭回路数目随着回路长度的变化

（网络的描述和结构特征将在附录 B 中给出）

在确定了网络的哈密顿量之后，基于最大熵原理，可以得到某一个网络 A 在系综 $\widetilde{A}$ 中出现的概率为[417]

$$P(A) = \frac{1}{Z} \exp\{-H[A]\} \tag{105}$$

其中 Z 为配分函数，是对系综 $\widetilde{A}$ 中所有可能出现网络的似然程度求和：

$$Z = \sum_{A \in \widetilde{A}} \exp\{-H[A]\} \tag{106}$$

Z 起到了归一化的作用。

利用已经观察到的网络 A，可以估计 β_k 的取值[413]。如果能够求出配分函数，通常再对 β_k 增加一个边界条件，就能够求出对应的参数。然而对于（104）式定义的哈密顿量，配分函数难以精确地求解，从而给参数 β_k 的确定带来困难。事实上可以看到，某一条边 $\{v_x, v_y\}$ 存在与不存在的边缘概率之比是不依赖于配分函数的：

$$\frac{P(a_{xy} = 1 \mid A_{xy}^C)}{P(a_{xy} = 0 \mid A_{xy}^C)} = \exp\{-[H(a_{xy} = 1 \mid A_{xy}^C) - H(a_{xy} = 0 \mid A_{xy}^C)]\} \tag{107}$$

其中 A_{xy}^C 表示给定除 a_{xy} 和 a_{yx} 之外邻接矩阵的其他所有元素。注意式（105）中定义的为整个网络的概率，而式（107）中定义的为依赖于网络中其他部分的条件概率。Hammersley – Clifford 定理[418-420]使得我们可以通过极大化这些条件概率的乘积来计算整个网络的参数，这一方法称为伪极大似然方法[413]。同时，式（107）的形式提示可以用逻辑斯蒂回归的方法求出参数组 β_k[413]。逻辑斯蒂函数的形式为

$$\Pr(Y^*) = (\exp^{-(\beta_* + \sum_i \beta_i y_i)} + 1)^{-1} \tag{108}$$

其中 Y^* 为二元变量（取 1 或 0），称为反应变量，y_i 称为说明变量。具体的做法为计算所有点对 $a_{xy(x<y)}$ 在 $a_{xy} = 1$ 与 $a_{xy} = 0$（保持网络其他部分不变）时哈密顿量的差值，将其作为说明变量，并记录这条边在已观察到网络中的存在情况作为反应变量。将以上信息带入到逻辑斯蒂回归方法中，就可以获取参数组 β_k。

确定 K_c 和 β_k 的值后，网络的哈密顿量完全由邻接矩阵决定。我们用哈密顿量的负指数被统计配分函数归一化后的值定义网络的似然，网络 A 添加了一条链路 $\{v_x, v_y\}$ 后的似然被用来刻画该条连边存在的可能性。如果定义 $A'(x, y)$ 为在邻接矩阵 A 中令 $a_{xy} = a_{yx} = 1$ 得到的矩阵，则链路 $\{v_x, v_y\}$ 存在的可能性正相关于

$$S_{xy}^{\text{Loop}} = \frac{1}{Z}\exp\{-H[A'(x, y)]\} \tag{109}$$

如果我们将观察到的网络看做处于平衡态，那么 S_{xy}^{Loop} 可以理解为对原有网络进行一个小的扰动，使得扰动后的网络在系综中出现概率更高的边，则被认为具有更高的似然程度。S_{xy}^{Loop} 可以看做对链路 $\{v_x, v_y\}$ 的打分，其在链路预测算法中的地位等同于第三章中的相似性。

4.4　小结

本章利用 3 个详细的例子，介绍了似然分析方法在链路预测中的应用。这 3 个例子所使用的算法框架各不相同，但是内在的思路却具有一致性。为了给读者

一个直观的认识，我们采用了 6 种真实网络对上述 3 种方法的表现进行了测试。这 6 个网络分别是：① Jazz[414]，爵士音乐家网络；② Metabolic[415]，秀丽隐杆线虫（C. elegans）的新陈代谢网络；③ C. elegans[17]，秀丽隐杆线虫的神经元网络；④ USAir[384]，美国航空网；⑤ FWFB[369]，佛罗里达海湾湿季的食物链网络；⑥ FWMW[416]，红树林河口湿季的食物链网络。网络的结构特征和更详细的信息将在附录 B 中一并给出。实验时，网络的测试集与训练集的划分比例为 1∶9，即测试集包含 10% 的边。为了方便对比，我们也给出了若干相似性算法的结果，包括简单的共同邻居指标以及 AA 指标、Katz 指标和资源分配指标。表 3 和表 4 分别为上述方法在这 6 个真实网络的测试结果，其中表 3 为 AUC 指标，表 4 为 Precision 指标。每个算法在每个网络运行 20 次取平均。其中精确度最高的用加粗字体表示。

从表 3 和表 4 可以看出，随机分块模型的效果要好于层次结构模型，而与相似性指标的结果在不同网络和不同精确性测度上的表现各有千秋。但所有这些方法的精确性，不论用 AUC 还是 Precision 度量，都不如闭路模型精确。总的来说，似然分析的思路在数学上非常优雅，预测结果也相当不错，并且还可以通过参数的拟合和构型的抽样结果，得到一些关于网络结构的额外信息。这类方法共同的缺点是计算量大，往往几千上万的节点就会带来很大的负担，目前尚无法用来处理大规模网络。

表 3　极大似然方法及若干相似性算法在 6 个真实网络中的预测精确度（AUC）

	Loop	CN	AA	RA	Katz	HSM	SBM
Jazz	**0.979**	0.955	0.962	0.971	0.964	0.881	0.935
Metabolic	**0.963**	0.921	0.953	0.958	0.920	0.852	0.908
C. elegans	**0.908**	0.847	0.863	0.867	0.825	0.810	0.889
USAir	**0.971**	0.935	0.946	0.952	0.942	0.896	0.954
FWFB	**0.954**	0.610	0.611	0.614	0.597	0.809	0.909
FWMW	**0.935**	0.709	0.712	0.715	0.697	0.822	0.903

表 4   极大似然方法及若干相似性算法在 6 个真实网络中的预测精确度 （**Precision**）

	Loop	CN	AA	RA	Katz	HSM	SBM
Jazz	**0. 690**	0. 506	0. 525	0. 541	0. 548	0. 326	0. 410
Metabolic	**0. 397**	0. 137	0. 190	0. 267	0. 139	0. 100	0. 197
C. elegans	**0. 199**	0. 095	0. 105	0. 104	0. 096	0. 073	0. 143
USAir	**0. 488**	0. 374	0. 394	0. 455	0. 368	0. 216	0. 335
FWFB	**0. 585**	0. 073	0. 075	0. 076	0. 065	0. 249	0. 460
FWMW	**0. 533**	0. 121	0. 123	0. 130	0. 120	0. 304	0. 442

第五章 加权网络的链路预测

在前面的章节中，我们主要考虑了无权无向的网络，这是描述真实网络系统最简单的一种方式。在无权网络中，任意一对节点如果有相互作用，这种相互作用的强度和类型是不可区分的。但是在很多真实网络中，节点间的相互作用是有区分的。例如，朋友关系网络中，有些朋友是我们的密友，几乎天天联系，有些朋友一周或几周才联系一次，还有些朋友是数月才联系一次——这种亲疏有别的关系就可以用含权的边表示。例如，可以用每月平均联系次数来刻画对应边的权重。本章将以加权网络为研究对象，首先介绍刻画加权网络的一般方法和指标，讨论加权网络上的动力学，然后给出若干有代表性的加权网络链路预测的方法。

5.1　什么是加权网络

5.1.1　加权网络的图表示

一个简单无向加权网络，记为 $G(V, E, W)$，由节点的集合 $V=\{v_1, v_2, \cdots, v_N\}$、边的集合 $E=\{e_1, e_2, \cdots, e_M\}$ 以及一个赋权函数 W 组成，其中任意一条边对应于一个节点的二元组：$e_x=\{v_i, v_j\}$，且对于 $W: E \rightarrow \mathbf{R}^+$，记 $W(e_x)=w_{ij}$，其中正实数 w_{ij} 表示节点 v_i 和 v_j 之间连接的权重。若 v_i 和 v_j 之间没有连边，则 $w_{ij}=0$。简单无向加权网络满足以下 3 个条件：

（1）节点不能自己和自己连接，即不允许存在诸如 $e_x=\{v_i, v_i\}$ 这样的边。

（2）节点之间最多只能有一条连边，不允许出现多条连边。对于任意两条边 e_x, e_y，不会出现诸如 $e_x=e_y=\{v_i, v_j\}$ 这样的情况。注意，当两个节点之间存在多条连边时，可以将其表示为一条含权的边，边的数目即为权重。

（3）连边没有方向性，即 $\{v_i, v_j\} \equiv \{v_j, v_i\}$。

下面举一个简单的例子说明如何用加权网络刻画 5 个人之间的好友关系。节点 A 有 4 个朋友，其中与 B、C 和 D 是密友，和节点 E 为普通朋友。节点 B 有两个普通朋友 C 和 E，节点 C 和 D 也是密友，节点 D 和 E 是普通朋友。分析此关系，我们可以用一个包含 5 个节点和 8 条边的加权网络来描述这个社交关系。如图 30 所示，如果两个人为亲密朋友，则其连接的权重值为 1；如果为普通朋友则连接的权重值为 0.5；如果不认识，则没有连接。

一个加权网络可以用一个邻接矩阵 W 表示。与无权网络不同的是，这个矩阵中第 i 行第 j 列对应的元素表示的是连接节点 v_i 和 v_j 的边的权重 w_{ij}。例如，图 30 所示的朋友关系网络的邻接矩阵表示为

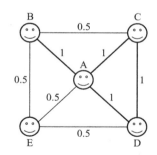

图30　一个包含 5 个人的含权社交关系网络示意图

$$W = \begin{bmatrix} 0 & 1 & 1 & 1 & 0.5 \\ 1 & 0 & 0.5 & 0 & 0.5 \\ 1 & 0.5 & 0 & 1 & 0 \\ 1 & 0 & 1 & 0 & 0.5 \\ 0.5 & 0.5 & 0 & 0.5 & 0 \end{bmatrix} \begin{matrix} A \\ B \\ C \\ D \\ E \end{matrix} \qquad (110)$$
$$\,\begin{matrix} A & B & C & D & E \end{matrix}$$

显然，无向加权网络的邻接矩阵是对称的，这和无向无权网络的邻接矩阵是一致的。注意，节点标号的顺序并不会改变邻接矩阵的性质（参见矩阵的正交相似变换）。

5.1.2　刻画加权网络

一些主要的刻画加权网络性质的指标如下。

1. 边的长度

在加权网络中，一条边的长度与它的权重相关。根据权重的含义一般分为两种情况。

（1）相异权，即权重越大，表示两个节点越远离，越不"亲密"。例如航空网络中可以以地理距离作为权重，那么权重越大，表示两个机场的距离越远。又如电力网络中可以用连接两个电站的电缆长度表示权重。

在这类情况下，一条连接两个节点 v_i 和 v_j 的边的长度定义为 $l_{ij} = F(w_{ij})$，其中函数 F 为 w_{ij} 的增函数，即满足 $\dfrac{\mathrm{d}F}{\mathrm{d}w_{ij}} > 0$。最简单的情况可采取线性形式，即

$$l_{ij} = w_{ij} \tag{111}$$

（2）相似权，即权重越大，表示两个节点越近，越"亲密"。仍以航空网络为例，当网络的权重为航班的频次时，则权重越大，表示两个机场之间的流量越大，交互越频繁。又如移动通信网络中，两个人通话时间越长表示两个人的关系越紧密。此时如定义 $l_{ij} = F'(w_{ij})$，则函数 F' 为 w_{ij} 的减函数，即满足 $\dfrac{\mathrm{d}F'}{\mathrm{d}w_{ij}} < 0$。最简单的情况可采取形式

$$l_{ij} = w_{ij}^{-1} \tag{112}$$

注意，这里函数 F 和 F' 的选择不一定要满足距离公理，除非有特别明确的要求。另外，在无权网络中一般不提及边的长度的概念，或者说边的长度都定义为 1。

2. 路径的长度

两个节点 v_i，v_j 之间存在一条路径 $\{v_i, v_2, \cdots, v_{m-1}, v_j\}$，此路径包含 m 个节点和 $m-1$ 条边：$\{v_i, v_2\}$，$\{v_2, v_3\}$，$\cdots$，$\{v_{m-1}, v_j\}$，该路径的长度定义为这 $m-1$ 条边的长度之和，即

$$L_{ij}^w = \sum_{k=1}^{m-1} l_k \tag{113}$$

其中 l_k 为第 k 条边的长度。

3. 平均距离

给定一个含权无向图 $G(V, E, W)$，定义两个节点 v_i 和 v_j 之间的距离为 d_{ij}^w，其值等于连接两个节点的所有路径中长度最短路径的长度，即 $d_{ij}^w = \min(L_{ij}^w)$。注意，有时候称连接两个节点的所有路径中长度最短的路径为两节点之间的测地线，如此 d_{ij}^w 即等于测地线的长度。网络的平均距离定义为网络中所有节点对之间距离的平均值。即

$$\langle d^w \rangle = \frac{1}{N(N-1)} \sum_{i \neq j} d_{ij}^w \tag{114}$$

其中 N 表示节点总数。同样可定义加权网络的效率为

$$E^w = \frac{1}{N(N-1)} \sum_{i \neq j} \frac{1}{d_{ij}^w} \tag{115}$$

当两个节点 v_i 和 v_j 处于两个不连通的分支时，$d_{ij}^w = \infty$，于是 $\frac{1}{d_{ij}^w} = 0$。此时平均距离的定义失去意义，但效率依然可用。

4. 度分布和强度分布

对于一个加权网络 $G(V, E, W)$，节点的度定义为与该节点相连接的边数，即 $k_i = \sum_j a_{ij}$，其中 $a_{ij} = 1$ 如果 $w_{ij} \neq 0$，否则 $a_{ij} = 0$。这相当于把加权网络看成无权网络进行处理。节点的度分布 $p(k)$ 为任选一个节点，其度值恰为 k 的概率，这与无权网络的定义并无区别。节点的强度定义为与该节点连接的所有边的权重之和，即 $s_i = \sum_{j \in \Gamma(i)} w_{ij}$，网络的平均点强度为 $\langle s \rangle = \frac{1}{N} \sum_i s_i$。类似度分布，节点的强度分布 $p(s)$ 为任选一个节点，其强度值为 s 的概率。真实加权网络的节点度分布、节点强度分布、边权分布往往都是胖尾的，可以用幂律函数近似刻画[85,421]。当边权与网络结构无关时，点强度和节点度之间存在线性函数关系 $s(k) = \langle s \rangle k$。对于大部分真实加权网络，边权与网络结构相关，点强度与度之间存在幂律关系[85,190,422]

$$s(k) = \tilde{s} k^\alpha \tag{116}$$

其中一般情况下 $\alpha \neq 1$，当 $\alpha = 1$ 时 $\tilde{s}$ 不等于 $\langle s \rangle$。早期的加权网络模型[421]尽管能够再现度、权、强度三者的幂律分布，却忽视了如式（116）所示的强度和度之间的非线性关系。王文旭等人[423]和欧晴等人[366]的模型可以再现这种幂律相关性。其他的一些相关特征量还包括单位权

$$z_i = \frac{s_i}{k_i} \tag{117}$$

即节点的强度与度之比，表示节点连接的平均权重；以及权差异

$$Y_i = \sum_{j = \Gamma(i)} \left(\frac{w_{ij}}{s_i} \right)^2 \tag{118}$$

用来衡量节点的所有连接中权重之差异程度；等等。

5. 簇系数

在无权网络簇系数定义的基础上，考虑加权网络中的边权，Barrat 等人定义一个加权网络的节点的簇系数为[85]

$$C_i^w = \frac{1}{s_i(k_i-1)} \sum_{(j,k)} \frac{w_{ij}+w_{ik}}{2} a_{ij} a_{jk} a_{ik} \tag{119}$$

上述计算只针对度大于 1 的节点。网络的簇系数为所有节点簇系数的平均值，即

$$C^w = \frac{1}{N'} \sum_{i,\, k_i>1} C_i^w \tag{120}$$

还有一种簇系数的定义。考虑三角形三条边上的权重的几何平均值[424]

$$\widetilde{C}_i^w = \frac{1}{k_i(k_i-1)} \sum_{(j,k)} (\widetilde{w}_{ij} \widetilde{w}_{jk} \widetilde{w}_{ik})^{\frac{1}{3}} \tag{121}$$

其中 $\widetilde{w}_{ij} = \dfrac{w_{ij}}{\max\limits_{(k,l)} w_{kl}}$，如果两个节点之间没有连边，那么 $\widetilde{w}_{ij}=0$。从聚类系数在无权网络中的定义出发，考虑含权的形式，Holme 等人[425]提出另一种簇系数的定义方法

$$\widetilde{C}_i^w = \frac{\frac{1}{2} \sum\limits_{(j,k)} (\widetilde{w}_{ij} \widetilde{w}_{jk} \widetilde{w}_{ik})}{\frac{1}{2} \left[\left(\sum\limits_k \widetilde{w}_{ik} \right)^2 - \sum\limits_k \widetilde{w}_{ik}^2 \right]} \tag{122}$$

式中，分子是包含节点 v_i 的三角形个数的含权形式，分母为包含节点 v_i 的可能的三角形数目的含权形式。将式（122）分子分母同乘以 $(\max\limits_{(i,j)} w_{ij})^3$，于是得到

$$C_i^w = \frac{\sum\limits_{(j,k)} w_{ij} w_{jk} w_{ik}}{\max\limits_{ij} w_{ij} \sum\limits_{(j,k)} w_{ij} w_{ik}} \tag{123}$$

注意，簇系数的权重必须为相似权，即权重越大表示两个节点越亲密。如果原网络的权重为相异权，则需要先转化为相似权后再用公式进行计算。一般情况下，可将相似权归一化为（0，1），将相异权归一化为 [1，∞），这样便可利用倒数关系对两种权重进行转化。

6. 模体

在第 1.2.3 节中我们已经介绍了模体是网络重要的局部结构。所谓模体是指网络中出现频率特别高的连通子图。一般而言，可通过与原网络具有相同节点数和边数（或其他某些特性）的随机网络进行比较，并计算 Z 分数

$$Z_\alpha = \frac{N_\alpha^{\text{real}} - \langle N_\alpha^{\text{rand}} \rangle}{\sigma_\alpha^{\text{rand}}} \tag{124}$$

其中 N_α^{real} 为实际网络中连通子图 α 出现的次数，$\langle N_\alpha^{\text{rand}} \rangle$ 表示用于对比的随机网络中连通子图 α 平均出现的次数，$\sigma_\alpha^{\text{rand}}$ 表示随机网络中连通子图 α 出现次数的标准差。Z_α 值越大表示该子图在网络中出现的频率相对于随机网络越高，因此越重要。模体 α 的显著度可以用指标[144]

$$SP_\alpha = \frac{Z_\alpha}{\sqrt{\sum_\beta Z_\beta^2}} \qquad (125)$$

来衡量。换句话说，判断加权网络模体的方法和非加权网络是一致的。不同的是，在加权网络中我们还可以通过一个模体的平均边权来刻画该模体的强度，定义为

$$I_\alpha = \left(\prod_{(i,\, j) \in E_\alpha} w_{ij} \right)^{\frac{1}{|E_\alpha|}} \qquad (126)$$

其中 E_α 表示子图 α 的边集合，$|E_\alpha|$ 表示子图 α 所含边数，w_{ij} 为子图 α 中连接节点 v_i、v_j 的边的权重。针对加权网络，可以保持原来的网络结构不变，将原有的权重重新分配给每一条边，然后比较有代表性的模体的平均边权和随机化网络中该模体的平均边权。

7. 群落结构

如式（13）所示，网络的群落结构划分的效果可以用模块度进行衡量[162]。在加权网络中，模块度的定义与网络的权重相关，可定义为[426]

$$Q^w = \frac{1}{2M^W} \sum_{i \neq j} \left(w_{ij} - \frac{s_i s_j}{2M^W} \right) \delta^{ij} \qquad (127)$$

其中 M^W 为网络中所有边的权值之和。在无权网络中，基于模块度的优化算法只需要把优化的目标函数改成含权形式，即可应用于加权网络的群落划分，例如含权的极值优化算法[427]、含权的 Girvan–Newman 算法[426]、含权的 Clauset–Newman–Moore 算法[428]、含权派系过滤算法[429]，以及可以直接应用于加权网络的层次化群落结构检测的凝聚算法[172]，等等。关于加权网络群落划分的详细讨论可参见 Fortunato 在 Physics Reports 上发表的综述文章[304]。

5.1.3 加权网络上的动力学

由于本书并没有安排专门的章节讨论网络动力学问题，所以本小节只是简

略介绍一下加权网络动力学研究的概貌。通过这些介绍，希望读者能够认识到权重对于网络的功能有很大的影响，并且我们可以通过有目的的加权这种方式，干预甚至优化网络的动力学。

由于大量真实网络都是含权的，所以研究人员首先关注权重的存在，特别是权重分布和权重之间的相关性会对网络动力学产生什么样的影响。这些动力学包括同步、传播、交通、博弈、级联、搜索等，本节仅给出几个有代表性的例子。周昌松等人[430]提出了在主稳定性方程框架下刻画一般加权网络同步能力的方法，并给出了影响加权网络同步能力的主要因素。对加权网络上 SI 传播模型[431]和 SIS 传播模型[432]的研究显示，权重分布越均匀，传播速度越快，稳态波及的范围越广；而针对 SIR 传播模型的研究显示[433]，一条边的权重与这条边两个端点度乘积的关联方式对于传播的阈值和波及范围都有重大影响。含权交通网络的最大生成树可以看做其交通输运的骨架，而该骨架还可以通过介数大小进一步划分为高速路和普通道路，这种方法有助于帮助理解交通系统的层次组织特性[434]。Ramasco 和 Goncalves 的工作则显示[435]，如果交通网络道路容量之间是正相关的，交通能力会得到提高。而在演化博弈过程中，如果允许在游戏过程中自适应调整游戏者之间连边的权重，则可以得到更高的合作率[436]。

上面所举的几个代表性的例子是讨论权重对于动力学的影响。一般情况下都预先给定一种决定权重的方式，比较常见的是将一条边的权重定义为两端点度乘积的某个幂次，即

$$w_{ij} \propto (k_i k_j)^\beta \tag{128}$$

另外一个备受关注的话题，是如何通过在原来不含权的网络上通过加权的方式，干预甚至优化网络动力学。例如，一个网络的同步能力，可以通过将耦合权重和边介数[437]或者节点加入网络的年龄差[438]等特征量关联起来而得到巨大提高。动态加权的方式则不仅能够提高同步能力，还能够提高同步效率[439]。又如杨锐等人[440]证明了边权（接触频率）反比于邻居节点的度时，接触过程的效率能够达到最优。杨锐等人[441]还提出了一种权重分配的方案，可以同时使得网络抵抗级联故障和防止交通拥塞的能力都达到最优。严钢等人[146]和王文旭等人[442]分别针对网络交通动力学中的路由问题提出了利用全局信息和局

部信息的寻路方案，这些方案本质上都是赋予节点权重。

5.2 加权网络的相似性与链路预测

5.2.1 加权相似性指标

在第三章我们介绍了很多种相似性的定义方法，这些定义都是基于无权无向的网络进行的。有些方法可以直接推广到加权网络，有些方法的推广则并不那么直观。本节中我们将详细介绍几种常用的含权相似性指标的定义方法。

1. 含权的 CN 指标

$$s_{xy} = \sum_{z \in \Gamma(x) \cap \Gamma(y)} \frac{w_{xz} + w_{zy}}{2} \tag{129}$$

其中 w_{xz} 表示连接节点 v_x 和 v_z 的边的权重值。显然，若所有边权重都等于 1，那么上述指标就等价于无权的 CN 指标。分母中的 2 在排序时不影响结果，计算时也可以省去。

2. 含权的 AA 指标

$$s_{xy} = \sum_{z \in \Gamma(x) \cap \Gamma(y)} \frac{w_{xz} + w_{zy}}{2\log(1 + s_z)} \tag{130}$$

其中 s_z 表示节点 v_z 的强度。当 $s_z < 1$ 时，$\log s_z$ 为负数，为了避免出现负值，在分母中采用 $\log(1 + s_z)$ 的形式。

3. 含权的 RA 指标

$$s_{xy} = \sum_{z \in \Gamma(x) \cap \Gamma(y)} \frac{w_{xz} + w_{zy}}{2s_z} \tag{131}$$

4. 含权的 PA 指标

$$s_{xy} = \sum_{i \in \Gamma(x)} w_{ix} \times \sum_{j \in \Gamma(x)} w_{jy} = s_x s_y \tag{132}$$

其他几种基于共同邻居的相似性指标的含权形式均可按照上述方法变化，

不再赘述。

5. 基于路径的含权相似性

在第 3.2 节我们介绍了 3 种基于路径的相似性指标：局部路径指标 LP、Katz 指标和 LHN-II 指标。本质上它们可以写成统一的形式，即

$$s_{xy} = \sum_{l=1}^{L} \alpha^l \cdot \left| paths_{x,y}^{<l>} \right| = \alpha A_{xy} + \alpha^2 (A^2)_{xy} + \alpha^3 (A^3)_{xy} + \cdots \qquad (133)$$

区别在于 L 的取值不同。对于 CN 来说，$L=2$；对于 LP 来说，$L=3$；对于 Katz 和 LHN-II 来说 $L=\infty$。含权的路径指标主要应用于当网络中的节点间存在多条连边（例如科学家合作网两个作者合作论文可能多于一篇）时，只需将邻接矩阵中的元素换成节点间连接的边数，即使用含权形式的邻接矩阵 $\boldsymbol{W}$。若节点 v_x 和节点 v_y 之间有 m 条连边，那么 $w_{xy}=m$；若没有连边，则 $w_{xy}=0$。白萌等人给出了基于路径的含权相似性指标若干有代表性的例子[443]。

6. 随机游走的含权相似性

基于随机游走的相似性指标的含权变化，主要是将网络的马尔可夫概率转移矩阵改为含权形式，将原来的元素 $P_{xy}=a_{xy}/k_x$ 改为 $P_{xy}=w_{xy}/s_x$，其中 w_{xy} 为含权邻接矩阵 $\boldsymbol{W}$ 中第 x 行第 y 列的元素，即节点 v_x 和 v_y 之间连边的权重值。

5.2.2 预测效果

Murata 和 Moriyasu[444]应用含权的 CN，AA 和 PA 指标在日本的雅虎问答公告板数据中进行实验，发现含权指标的预测效果要好于无权的预测方法。Murata 和 Moriyasu 使用 2005 年 9 月 1—15 日的数据作为训练集，用 9 月 16—30 日的数据作为测试集。两个用户只要回答过同一个问题，他们之间就有一条连边，共同回答过的问题数目就作为这条连接的权重。所有实验数据被分成 13 类，包括新闻、健康、运动、旅行等。表 5 给出了 CN，AA 和 PA 以及它们的含权指标在这 13 类网络中的预测效果，其中 RD 表示随机预测的精度。可见，所有算法都要明显好于随机的方法，而考虑了权重的因素后，预测效果可以得到提高。

表 5　CN，AA 和 PA 及其含权指标在 13 类网络中的

预测精度（使用 Precision 衡量,%）

指标 实验数据	CN	CNw	AA	AAw	PA	PAw	RD
雅虎	29.5	32.0	29.9	32.2	24.5	24.7	2.8
新闻	23.5	25.2	23.8	25.4	25.2	25.9	3.1
健康	15.7	17.4	16.0	16.9	16.6	17.1	1.3
儿童	20.5	22.9	22.3	23.0	19.4	22.0	2.4
行为方式	29.2	30.2	29.4	30.3	27.5	27.6	5.3
运动	23.2	25.4	24.8	25.6	16.2	15.9	2.1
娱乐	15.2	16.1	15.3	16.1	14.4	14.6	1.6
生活	18.2	18.7	18.3	19.2	18.7	18.9	1.5
科学	15.8	15.9	16.1	16.4	12.6	12.3	1.4
旅行	20.1	22.0	20.5	22.0	16.0	15.2	2.3
商业	26.3	26.3	26.9	27.6	19.6	19.0	3.6
Internet	18.6	18.9	19.2	19.4	17.5	17.9	1.5
工作	14.5	14.9	16.9	16.9	16.6	15.0	2.2
平均	20.8	22.0	21.5	22.4	18.9	18.9	2.4

　　从实验可以看到，权重在链路预测中起到了正面的作用。白萌等人[443]以及 Wind 和 Morup[445] 最近的工作也显示，权重在相似性指标中恰当地体现可以提高预测的精度。但是在一些实验中研究人员也发现了不同的结果。例如，Liben-Nowell 和 Kleinberg[319]在一些科学家合作网络（如广义相对论/量子宇宙学）中发现，含权的 Katz 指标比不含权的 Katz 指标预测效果还差；吕琳媛和周涛[446]在航空网络的实验中也发现，含权的预测方法比不含权的方法预测精度低。这使我们不禁联想到了社会网络中的弱连接效应。那么权重在链路预测中究竟起了怎样的作用？希望下一节的分析能够给读者一些启发。

5.3 链路预测中的弱连接效应

弱连接理论的提出最早来源于对人际关系的刻画[41]。如果按照交往频率来划分，那么密切交往的人就是强连接，如父母、爱人、兄弟姐妹，又或者亲密的朋友、工作伙伴等。而那些不经常来往，但又有一些联系的人就是我们的弱连接。

20 世纪 60 年代末，当美国著名社会学家 Mark Granovetter 还是哈佛大学研究生的时候，他做了一个调查，寻访麻省牛顿镇的居民，调查研究他们是如何找到工作的。他非常惊讶地发现，那些非常紧密的朋友反倒没有那些不经常联系的朋友或者仅是点头之交的人价值大。事实上，越是亲密的朋友越是帮不上太大的忙。根据这一现象，Granovetter 提出了所谓的弱连接理论。在传统社会，与最亲密的人接触是一种稳定但是传播范围有限的社会认知，称为"强连接"现象。同时，与前一种社会关系相比较，存在一种更为广泛的但是相对浅显的社会认知，即为"弱连接"现象。弱连接虽然不如强连接那样坚固，却有着极快的、可能具有低成本和高效能的传播特点。

Granovetter 描述弱连接的论文《The Strength of Weak Ties》被《美国社会学评论》拒之门外，4 年后才在《美国社会学》发表[41]。多年之后才得到认可，并被认为是现代社会学最有影响力的论文之一。弱连接对于新的事物或者信息的传播起到重要作用。强连接关系通常代表着行动者彼此之间具有高度的互动，因此，通过强连接所产生的信息通常是重复的，容易自成一个封闭的系统。网络内的成员由于具有极大的相似度，从而易于对某一观点产生共识而难于接受其他观点。因此在组织中，强连接网络并不是一个可以提供创新机会的优良通道。例如，在新浪微博上我们经常看到密友之间频繁地转发同一条微博，以至于主页上的新鲜事物越来越少。由此可见，对于一个博主来说，更好的关注策略是尽量分散化自己的关注对象，即找寻自己感兴趣的，但是这些人之间又有较大差异的人群——有的学者利用这样的机制解释社交网络中的几何效应[447]。相对于强连接，弱连接能够在不同的团体间传递非重复的信息，给团体带来新的机会，并提高疾病、信息、谣言和创新机会在网络中的传播速度[448-450]。与此相对应，人们在向他人获取信息或观点时，首先会询问自己的强关系（亲朋好友），因为虽然弱关系可能提供更多关于该话题的信息，但人们会更信任强关系。现在许多应用于微博的营销手段，排除事件本身和营销文案的设计，最有效的还是利用强关系。而弱连接在保持网络连通度[40]、保持生物系统稳定性[451]、形成群落结构[452]等功能中扮演着重要的角色。

如何界定网络中一条链接是属于强连接还是弱连接呢？其实所谓的强与弱只是一个相对的概念。关于强弱连接的界定，Granovetter 设计了 4 个指标，分别是互动时间、情感强度、亲密程度以及互惠性，但他在 1973 年并未明确指出判别强弱连接的标准。Spencer 和 Pahl[453] 总结了 8 种人际关系：① 认识的人指彼此不太了解，仅一起参加过某项活动的人；② 有用的联系人指可相互提供信息和建议的人，这类信息和建议往往与工作或事业有关；③ 玩伴指主要为了娱乐而往来的人，这类人之间交情不深，不能给彼此提供情感上的支持；④ 帮忙的朋友指可以在做事而非情感上提供帮助的人；⑤ 益友同时具有帮忙的朋友和玩伴的特征；⑥ 好友与益友类似，但彼此交情更深；⑦ 密友之间无话不谈，他们喜欢跟对方相处，但并不总是能为对方提供实际的帮助；⑧ 知己具有以上所有类型的特征，与我们最为亲近。据此定义，好友、密友和知己与自身关系亲近，可称为强关系；而弱关系则是自己不太了解的人，比如益友、帮忙的朋友、玩伴等。

图 31 以圈子的形式展示了强关系与弱关系的分布情况。虽然我们的强关系相对较少，密友和知己更是屈指可数，但大部分交流却都是同强关系展开的。Christakis 和 Fowler[454] 对 3 000 名美国人展开调查研究，他们的强联系仅为 2~6 人。Broadbent[455] 也发现，与我们有持续往来的人平均为 7~15 个，但 80% 的往来都是同固定的 5~10 人，80% 的电话都是打给固定的 4 个人。在社交网络中，人们的行为也明显倾向于与强关系交流。Facebook 内部统计数据显示，人们在 Facebook 上平均拥有 160 个好友，但仅与当中的 4~6 个有频繁联系。

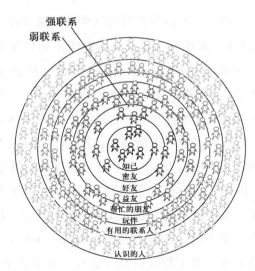

图 31 强弱关系的分布情况

后续研究者根据提出的 4 个指标设计了一些测量方法。比如将强连接视为一种互惠性或回报性的互动行为，弱连接为非互惠性或非回报性的互动行为，而无连接则代表无互动关系存在[456]。在测量方面，可以用互动的次数来测量连接的强度。那么问题是互动达到多少次可以称为强呢？通常，我们可以将网络的边按照权重值从小到大进行排序，那么可以界定排在前 p 比例的边为网络的弱连接，后 $1-p$ 比例的边则为强连接。如果得不到类似互动强度这样的定量数据，能否用结构直接推断强弱关系呢？直观感觉，社交网络中的强关系应该存在于稠密的网络邻居之间，而弱连接则是桥接强关系的那些边[157]。Onnela 等人[40]在通信网络中验证了这一点，他们发现连接各个群落之间的桥连边的权重通常是比较小的，即通话次数比较少，而社群内部的连边的权重通常较大。然而，关系强度与网络结构的关系并不总是这样。Pan 和 Saramäki[457]发现在科学家合作网中，稠密的近邻主要构成弱连接，而强连接则桥接于各个社群之间。Pajevic 和 Plenz[458]通过调查多种真实网络，发现了两种不同的情况：在脑神经网络、基因表达网络、社交网络和语言类的网络中，强连接更优先产生于拥有重叠邻居的节点之间，即产生于社群内部；但在美国航空网络、科学家合作网络中却完全相反。

为了简单起见，本书假设边权已经作为外部信息给定，并且我们基于这些信息，已经把所有链路分成强连接和弱连接两类，然后我们就可以统计网络中模体的数量及特征。例如，图 32 展示了在只考虑强弱连接的网络中所有含 3 个节点的连通子图。

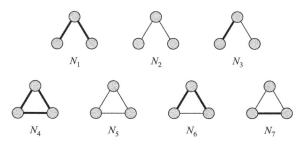

图 32　包含 3 个节点的所有区分强弱连接的 7 个连通子图

（粗线表示强连接，细线表示弱连接）

下面我们将给出 4 个实际加权网络中上述 7 种子图分析情况，包括一个交通网络、两个社会网络及一个生物网络。英文首字母 W 表示含权。

（1）美国航空网络（WUSAir）[384]

该网络中的每一个节点对应一个机场，如果两个机场之间有直飞的航线，那么这两个机场所对应的两个节点之间有一条连边。该网络共包含 332 个机场以及 2 126 条航线。边的权重定义为两机场的航班频次。

（2）科学家合作网络 1（WNS）[206]

该网络由以复杂网络为主题发表过论文的科学家构成。节点表示科学家，连边表示科学家之间的合作关系。该网络原包含 1 589 个节点，268 个连通集，这里我们只考虑最大连通集，它含有 379 个节点。显然，两个科学家合作的次数越多，他们之间连边的权重越大。如果一篇文章有 n 个作者，可以认为每一对作者对该文章的贡献为 $1/(n-1)$[20,21]（这样，发表一篇文章对整个网络权重的贡献总量正比于该文章的作者数），于是两个科学家之间连接的权重就等于这两个科学家合作文章所获得贡献之和。

（3）科学家合作网络 2（WCGScience）[384]

计算几何学领域科学家的合作关系。此网络包含 7 343 个作者，11 898 条边。两个作者至少合作一篇文章才会被连接起来。与 WNS 网络不同，这个网络的权重就等于两个作者合作的论文或者书的数目（这种情况下，一篇文章对整个网络权重的贡献总量正比于该文章作者数的平方，一般被认为不大合理）。

（4）线虫神经网络（WC. elegans）[17]

该网络中节点表示线虫的神经元，边表示神经元突触或者间隙连接。该网络含有 297 个节点和 2 148 条连接。权重表示神经元之间的作用强度。

上述 4 个网络的权重都属于相似权。表 6 展示了这 4 个网络中 7 种子图的 Z 分数以及显著度 SP。

表 6　含 3 个节点的 7 种含权连通子图的统计结果

网络	弱连接比例 p	指标							
美国航空网	0.1	真实网络	14 688	50	1 117	10 670	43	1 413	55
		随机网络	12 833.45	158.87	2 862.68	8 879.27	11.98	2 962.36	327.40
		随机网络方差	244.67	29.93	218.03	160.01	3.96	127.63	36.33
		Z 分数	7.58	−3.64	−8.01	11.19	7.83	−12.14	−7.50
		SP	0.33	−0.16	−0.35	0.49	0.34	−0.53	−0.33
	0.5	真实网络	6 020	2 104	7 731	3 943	1 784	5 246	1 208
		随机网络	3 960.37	3 964.47	7 930.16	1 520.18	1 520.95	4 568.24	4 571.63
		随机网络方差	226.17	228.03	60.24	87.37	87.82	99.18	98.99
		Z 分数	9.11	−8.16	−3.31	27.73	3.00	6.83	−33.98
		SP	0.20	−0.18	−0.071	0.60	0.065	0.15	−0.73
	0.9	真实网络	318	11 158	4 379	58	9 203	1 454	1 466
		随机网络	157.99	12 847.92	2 849.09	11.93	8 870.75	328.22	2 970.10
		随机网络方差	28.83	246.19	220.59	4.02	159.13	35.65	127.13
		Z 分数	5.55	−6.86	6.94	11.45	2.09	31.58	−11.83
		SP	0.15	−0.18	0.19	0.31	0.056	0.84	−0.32

续表

网络	弱连接比例 p	指标							
网络科学领域科学家合作网	0.1	真实网络	3 193	0	54	2 281	1 185	88	210
		随机网络	2 629.15	32.24	585.61	2 745.67	3.64	913.92	100.77
		随机网络方差	69.16	9.05	62.44	56.88	2.11	46.97	14.08
		Z 分数	8.15	−3.56	−8.51	−8.17	560.29	−17.58	7.76
		SP	0.015	−0.006 4	−0.015	−0.015	1.00	−0.031	0.014
	0.5	真实网络	1 441	439	1 367	546	2 510	247	462
		随机网络	810.62	811.13	1 625.26	468.35	470.35	1 410.78	1 414.52
		随机网络方差	64.14	65.11	27.72	30.95	31.93	39.01	39.26
		Z 分数	9.83	−5.72	−9.32	2.51	63.89	−29.83	−24.26
		SP	0.13	−0.075	−0.12	0.033	0.84	−0.39	−0.32
	0.9	真实网络	87	2 339	822	22	3 323	46	373
		随机网络	32.11	2 632.55	582.34	3.75	2 744.13	100.90	915.21
		随机网络方差	9.69	72.41	65.03	2.14	59.58	14.73	49.04
		Z 分数	5.67	−4.05	3.69	8.51	9.72	−3.73	−11.06
		SP	0.30	−0.21	0.19	0.45	0.51	−0.20	−0.58
计算几何学领域科学家合作网	0.1	真实网络	45 161	288	7 082	10 517	16	2 703	353
		随机网络	42 550.94	524.57	9 455.50	9 908.95	13.47	3 299.92	366.67
		随机网络方差	472.16	56.16	421.73	120.45	3.82	98.40	30.25
		Z 分数	5.53	−4.21	−5.63	5.05	0.66	−6.07	−0.45
		SP	0.46	−0.35	−0.47	0.42	0.056	−0.51	−0.038
	0.5	真实网络	21 397	7 220	23 914	4 327	2 023	3 259	3 981
		随机网络	13 138.06	13 128.96	26 263.98	1 700.03	1 698.37	5 093.06	5 097.55
		随机网络方差	445.67	449.11	118.44	69.38	69.79	81.60	79.70

网络	弱连接比例 p	指标							
计算几何学领域科学家合作网	0.5	Z 分数	18.53	−13.16	−19.84	37.86	4.65	−22.48	−14.01
		SP	0.33	−0.24	−0.36	0.68	0.084	−0.41	−0.25
	0.9	真实网络	1 993	34 851	15 687	622	8 112	1 229	3 626
		随机网络	524.23	42 563.08	9 443.69	13.67	9 899.51	368.12	3 307.70
		随机网络方差	58.29	494.12	441.17	3.75	121.23	29.33	99.32
		Z 分数	25.20	−15.61	14.15	162.08	−14.74	29.35	3.20
		SP	0.15	−0.093	0.084	0.96	−0.087	0.17	0.019
线虫神经网络	0.1	真实网络	12 364	132	2 340	2 529	2	650	60
		随机网络	12 014.16	148.23	2 673.61	2 364.05	3.21	786.86	86.89
		随机网络方差	206.18	25.61	184.02	47.74	1.97	40.08	12.48
		Z 分数	1.70	−0.63	−1.81	3.45	−0.62	−3.41	−2.15
		SP	0.29	−0.11	−0.31	0.58	−0.10	−0.58	−0.36
	0.5	真实网络	4 412	3 433	6 991	687	291	1 329	934
		随机网络	3 697.28	3 717.06	7 421.66	404.04	403.92	1 217.46	1 215.59
		随机网络方差	192.60	191.69	61.33	27.60	27.51	34.61	34.49
		Z 分数	3.71	−1.48	−7.02	10.25	−4.10	3.22	−8.17
		SP	0.23	−0.091	−0.43	0.63	−0.25	0.20	−0.50
	0.9	真实网络	168	12 353	2 315	40	2 223	266	712
		随机网络	148.70	12 008.06	2 679.24	3.05	2 364.73	86.82	786.41
		随机网络方差	24.61	200.40	179.17	1.83	46.63	12.17	38.87
		Z 分数	0.78	1.72	−2.03	20.14	−3.04	14.72	−1.91
		SP	0.031	0.068	−0.080	0.79	−0.12	0.58	−0.075

在 5.2.2 小节中我们看到，有些网络考虑权重后预测效果得到提升，有些则不然。那么为了进一步研究网络中强连接和弱连接对于链路预测的作用，将

原有的预测指标进行改进，加入一个参数 α 来调节权重的作用。于是得到含参数的含权 CN、AA 和 RA 相似性指标[446]：

$$s_{xy} = \sum_{z \in \Gamma(x) \cap \Gamma(y)} \frac{w_{xz}^{\alpha} + w_{zy}^{\alpha}}{2} \tag{134}$$

$$s_{xy} = \sum_{z \in \Gamma(x) \cap \Gamma(y)} \frac{w_{xz}^{\alpha} + w_{zy}^{\alpha}}{2\log(1+\tilde{s}_z)} \tag{135}$$

$$s_{xy} = \sum_{z \in \Gamma(x) \cap \Gamma(y)} \frac{w_{xz}^{\alpha} + w_{zy}^{\alpha}}{2\tilde{s}_z} \tag{136}$$

其中 $\tilde{s}_z = \sum\limits_{j \in \Gamma(z)} w_{zj}^{\alpha}$。显然，当 $\alpha = 0$ 时，$\tilde{s}_z = s_z$，上述指标回到原始的无权形式。图 33 展示了 3 个含参数的含权指标在 4 个网络中的预测效果随参数的变化情况。

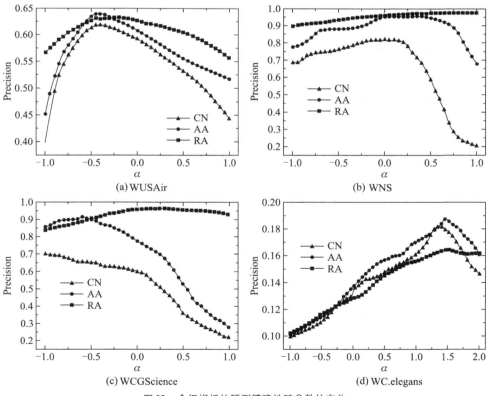

(a) WUSAir

(b) WNS

(c) WCGScience

(d) WC.elegans

图 33 含权指标的预测精确性随参数的变化

表 7 给出了 3 种指标 CN，AA 和 RA 以及它们含权形式的预测效果，＊表示在最优参数 α 下的预测效果。最优参数总结于表 8 中。令人惊讶的是，在 USAir 网络中我们发现最优的参数是负的。这意味着在链路预测中，有时候弱连接比强连接更能够促进连接的产生，即弱连接起到更加重要的作用，我们称之为链路预测的"弱连接"效应。而在 C. elegans 网络中，我们发现最优的参数不仅为正值，而且还大于 1。这意味着强连接在预测链路时起到比弱连接更加重要的作用，并且加强这种作用能够进一步提高预测效果，我们称之为链路预测的"强连接"效应。那么，对于给定的一个网络，究竟是"强连接"还是"弱连接"，通过含权的子图分析可以得到一些启示。

表 7　CN，AA 和 RA 指标及其含权形式在美国航空网络（WUS），

科学家合作网络（WNS 和 WCS）以及线虫神经网络（WCE）中的预测效果

网络	CN	WCN	WCN*	AA	WAA	WAA*	RA	WRA	WRA*
WUS	0.592	0.443	0.617	0.606	0.517	0.639	0.626	0.558	0.633
WNS	0.822	0.202	0.822	0.957	0.681	0.959	0.962	0.978	0.978
WCS	0.625	0.299	0.782	0.780	0.292	0.917	0.963	0.938	0.969
WCE	0.132	0.162	0.182	0.136	0.170	0.188	0.128	0.155	0.164

表 8　四个网络的最优参数 α

网络	WCN*	WAA*	WRA*
WUS	−0.41	−0.40	−0.24
WNS	0.00	0.36	0.80
WCS	−4.15	−0.60	0.13
WCE	1.41	1.44	1.56

以美国航空网络 USAir、科学家合作网络 CGScience 和线虫神经网络 C. elegans 为例，统计这 3 个网络中如图 32 所示的 7 个含权子图的数量。如表 9 所示，其中 $p=0.5$，即 50% 权重较大的边为强连接，另 50% 权重较小的边为弱连接。可以想象，如果强连接起到更加重要的作用，那么对于两条强连接 $\{v_x, v_z\}$ 和 $\{v_y, v_z\}$，节点 v_x 和 v_y 相连接的概率就较大。那么这个概率实际上等于

$$p_s = \frac{3N_4 + N_6}{3N_4 + N_6 + N_1} \tag{137}$$

N_4 的系数 3 表示在子图 N_4 上取一条边为测试边的方式有 3 种。同样的，可以得到对于两条弱连接的边 $\{v_x, v_z\}$ 和 $\{v_y, v_z\}$，节点 v_x 和 v_y 相连接的概率

$$p_w = \frac{3N_5 + N_7}{3N_5 + N_7 + N_2} \tag{138}$$

表 10 给出了 3 个网络的 p_s 和 p_w 值。可以看到，在具有弱连接效应的 WUSAir 网络和 WCGScience 网络中，$p_w > p_s$；在具有强连接效应的 WC. elegans 网络中，$p_w < p_s$。

表 9　WUSAir，WCGScience 和 WC. elegans 网络中 7 种子图结构的数量 （$p = 0.5$）

	N_1	N_2	N_3	N_4	N_5	N_6	N_7
WUS	6 020	2 104	7 731	3 943	1 784	5 246	1 208
WCS	21 397	7 220	23 914	4 327	2 023	3 259	3 981
WCE	4 412	3 433	6 991	687	291	1 329	934

表 10　3 个网络的 p_s 和 p_w 值

	WUSAir	WCGScience	WC. elegans
p_s	0. 739 3	0. 431 5	0. 434 5
p_w	0. 757 2	0. 581 9	0. 344 2

在链路预测领域中，弱连接效应及强连接效应的发现和分析手段丰富了弱连接这个概念的应用场景，有望最终推动形成信息挖掘领域的弱连接理论。

5.4　加权网络的极大似然模型

加权网络同样可以用极大似然模型来研究。对于无权网络，边的存在性可

以用伯努利随机变量来表示，这个内容已经在第 4.2 节详细介绍，这里不再重述。加权网络的情形则更为复杂。对于整数权重，边的存在性可以拓展为更为复杂的情况，例如泊松的似然程度，具有代表性的是泊松随机分块模型、度修正的泊松随机分块模型[459]以及非负矩阵因子分解模型[460,461]等。下面逐一进行介绍。

1. 泊松随机分块模型

假设每条边的权重服从独立的泊松分布，$Q_{M_iM_j}$ 为泊松分布的均值。对某一个分组 M，$Q_{M_iM_j}$ 取决于这条边两端节点所在的组。例如对于连边 e_{ij}，节点 v_i，v_j 分别属于 M_i 和 M_j，则这条边权重为 w_{ij} 的概率为 $\dfrac{(Q_{M_iM_j})^{w_{ij}}}{w_{ij}!}$。因此对于某个图 G，其出现的似然函数可以写为

$$P(G \mid Q, M) = \prod_{i<j} \frac{(Q_{M_iM_j})^{w_{ij}}}{w_{ij}!} \exp(-Q_{M_iM_j}) \times \prod_i \frac{\left(\frac{1}{2}Q_{M_iM_i}\right)^{w_{ii}}}{(w_{ii}/2)!} \exp\left(-\frac{1}{2}Q_{M_iM_i}\right)$$

$$(139)$$

其中乘号右边表示节点的自连边情况。注意，含权邻接矩阵的对角元 w_{ii} 等于节点 i 的自环数的两倍。实际上，我们在这里将权重看成多边情况处理（考虑整数权），例如两个节点之间的权重为 2，等价于它们之间有两条边相连。Q 为针对某一种分组 M 其两组之间产生连边的概率。由于是无向网络，则 $w_{ij} = w_{ji}$，$Q_{M_iM_j} = Q_{M_jM_i}$。经过一些变换，似然函数可以改写为

$$P(G \mid Q, M) = \frac{1}{\prod_{i<j} w_{ij}! \prod_i 2^{w_{ii}/2} (w_{ii}/2)!} \times \prod_{rs} Q_{rs}^{m_{rs}/2} \exp\left(-\frac{1}{2}n_r n_s Q_{rs}\right), \quad (140)$$

其中 n_r 为组 r 的节点数目，$m_{rs} = \sum_{ij} w_{ij}\delta_{M_i,r}\delta_{M_j,s}$，即组 r 和 s 之间的边的权重之和。对似然函数取对数，归纳常数项于 c 中，可以得到

$$\log P(G \mid Q, M) = \sum_{rs} (m_{rs}\log Q_{rs} - n_r n_s Q_{rs}) + c \qquad (141)$$

使得似然函数最大的 Q_{rs} 取值为 $\hat{Q}_{rs} = \dfrac{m_{rs}}{n_r n_s}$。将这个值带入到对数似然函数中，得到似然函数为

$$\log L(G \mid M) = \sum_{rs} m_{rs}\log \frac{m_{rs}}{n_r n_s} + c \qquad (142)$$

2. 度修正的泊松随机分块模型[459]

通常的规则随机分块模型存在以度将节点分组的倾向，使得节点分为大度的组和小度的组，从而在建模仿真真实网络的时候表现不佳。而度修正参数 θ 使得随机分块模型可以考虑度的异质性，减缓了规则随机分块模型利用度将节点分组的倾向。考虑度修正的似然函数为

$$P(G \mid \theta, Q, M) = \prod_{i<j} \frac{(\theta_i \theta_j Q_{M_i M_j})^{w_{ij}}}{w_{ij}!} \exp(-\theta_i \theta_j Q_{M_i M_j}) \times$$

$$\prod_i \frac{\left(\frac{1}{2}\theta_i^2 Q_{M_i M_i}\right)^{w_{ii}}}{(w_{ii}/2)!} \exp\left(-\frac{1}{2}\theta_i^2 Q_{M_i M_i}\right) \tag{143}$$

其中 θ_i 利用 $\sum_i \theta_i \delta_{M_i, r} = 1$ 的条件归一化，归一化后 θ_i 成为某一条边出现在节点 v_i 的同一个社团中的概率。这一约束使得对数似然函数变为一个更加易于处理的形式：

$$\log P(G \mid \theta, Q, M) = 2 \sum_i k_i \log \theta_i + \sum_{rs} (m_{rs} \log Q_{rs} - Q_{rs}) + c' \tag{144}$$

θ_i 和 Q_{rs} 的极大似然估计分别为 $\hat{\theta}_i = \dfrac{k_i}{\kappa_{M_i}}$，$\hat{Q}_{rs} = m_{rs}$，其中 κ_r 为组 r 中节点的强度之和。将这些结果带入对数似然函数，可以得到某个分组 M 网络的对数似然为

$$\log L(G \mid M) = \sum_{rs} m_{rs} \log \frac{m_{rs}}{n_r n_s} + c'. \tag{145}$$

3. 非负矩阵因子分解模型[461]

非负矩阵因子分解模型是另一种整数权重的极大似然模型。该模型同样假设边的权重服从泊松分布，其主要思想是将含权邻接矩阵近似地分解为 $W \approx UH$。如果 W 为一个 $n \times m$ 的矩阵，那么 U 和 H 则分别为 $n \times r$ 和 $r \times m$ 的低秩矩阵，相当于将节点分组降维。这样做的一个好处是，该模型可以处理有重叠的群落划分情况。此时，某个网络出现的似然程度可以表示为

$$P(G \mid U, H) = \prod_{i \neq j} \frac{\left(\sum_d U_{id} H_{dj}\right)^{w_{ij}}}{w_{ij}!} \exp\left(-\sum_d U_{id} H_{dj}\right). \tag{146}$$

对于矩阵因子化模型，可以采用乘法的参数更新规则，

$$U_{id} \leftarrow U_{id} \frac{\sum_j \frac{w_{ij}}{(UH)_{ij}} H_{dj}}{\sum_{j \neq i} H_{dj}}, H_{dj} \leftarrow H_{dj} \frac{\sum_j U_{id} \frac{w_{ij}}{(UH)_{ij}}}{\sum_{j \neq i} U_{id}}. \tag{147}$$

使用上述规则可以单调地增加网络的似然函数值。

上述非负矩阵因子分解模型考虑的是有向图的情形。在无向图上，可以将其对称化，称为对称化非负矩阵因子分解模型：

$$P(G \mid U, H) = \prod_{i > j} \frac{\left(\sum_d U_{id} H_{dj}\right)^{w_{ij}}}{w_{ij}!} \exp\left(-\sum_d U_{id} H_{dj}\right). \tag{148}$$

Wind 和 Morup[445] 比较了不考虑权重的伯努利随机分块模型、泊松随机分块模型、度修正的随机分块模型和矩阵因子分解模型等五种极大似然模型在链路预测问题中的表现。分别考虑预测丢失边以及单独预测权重的问题。预测丢失边的问题利用 AUC 来衡量精确度，预测权重的问题利用泊松评分

$\log \prod_{|i, j| \in E^P} \frac{s_{ij}^{w_{ij}}}{w_{ij}!} e^{-s_{ij}}$，以及皮尔森相关系数 $\dfrac{\sum_{|i, j| \in E^P} (w_{ij} - \overline{w})(s_{ij} - \overline{s})}{\sqrt{\left(\sum_{i, j} (w_{ij} - \overline{w})^2\right)\left(\sum_{i, j} (s_{ij} - \overline{s})^2\right)}}$，

其中 E^P 为测试边集，w_{ij} 为隐藏的边权重的真实值，s_{ij} 为模型的预测值，$\overline{w}$ 为所有测试边权重的平均值。

图 34 显示了 5 种似然模型在 6 个网络中的预测精度，横坐标为测试集比例。图中上面一行为将网络分为 5 个组的情况，下面一行为将网络分为 10 个组的情况。可见，加权后的泊松模型的表现相较于无权的情形并未有太明显的提高。但考虑度修正的模型和非负矩阵因子分解模型确实可以在一定程度上提高预测效果。

图 35 给出了 4 种含权似然模型对权重的预测效果，图（a）是泊松评分的结果，图（b）是皮尔森相关系数的结果。上面一行仍然为将网络节点分为 5 组的情况，下面一行为分 10 组的情况。结果显示，用最简单的泊松模型也可以得到不错的预测效果。

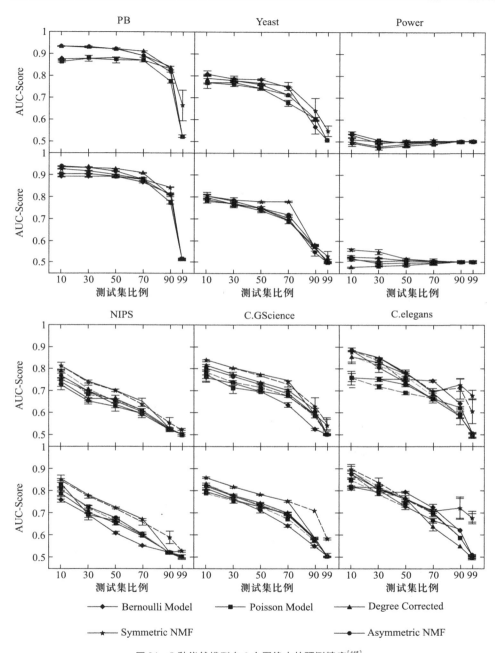

图34 5种似然模型在6个网络中的预测精度[445]

链路预测

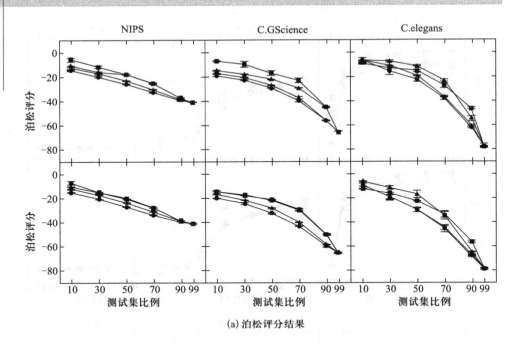

(a) 泊松评分结果

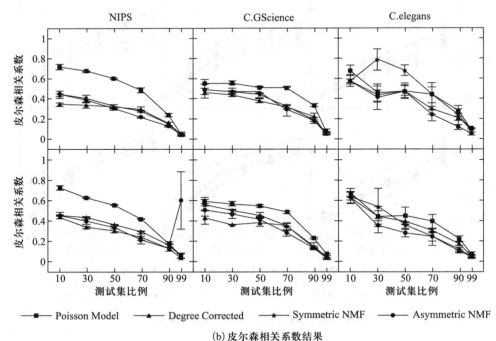

(b) 皮尔森相关系数结果

图 35　4 种似然模型预测权重的精度[445]

实验所用网络包括政治博客网络（PB）[385]、蛋白质相互作用网络（Yeast）[462]和美国电力网络（Power）[17]，这 3 个网络都是非加权网络，其部分统计特征参见附录 B。另外 3 个加权网络是：① 参加 NIPS 会议的科学家合作网络（NIPS）[463]，该网络含有 2 865 个节点和 4 734 条边，边权重就等于两个作者在 1988 年到 2003 年期间合作在 NIPS 会议上发表的论文数目；② 计算几何学领域科学家的合作关系（C. GScience）[384]，此网络包含 7 343 个作者，11 898 条边，边权重就等于两个作者合作的论文或者书的数目；③ 线虫神经网络（C. elegans）[95]，此网络是一个新陈代谢路径的整数加权网络，其中节点代表酶，边代表代谢反应，该网络含有 453 个节点，2 026 条边，权重反映了两个酶共同参与的代谢反应次数。

目前对于含权极大似然模型的研究和讨论都集中在整数权重的情形，对于连续权重的情形还存在一些困难尚未解决，这方面的工作有待进一步的研究和探讨。

第六章 有向网络的链路预测

在食物链网络中，狼吃兔子是符合自然法则的，然而兔子却只能吃草，绝不可能有反向的捕食关系；某君超级崇拜某明星，并在微博中关注她的每一个举态，而此明星却对此君一无所知；学术论文中的引用关系一经发表一般不再变动，并且绝大部分服从时间先后关系，很少会出现相互引用。这些单向关系无法使用无向网络中的相互关系进行刻画，需要借助有向网络的形式。图论中的很多算法可以简单地从无向网络推广到有向网络，然而，这个小小的变动却为链路预测增添了不小的麻烦。以共同邻居算法为例，假设 u 和 v 仅有一个共同联系的节点 w，在无向网络中只有 $u—w—v$ 这样一种局部构型，但扩展到有向网络中，就需要考虑 $u \rightarrow w \rightarrow v$、$u \leftarrow w \rightarrow v$、$u \leftrightarrow w \rightarrow v$、$u \rightarrow w \leftarrow v$、$u \leftarrow w \leftarrow v$、$u \leftrightarrow w \leftarrow v$、$u \rightarrow w \leftrightarrow v$、$u \leftarrow w \leftrightarrow v$、$u \leftrightarrow w \leftrightarrow v$ 这 9 种情况，还需要确定 u 和 v 之间连边的指向。即便如此，有向网络中的链路预测研究已经有了不少的成果。本章将介绍有向网络的结构特征以及有代表性的链路预测方法。

6.1　什么是有向网络

在真实系统中，相关联的两个主体可能处于不对等的关系之中。比如对一个班级的学生进行调查，让每个学生写出在本班级中和自己最亲密的 5 个朋友，然后用这样的结果构建一个朋友关系网络。两个人可能互相认为对方属于自己最亲密的朋友，他们之间形成了双向的互惠连接；也存在一些"一厢情愿"的人，即 A 认为 B 是他最亲密的 5 个朋友之一，但是 B 却不这样认为——这显示了朋友关系的不对称性。对于连接有强弱之分的系统，我们使用加权网络进行刻画；而对于连接有方向性的系统，则需要使用有向网络进行刻画。

另一个典型的例子就是微博上的关注关系。与传统的社交网络如 QQ、MSN 不同，微博提供了一种更自由的社交平台，在这个平台上，你要关注谁并不需要得到对方的认可，只需点击"加关注"这个按钮，即可实时"追踪"所关注对象在微博上的行为，分享他/她所发布的信息。当然，如果有幸得到了回粉，那么两人之间的关系就变成了双向关注。这类存在不对称关联或单向连接的网络就是有向网络。

6.1.1　有向网络的图表示

一个有向无权网络，记为 $D(V, E)$，由节点的集合 $V = \{v_1, v_2, \cdots, v_N\}$ 和有向边的集合 $E = \{e_1, e_2, \cdots, e_M\}$ 组成。任意一条边对应于一个节点二元组：$e_x = \{v_i, v_j\}$，节点 v_i 称为始点，节点 v_j 称为终点。值得注意的是，在无向网络中，边数 M 的最大取值是 $N(N-1)/2$；而在有向网络中，M 的最大取值是 $N(N-1)$。简单有向无权网络满足以下 3 个条件：

（1）连边有方向性，即 $\{v_i, v_j\} \neq \{v_j, v_i\}$。

（2）不存在以同一个节点为始点和终点的情况，即不允许存在诸如 $e_x =$

$\{v_i, v_i\}$ 这样的边。

（3）节点 v_i 和节点 v_j 之间最多只能有一条连边，不允许有多条连边，即对任意两条边 e_x，e_y，不会出现诸如 $e_x = e_y = \{v_i, v_j\}$ 这样的情况。

图 36 为 5 个用户在新浪微博上的关注关系示意图。例如，"毛怪猪"关注"千明 uestc"，于是就有一条从"毛怪猪"指向"千明 uestc"的有向边。在这个关注网络中还存在两个"相互关注"关系，即"zico_zico"和"千明 uestc"互相关注，"毛怪猪"和"胡延庆"互相关注。由此，可以用一个包含 5 个节点和 9 条边的有向网络来描述这个关注关系网络，其邻接矩阵可表示为

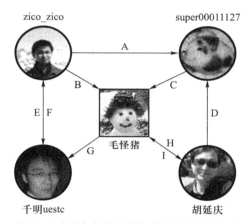

图 36 5 个用户在新浪微博上的关注关系示意图

$$\boldsymbol{A}^D = \begin{array}{c} \text{终} \\ \text{始} \end{array} \begin{array}{ccccc} \text{毛} & \text{zico} & \text{Super} & \text{胡} & \text{千} \end{array}$$

$$\boldsymbol{A}^D = \begin{array}{c} \text{毛} \\ \text{zico} \\ \text{Super} \\ \text{胡} \\ \text{千} \end{array} \begin{bmatrix} 0 & 0 & 0 & 1 & 1 \\ 1 & 0 & 1 & 0 & 1 \\ 1 & 0 & 0 & 0 & 0 \\ 1 & 0 & 1 & 0 & 0 \\ 0 & 1 & 0 & 0 & 0 \end{bmatrix} \tag{149}$$

注意，与无向网络不同，这时候网络的邻接矩阵是不对称的。矩阵元素 $A_{ij}^D = 1$ 表示节点 v_i 关注节点 v_j，即有一条连边从节点 v_i 出发指向节点 v_j。

除了邻接矩阵外，还可以用关联矩阵来刻画有向网络。邻接矩阵是表述节点与节点之间的关系，而关联矩阵表述的是节点和连边之间的关系。若图 D 有

N个节点M条边，则由元素A_{ix}^c（$i=1$，2，$\cdots$，N，$x=1$，2，$\cdots$，M）构成的$N \times M$矩阵，称为D的关联矩阵，记为$\boldsymbol{A}^c$。

关联矩阵的矩阵元定义如下：

$$A_{ix}^c = \begin{cases} 1, & \text{若节点 } v_i \text{ 是边 } e_x \text{ 的始点} \\ -1, & \text{若节点 } v_i \text{ 是边 } e_x \text{ 的终点} \\ 0, & \text{若节点 } v_i \text{ 与边 } e_x \text{ 不邻接} \end{cases} \tag{150}$$

图 36 所示的微博关注关系示意图可用如下关联矩阵刻画。关联矩阵第i行中元素"-1"的数目就是节点v_i的入度，元素"1"的数目就是节点v_i的出度。

$$\boldsymbol{A}^C = \begin{array}{c} \text{毛} \\ \text{zico} \\ \text{Super} \\ \text{胡} \\ \text{千} \end{array} \begin{array}{c} \begin{array}{ccccccccc} A & B & C & D & E & F & G & H & I \end{array} \\ \left[\begin{array}{ccccccccc} 0 & -1 & -1 & 0 & 0 & 0 & 1 & 1 & -1 \\ 1 & 1 & 0 & 0 & 1 & -1 & 0 & 0 & 0 \\ -1 & 0 & 1 & -1 & 0 & 0 & 0 & 0 & 0 \\ 0 & 0 & 0 & 1 & 0 & 0 & 0 & -1 & 1 \\ 0 & 0 & 0 & 0 & -1 & 1 & -1 & 0 & 0 \end{array} \right] \end{array} \tag{151}$$

6.1.2　刻画有向网络

本节将简单介绍刻画有向网络结构特性的一些主要指标。

1. 出度和入度

节点v_i的出度等于从该节点出发指向其他节点的边的数目，记为k_i^{out}，即以节点v_i为始点的边数，用邻接矩阵的元素表示为$k_i^{\text{out}} = \sum_{j=1}^{N} A_{ij}^D$。节点$v_i$的入度等于从网络其他节点出发指向节点$v_i$的边的数目，记为$k_i^{\text{in}}$，即以节点$v_i$为终点的边数，用邻接矩阵的元素表示为$k_j^{\text{in}} = \sum_{i=1}^{N} A_{ij}^D$。在有向网络中，对于单个节点来说出度不一定等于入度；但是对于整个网络，网络所有节点的平均出度等于网络节点的平均入度，即

$$\langle k^{\text{out}} \rangle = \frac{1}{N} \sum_{i=1}^{N} k_i^{\text{out}} = \langle k^{\text{in}} \rangle = \frac{1}{N} \sum_{i=1}^{N} k_i^{\text{in}} = \frac{M}{N} \tag{152}$$

虽然在有向网络中这是一个显然的关系，但是它体现了复杂系统一个重要

的特征，就是在个体层面不成立的性质，在整个系统上可能成立。就好像有些统计特征在个体层面上并不成立，但是对整个系统中的个体进行统计却成立。例如人类出行的距离分布在个体层面上并不具有幂律分布特征，但在群体层面上却服从幂律分布[464]——最简单的例子是一群具有不同一阶矩的泊松个体在整体上可以产生幂律分布[465]。

2. 簇系数

有向网络的簇系数仍然只考虑三角形的结构，只是比无向网络更加复杂。无向网络中的一个三角形结构，在有向网络中就有 7 种情形了，如图 37 所示。根据簇系数的定义，即任意节点 v_i 的簇系数定义为它所有相邻节点之间连边的数目占可能的最大连边数目的比例。Fagiolo[466] 提出了一种针对有向网络的簇系数计算方法，计算公式为

$$C_i^d = \frac{\sum_{jk} (A_{ij}^D + A_{ji}^D)(A_{ik}^D + A_{ki}^D)(A_{jk}^D + A_{kj}^D)}{2[d_i(d_i - 1) - 2d_i^{\leftrightarrow}]} \tag{153}$$

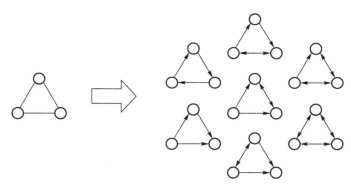

图 37　无向网络中一个三角形对应有向网络中 7 种可能的情况[467]

其中 $d_i = \sum_j (A_{ij}^D + A_{ji}^D) = k_i^{\text{out}} + k_i^{\text{in}}$ 为节点 v_i 的总度数，$d_i^{\leftrightarrow} = \sum_j A_{ij}^D A_{ji}^D$ 为节点 v_i 的互惠连接数。

另一种刻画方法是将节点可能产生的三角形进行分类，然后分别定义簇系数[467]。例如，在不考虑互惠连接的情况下，给定节点 v_i（图 38 中的黑色实心点），它可以与两个邻居形成如图 38（a）所示的 3 种可能的局部结构，分别标记为 A、B 和 C。根据节点 v_i 的邻居节点的连边情况，仍然不考虑互惠连接，

可有 4 种三角形结构，如图 38（b）所示，分别称为 FB、FFA、FFB 和 FFC。可见，A 可形成 FFA，B 可形成 FB 和 FFB，C 可形成 FFC。于是可以得到 4 种节点 v_i 的簇系数，即

$$\widetilde{C}_i^d = \left(\frac{N_i^{FB}}{M_i^B}, \frac{N_i^{FFA}}{M_i^A}, \frac{N_i^{FFB}}{M_i^B}, \frac{N_i^{FFC}}{M_i^C} \right) \tag{154}$$

其中 M_i^A、M_i^B、M_i^C 分别表示结构 A、B 和 C 的数量，N_i^{FB}、N_i^{FFA}、N_i^{FFB} 和 N_i^{FFC} 分别表示 FB、FFA、FFB 和 FFC 的数量。

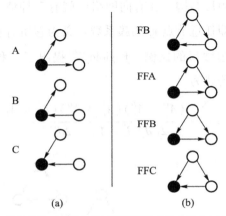

图 38　3 种潜在的三角形结构以及可能形成的 4 种有向三角形[467]

这种分类的定义方法便于我们更加细致地研究有向网络的结构和功能特征。比如在考虑有向网络中有传播影响力的节点的时候，实证研究发现在一些网络中基于 A 结构的簇系数越小，节点吸引新链接的可能性越大。基于此，陈端兵等人[468]设计了一种考虑节点簇系数的方法来识别大规模有向网络中传播影响力大的节点。

3. 同配性

在第 1.2 节中我们介绍了无向网络的度度相关性，公式（15）给出了无向网络同配系数的定义。而在有向网络中，由于节点的度分为出度和入度两类，因此可分别定义 4 种相关性，如图 39 所示。对每一条边来说，根据其始点和终点的出入度得到四种相关性，即（出，入）、（入，出）、（出，出）及（入，入）。根据皮尔森相关系数的定义，得到有向网络的度度相关性为

$$r(\alpha,\beta) = \frac{M^{-1}\sum_e[(j_e^\alpha - \overline{j^\alpha})(k_e^\beta - \overline{k^\beta})]}{\sigma^\alpha\sigma^\beta}\tag{155}$$

其中 α 和 β 表示节点度的类型（出度或入度），即 α，$\beta \in \{in, out\}$。j_e^α 表示边 e 的始点的 α 度，k_e^β 表示边 e 的终点的 β 度，M 为网络总边数。$\overline{j^\alpha} = M^{-1}\sum_e j_e^\alpha$ 为所有边的始点的 α 度的平均值，$\sigma^\alpha = \sqrt{M^{-1}\sum_e(j_e^\alpha - \overline{j^\alpha})^2}$ 为所有边的始点的 α 度的标准差，k_e^β 和 σ^β 的定义类似。

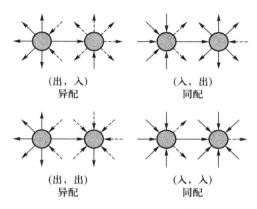

图 39 4 种度度相关性示例[469]

Foster 等人[469]对一些实际网络进行了计算，发现对于一个有向网络，很难确定它是同配的还是异配的，因为它们往往是以一种混合的方式存在。为了考察一个节点对网络度度相关性的贡献，Piraveenan 等人[470]提出了一种局部的相关性测量方法，该方法也可以扩展成有向的形式。

4. 强连通与弱连通

在讨论有向网络中的连通性之前，需要定义有向网络中的路径。给定一个有向无权网络 $D(V, E)$，一条从节点 v_i 到节点 v_j 的路径记为 $P = \{v_1, v_2, \cdots, v_m\}$，该路径包含 m 个节点，每一相邻节点对都代表了一条边，于是共有 $m-1$ 条边，即该路径的长度为 $m-1$，同时要求每条边 $\{v_k, v_{k+1}\}$ 总是从节点 v_k 指向节点 v_{k+1}。由此定义可以看出，与无向网络不同，在有向网络中若存在一条从节点 v_i 到节点 v_j 的路径，并不意味着一定存在一条从节点 v_j 到节点 v_i 的路径。若在一个有向网络中，对于任意节点对 v_i 和 v_j，既存在从 v_i 到 v_j 的路径，又存在

从 v_j 到 v_i 的路径，那么称该有向网络是强连通的。若网络不满足强连通条件，但是如果把所有有向边看成无向边后所得到的无向网络是连通的，那么称这个有向网络是弱连通的。在弱连通网络中若存在一个网络的子集，该子集中任意一组节点对之间都有相互到达的路径存在，即该子集是强连通的。最大的强连通的子集被称为该有向网络的强连通集团。对于任意有向网络，最大的弱连通子集称为弱连通集团。

5. 蝴蝶结结构

大多数的有向网络既不是强连通的也不是弱连通的，还包含一些孤立的节点或者小连通片。针对有向网络连通结构的一个直观刻画方法是蝴蝶结结构图[62]。在有些文献中也称之为雏菊模型[471]或者茶壶模型[472]。一个网络的蝴蝶结结构图包含 6 个部分：

（1）强连通集团：又称强连通核，位于蝴蝶结结构图的中心，其中任意两个节点都是强连通的，即从任意一个节点到另一个节点存在有向路径。

（2）入部：位于蝴蝶结结构图的左侧，包含那些可以通过有向路径到达强连通核但是不能从强连通核到达的节点。即从入部中的任意一个节点出发，都有一条有向路径到达强连通核中的任一个节点；反之，从强连通核中任意一个节点出发，沿有向边无法到达入部中的任意一个节点。

（3）出部：位于蝴蝶结结构图的右侧，包含那些可以从强连通核通过有向路径到达但是不能到达强连通核的节点。即从出部中的任意一个节点出发，都没有一条有向路径可以到达强连通核中的一个节点；反之，从强连通核中任意一个节点出发，沿有向边可到达出部中的任意一个节点。

（4）卷须：可挂在出部和入部上，包含那些既无法到达强连通核也无法从强连通核到达的节点。对于挂在入部上的卷须中的任意一个节点，必须至少存在一条从入部中某个节点出发到达该节点的不经过强连通核的有向路径。对于挂在出部上的卷须中的任意一个节点，必须至少存在一条从该节点到达出部中某个节点的不经过强连通核的有向路径。

（5）管子：连接出部和入部。有向网络中可能存在从挂在入部上的卷须节点到挂在出部上的卷须节点的不经过强连通核的有向路径。这些把卷须节点串起来的路径上的节点构成管子。

（6）其他连通片：位于图的边缘，包括一些孤立的节点或者其他规模小于最大弱连通集团的连通片，且不属于入部、出部、卷须和管子。

图40给出了针对Twitter、腾讯微博以及新浪微博关注关系网络的蝴蝶结结构图。表11列出了3个网络的一些基本统计特征，包括节点数、边数、平均度、簇系数、相关性、平均距离以及最大弱连通集团所包含节点的比例。

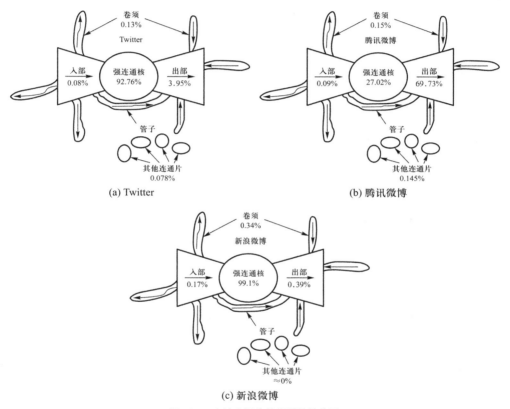

(a) Twitter

(b) 腾讯微博

(c) 新浪微博

图40　3个社交网络的蝴蝶结结构图

表11　3个社交网络基本统计特征

网络名称	节点数	边数	平均度（无向）	平均度（有向）	簇系数	相关系数	平均距离（抽样）	最大弱连通集比例
Twitter	0.15×10^6	13×10^6	107.81	84.470	0.197	-0.055	2.45	99.99%
腾讯微博	1.9×10^6	50×10^6	51.56	26.049	0.132	-0.609	2.75	99.99%
新浪微博	10×10^6	63×10^6	11.98	6.292	0.024	-0.061	4.14	99.99%

6. 群落结构

在有向网络中，若网络有 M 条边，则邻接矩阵的非零元素有 M 个，且所有节点的出（入）度之和为 M。由此可得到有向网络的模块度为

$$Q^d = \frac{1}{M} \sum_{i \neq j} \left(A_{ij}^D - \frac{k_i^{\text{out}} k_j^{\text{in}}}{M} \right) \delta^{ij} \quad (156)$$

进一步的，如果考虑含权有向网络，则模块度定义为

$$Q^{wd} = \frac{1}{M^W} \sum_{i \neq j} \left(w_{ij} - \frac{s_i^{\text{out}} s_j^{\text{in}}}{M^W} \right) \delta^{ij} \quad (157)$$

其中 M^W 为网络所有边的权重之和，s_i^{in} 和 s_i^{out} 分别表示节点 v_i 的入强度和出强度。

Palla 等人提出了一种有向派系过滤算法[473]。与无向派系过滤方法进行比较可以发现，两种方法在很大程度上是一致的。例如在词语关联网络中，用有向和无向两种方法进行社团划分，结果显示 70% 的社团划分是一样的，而在电子邮件网络中这个比例可以达到 90% 左右。可见，无向网络的派系划分方法具有相当的鲁棒性。关于有向网络群落划分的讨论可参见 Fortunato 在 Physics Reports 上发表的综述文章[304]。

6.1.3 有向网络的模体

与加权网络相比，有向网络的模体更加复杂。仅仅是多了一个方向就产生了很多种可能。以 3 个节点的连通子图为例，无向无权网络只有两种结构，一个是包含两条边的子图，另一个是三角形。当我们考虑权重的时候，将权重仅仅分为强弱两类就导致了 7 种连通子图（如第五章图 32 所示）。当我们考虑链路的方向后，即便不含权也有 13 种子图，这里包含了互惠连接。

表 12 给出了所有 13 种三元组的可能，并按照包含的关系数目和互惠连接数目进行了分类。注意这里的互惠边按照一条边计算，实际上它可以看成两条有向边。不包含互惠边的三元组有 5 种。无向网络中的三角形结构只有 1 种，而在有向网络中，可能的三角形有 7 种，这使得有向网络的簇系数计算和模体分析变得非常复杂。

表12 有向网络的三元组结构

	0 条互惠边			1 条互惠边			2 条互惠边	3 条互惠边
2 条边	⌄	⌄	⌄	⌄	⌄		⌄	
3 条边	△	△		△	△	△	△	△

Milo 等人在 19 个有向网络中对包含 3 个节点的三元组的重要性进行了分析[144]。同样采用 Z 分数的方式，统计有向网络中某一子图的数目以及与该网络对应的随机网络中该子图的数目，然后进行比较。在随机网络中，节点的出入度和原网络保持一致，这样可以去除规模和度序列的影响。然后用模体的显著度 SP 来衡量该子图在网络中的重要性。图 41 给出了 19 个网络中 13 种三元组的显著度。按照显著度的不同将这些网络进行分类，于是构成了 4 个网络超家族。在超家族中，各个模体在家族网络中的相对重要性是相似的。

前面给出了 3 个节点的结构在各类网络中的显著性。类似的，我们可以对 4 节点的结构进行显著性分析。相比 3 节点结构而言，4 节点结构更加复杂，含方向的子图就有 199 种之多。Milo 等人发现在很多网络中，4 节点的双风扇

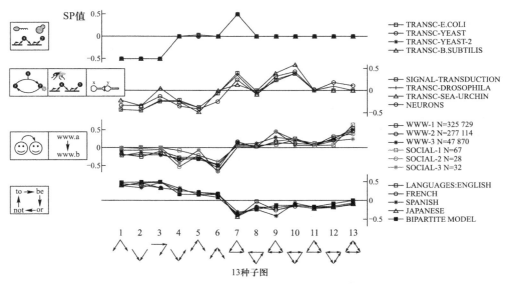

图41 19 个有向网络中三元组的重要性特征[144]

结构和双平行结构是非常显著的[143]。

图 42 给出了一些生物和技术网络中 3 节点和 4 节点的模体统计结果。在基因调控网络中，3 节点的前馈环和 4 节点的双风扇结构比较显著，Z 分数均大于 10。在神经网络中，除了前馈环和双风扇结构外，双平行结构也很显著（Z 分数＝20）。食物链网络中则以 3 节点的链和双平行结构为主，环路结构非常少见，这与食物链网络的层级结构有关。两类电路网络也表现不同：第一种电

网络	节点	边	N_{real}	$N_{rand}\pm SD$	Z分数	N_{real}	$N_{rand}\pm SD$	Z分数	N_{real}	$N_{rand}\pm SD$	Z分数
基因调控网络			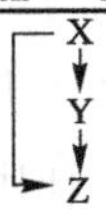	前馈环		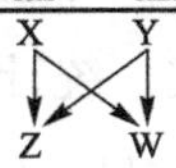	双风扇结构				
E.coli	424	519	40	7±3	10	203	47±12	13			
S.coravisiae*	685	1 052	70	11±4	14	1 812	300±40	41			
神经网络			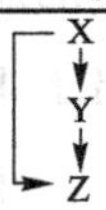	前馈环		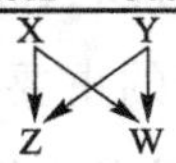	双风扇结构		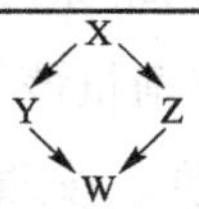	双平行结构	
C.eiegans†	252	509	125	90±10	3.7	127	55±13	5.3	227	35±10	20
食物链网络			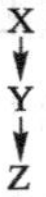	3节点链		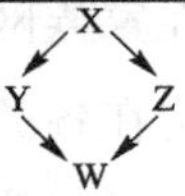	双平行结构				
Little Rock	92	984	3 219	3 120±50	2.1	7 295	2 220±210	25			
Ythan	83	391	1 182	1 020±20	7.2	1 357	230±50	23			
St.Martin	42	205	469	450±10	NS	382	130±20	12			
Chesapeake	31	67	80	82±4	NS	26	5±2	8			
Coachella	29	243	279	235±12	3.6	181	80±20	5			
Skipwith	25	189	184	150±7	5.5	397	80±25	13			
B.Brook	25	104	181	130±7	7.4	267	30±7	32			
电路网络 (forward logic chips)			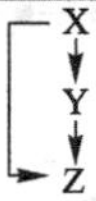	前馈环		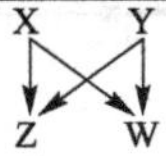	双风扇结构		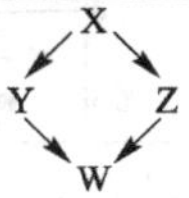	双平行结构	
s15850	10 383	14 240	424	2±2	285	1 040	1±1	1 200	480	2±1	335
s38584	20 717	34 204	413	10±3	120	1 739	6±2	800	711	9±2	320
s38417	23 843	33 661	612	3±2	400	2 404	1±1	2 550	531	2±2	340
s9234	5 844	8 197	211	2±1	140	754	1±1	1 050	209	1±1	200
s13207	8 651	11 831	403	2±1	225	4 445	1±1	4 950	254	2±1	200
电路网络 (digital fractional multipliers)			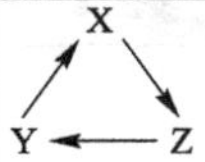	3节点反馈回路		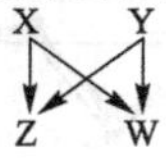	双风扇结构		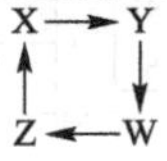	4节点反馈回路	
s208	122	189	10	1±1	9	4	1±1	3.8	5	1±1	5
s420	252	399	20	1±1	18	10	1±1	10	11	1±1	11
s838‡	512	819	40	1±1	38	22	1±1	20	23	1±1	25
WWW			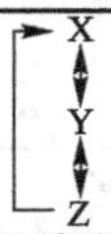	Feedback with two mutual dyads		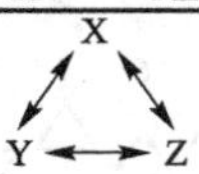	Fully connected triad		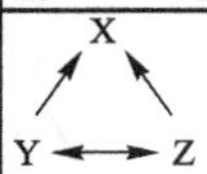	Uplinked mutual dyad	
nd.edu §	325 729	1.46×10⁶	1.1×10⁵	2×10³±1×10²	800	6.8×10⁶	5×10⁴±4×10²	15 000	1.2×10⁶	1×10⁴±2×10²	5 000

图 42　生物和技术网络中的 3 节点和 4 节点模体结构[143]

路网络（Forward logic chips）中 4 节点的前反馈环和双风扇以及双平行结构都很显著；而在第二种电路网络（Digital fractional multipliers）中，除了双风扇结构外，3 节点和 4 节点的反馈回路也很显著。

与上述网络不太一样的是，在万维网络中，包含互惠连接的结构比较显著，如包含一条互惠连接的上连接结构、包含两条互惠连接的 4 节点反馈结构以及包含三条互惠连接的全连接三角形。对于 5 节点结构、6 节点结构甚至包含更多节点的子图都可以进行类似的分析。但是并不是所有的子图分析都是有意义的。

实际上，这些识别出来的网络的模体结构可以看成是网络演化过程中在特定限制条件下产生出的特殊结构。从这个角度上讲，关于网络模体的研究有可能帮助我们更好地理解网络演化中的动力学行为，进而帮助我们对网络进行分类。

6.2　基于局部结构的预测

无向网络中 3 个节点的相互关系非常简单，以共同邻居算法为例，它所假设的新边产生规则非常简单——若两个节点拥有更多的共同邻居，则其产生连边的可能性也就更高。在已经拥有共同邻居的两个节点之间产生的新边，所形成的新结构也只有一种，即闭合的三角形。而在有向网络中，同样考虑 3 个节点，可能的新边产生规则就复杂许多，如表 13 所示，根据 A、B 与它们相关节点 X 的不同连边情况，新边 A→B 共有 9 种可能的情形。

Brzozowski 等人[474] 在惠普公司的内部社交网站 WaterCooler 上进行实验。WaterCooler 形式介于 Facebook 和 Twitter 之间，可以任意关注好友，同时也拥有 Facebook 的自我展示平台。结果显示，在该社交网站构建的有向网络中，结构 S4 的数目最多，但闭合比例最低；结构 S9 的数目最少，但闭合比例最高，高达 10.6%（具体数据如表 14 所示）。与此类似，Leung 等人[475] 也对局部的结构做了统计，他们考虑了更复杂的情形，不仅包含异质的连边（即性质不同的连边，如敌友关系），还扩展到了 4 个节点的结构。

表 13　有向网络中新边 **A→B** 可能基于的 **9** 种三角形闭合结构[474]

	A following X	A followed by X	A colleague of X
B followed by X	S1 A→X→B	S4 A X→B	S7 A X B
B following X	S2 A→X←B	S5 A X←B	S8 A X B
B colleague of X	S3 A→X B	S6 A X B	S9 A X B

表 14　表 13 中 9 种结构的数目和闭合比例[474]

结构		样本数	闭合比例
S9	A↔X↔B	8 114	10.6%
S3	A→X↔B	8 296	9.1%
S1 *	A→X→B	15 331	6.6%
S7 *	A↔X→B	23 513	6.4%
S8	A↔X←B	8 507	5.1%
S2	A→X←B	26 810	4.3%
S6	A←X↔B	24 706	2.2%
S5	A←X←B	14 735	1.2%
S4	A←X→B	151 417	0.5%
S7，S8，S9	A↔X * B	40 134	7.0%
S1，S2，S3	A→X * B	50 437	5.8%
S4，S5，S6	A←X * B	191 858	0.8%
S3，S6，S9	A * X↔B	41 116	5.3%
S2，S5，S8	A * X←B	51 052	3.5%
S1，S4，S7	A * X→B	190 261	1.7%
至少有一个互惠连接		73 136	5.6%
无互惠连接		209 293	1.5%

＊S1 和 S7 的闭合比例非常接近。

在有向网络中进行链路预测的部分方法就是直接基于这类局部结构的。如文献［476］至文献［478］就把共同邻居相似性、Jaccar 相似性、AA 相似性和 RA 相似性等直接应用于有向网络中，将这些方法所得到的两个节点之间的分值作为此节点对的一个特征，再加上其他的一些结构特征（如节点的度、出度、入度、聚类系数、是否存在反向边、最短路径等），构成此节点对的特征向量，然后用不同的方法，如随机森林、支持向量机等，进行训练学习。这些文章又各具特色：文献［476］的重点在于对网络的去匿名化过程——在很多公开的网络数据中，节点的真实 ID 都被隐藏了起来，但是这些节点之间的关系仍存在，去匿名化就是利用一些已知的信息还原节点的真实 ID 的过程；文献［477］关注了真实在线网络中连边产生、消失的动力学过程；文献［478］则将多个不同网络联系在一起，利用多个网络的信息进行预测。

以上方法都是基于局部的网络结构，可以看做是基于共同相关节点及其关系的方法。另一类基于局部信息的方法，是利用有向网络上的随机游走过程（如带重启的随机游走，请参考第三章和附录 A. 3 中的相关介绍）。2010 年刘伟平和吕琳媛[325]发现，仅基于有限步的随机游走，就可以达到全局随机游走收敛后的精度，这一方法可以很自然地推广到有向网络的预测中。在 Kaggle 主办的链路预测比赛中，Narayanan[476]利用这种基于有限步的随机游走算法取得了较好的预测效果，并称此方法在所有的单一预测算法中（包括 Jaccard 指标、AA 指标等）表现最好。

类似的，Lichtenwalter 等人[479]基于随机游走提出了一种名为 PropFlow 的方法。这种方法非常类似于 Rooted PageRank[319]，但比它更具有局部性，且不需要按一定概率返回原点，也不需要收敛。同有限步的随机游走一样，PropFlow 算法也将随机游走的过程限制在 l 步之内，且游走过程在粒子到达目标节点或者到达已路过的节点时就会停止，粒子的转移概率则是基于连边的权重进行构建的。

除了局部结构，也可以用属性做机器学习。Brzozowski 等人[474]在 WaterCooler 上还尝试了基于用户的行为和标签进行推荐。在用户行为方面，文献［474］为用户推荐他最喜欢看的内容的作者，为用户推荐回复最多的用户。

在用户标签方面，文献［474］利用用户的标签来衡量用户之间的相似程度，这些标签包含用户的兴趣、爱好和技能等，并利用 Dice's 系数来计算用户之间的标签相似度：

$$S^{\text{Dice}} = \frac{2\,|\,T_A \cap T_B\,|}{|\,T_A\,| + |\,T_B\,|} \tag{158}$$

其中 T_A 和 T_B 分别代表用户 A 和 B 的标签集合。

Yin 等人[480]将微博网络看做是社交网络和信息网络的混合网络，并认为在这种混合网络中，网络结构可以反映出用户的兴趣并能预测潜在的连边。如图 43 所示的三种局部结构，从中推断 v_u 可能对 v_c 感兴趣（虚线表示推断的边），可能是因为：① 一些关注 v_i 的节点（称之为与 v_u 相似的节点）也关注 v_c；② v_u 和 v_c 在线下可能是朋友；③ v_u 和 v_c 拥有共同的兴趣。基于这些猜想，Yin 等人构建了一个概率模型，借助 v_u 与 v_c 的直接邻居 v_i 与这两个节点之间的连边关系，计算 v_u 可能对 v_c 感兴趣的概率

$$P(v_u \rightarrow v_c \mid G) = \sum_{v_i \in V_i} b_{v_i, v_c} \cdot a_{v_u, v_i} \tag{159}$$

其中 b_{v_i, v_c} 表示节点 v_i 和 v_c 的结构信息贡献，a_{v_u, v_i} 表示节点 v_u 和 v_i 的结构信息贡献。

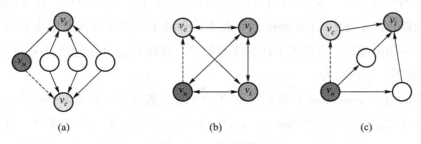

(a)　　　　　　　(b)　　　　　　　(c)

图 43　3 种反映用户兴趣的局部结构[480]

除了基于局部结构的预测之外，第四章所介绍的全局的最大似然模型也可以推广到有向网络，本书就不再赘述了。下一节，我们将向读者展示一个成功的例子——如何利用链路预测的手法，探究网络结构形成的奥秘。

6.3 有向网络的势理论

近年来，探索网络演化中的潜在影响因素受到越来越多的关注：宏观层面上的机制包括富者越富[74]、好者变富[35]、稳定性控制[481]等；微观层面上的机制有同质性[482]、聚类效应[17]、平衡理论[483]等；有些机制则是在中观的网络结构上，比如群组和社区的形成和变化[452,484,485]。真实的网络往往由多种机制混合作用而成，例如，新的节点可能基于富者越富的机制产生连边，同时旧节点之间则可能基于聚类效应产生新的连边[486]。下面，我们首先回顾一下广为人知的一些网络演化的重要机制。

1. 聚类机制

如果两个节点有一些共同邻居，那么它们之间产生连边的可能性就越高[361]。许多不相关的网络都具有较高的簇系数[17]，也间接支持了聚类机制的合理性。Kossinets 和 Watts[410]在一个由 43 553 个大学成员组成的社交网络中通过调查发现，若两个学生共同认识的人越多，他们相互认识的可能性也越大。聚类机制在有向网络中也是有效的，比如 Twitter 中超过90%的新边都发生在至少有一个共同邻居的用户之间[411]。此外基于共同邻居的网络演化模型也能重现有向网络和无向网络的一些显著特征[408,409]。

2. 同质性

同质性体现了人们选择交流对象的倾向性，即更容易选择与他们有相似属性或经历的人[482]。这一机制在一些社交网络的实验中得到了验证，例如基于相互认识关系的大学成员社交网络[411]、包含 1.8×10^8 个用户的大型即时通信网络[487]、由一些美国高校组成的友谊网络[488]、Facebook 中大学生社交网络[489]，等等。多种特征对于连边的形成都非常重要，包括种族、对音乐和电影的喜好、级别、年龄、地域、语言和共同经历。同质性在其他网络中也有体现，比如在有向的文件网络中，连边（如网页之间的超链接、论文间的引用关系）倾向于产生在具有相似内容的文件之间[490]。在一些文献中，聚类效应被当做是一种特殊的同质性——拥有共同邻居的节点被看做是拥有相似的网络环境。这里我们将区分这两种性质。近期在有向社交网络中的实验暗示聚类效应可能比同质性的作用还要强[474]。

3. 互惠性

互惠性是指用户倾向于建立一条关系以回应别人对自己建立的关系。例如，在微博上当我们发现有新的粉丝后，有可能反关注他们。这在有向网络中是一种特殊的机制，但并不总是适用。互惠性在一些社交网络的演化中非常重要，比如，类 Facebook 的社区[491]和 Flickr[492]，在 Slashdot 中的影响就小很多[493]，而在食物链网络中则几乎是不存在的[494]。高互惠性是一些有向网络的显著特征，而连边的形成也遵循上述提及的其他机制，如 Twitter 中用户更可能关注他朋友中的与之年龄相仿的朋友，同时符合聚类效应和同质性的机制[411]。

有向网络的例子繁多，例如由超链接关联起来的万维网、基于捕食关系的食物链网络、由关注/粉丝关系构成的微博社交网络。目前，除了一些有关有向网络局部组织机制（如闭环和小规模子图）的具有代表性的工作外[143,144,473,495,496]，相较于无向网络中的研究，有关有向网络中连边产生机制的研究并不多。张千明等人提出的势理论给出了有向网络演化的一种可能的机制[497]。

一个图是可定义势的，当且仅当图中的每个节点都能被分配势能。分配势能的条件为：对每一对节点 v_i 和 v_j，若 $v_i \rightarrow v_j$，v_i 的势能就比 v_j 高 1 个单位。一条有向边显然是可定义势的，但包含互惠边的图却不可定义势。图 44 展示了一些例子，其中图（a）和（c）是不可定义势的，而图（b）和（d）是可定义势的。节点旁边的数字表示节点的势。如果我们将图中上面的节点势能设为 1，沿着边的方向，就有一些节点的势能不能确定。需注意，可定义势仅适用于规模非常小的图，因为包含很多节点的图可定义势的可能性很小。虽然可定义势的网络总是非循环的，但非循环网络却不总是可定义势的，比如前馈环是非循环网络，但却不可定义势。

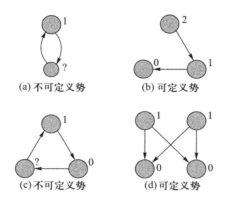

图 44　四个说明图例

　　势理论认为，若一条连边的出现能够产生更多可定义势的子图，那么它出现的可能性就越大。这里对于子图的定义和图论中的定义一致，比复杂网络研究中常见的定义更加普通。复杂网络研究中常见的定义为：给定一个有向图 $D(V, E)$，V 是节点集合，E 是有向边的集合，对于另一个图 $D'(V', E')$，若 $V' \subset V$ 且 E' 包含 E 中所有由属于 V' 的节点相连的边，那么 D' 称做 D 的子图。这里的子图实际上对应于图论中导出子图的概念。而此处的定义则仅需要满足 $V' \subset V$ 和 $E' \subset E$，E' 不需要包含 V' 中节点的所有连边。如图 45 所示，如果仅考虑其导出子图，（b）就是唯一的子图；若按文献［497］的定义，（b）、（c）和（d）都属于图（a）的子图。注意，仅包含节点 {1，2} 而没有连边的图也属于（a）的子图。

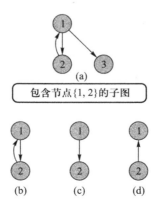

图 45　考虑图（a）包含节点 {1，2} 的子图

141

　　由于任何一个包含互惠边的图都是不可定义势的，所以我们不再单独考虑互惠机制。聚类效应更倾向短回路（并非必须是有向回路，而是将有向边视作无向后的回路），并且仅在局部结构中有效，所以这里仅考虑包含回路的小规模子图（仅包含 3 个节点和 4 个节点的结构），但具有互惠关系的两个节点不被认为是回路。为了避免重复计算，仅考虑含有回路的最小子图，即除子图自身的回路外，此子图的所有子图中都不包含回路。于是在有向网络中考虑 3 个节点和 4 个节点的情况下可得 6 种子图结构，它们是基于文献［143］命名的，如图 46 所示。

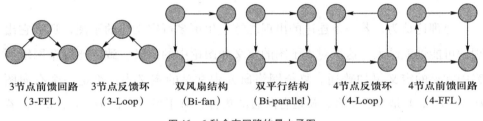

3节点前馈回路　　3节点反馈环　　　双风扇结构　　　双平行结构　　　4节点反馈环　　　4节点前馈回路
（3-FFL）　　　　（3-Loop）　　　（Bi-fan）　　　（Bi-parallel）　　　（4-Loop）　　　（4-FFL）

图 46　6 种含有回路的最小子图

　　注意，这里考虑的子图与文献［143］中的模体不同（文献［143］仅考虑了导出子图）。在这 6 个子图中，仅有 Bi-fan 和 Bi-parallel 是可定义势的。由于数据中没有这些节点的属性信息，在此，同质性机制仅考虑结构上的同质性。在可定义势的子图中，势能相等的两个节点不能直接相连，所以同质性机制仅在把这个子图视为一个整体时才能奏效。对比 Bi-fan 和 Bi-parallel，可以注意到 Bi-fan 中连边都是等价的，节点只有两种不同的势能；Bi-parallel 连边是不同的（其中两条是从高势能节点指向中级势能节点，另两条是从中级势能节点指向低势能节点），节点有三种不同势能。因此，根据同质性的理念，可以得出子图 Bi-fan（拥有更少的势能层级和更少类型的连边）相对 Bi-parallel 具有更强的同质性。

　　将聚类性、同质性机制以及势理论综合考虑后，得出子图 Bi-fan 应该是最受青睐的结构。图 47 解释了如何根据三种机制来筛选子图 Bi-fan 的过程。我们可以得到一个简单的推论：如果一条边的添加能产生更多 Bi-fan 结构，那么这条边存在的可能性越大。这个假设得到了链路预测实验结果的强有力的支撑——Bi-fan 对应的预测器的预测效果既准确又稳定。

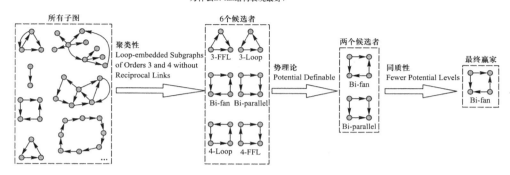

图47　图例说明根据三种机制筛选出 Bi-fan 结构的过程

从图 46 的 6 个子图中各取一条边，就能得到 12 个预测器 $S_1 \sim S_{12}$，如图 48 所示。带箭头的虚线表示从原来的子图中移除的连边。预测器与子图的对应关系为 $\{S_1, S_2, S_3\} \Leftrightarrow$ 3-FFL，$\{S_4\} \Leftrightarrow$ 3-Loop，$\{S_5\} \Leftrightarrow$ Bi-fan，$\{S_6, S_7\} \Leftrightarrow$ Bi-parallel，$\{S_8\} \Leftrightarrow$ 4-Loop，$\{S_9, S_{10}, S_{11}, S_{12}\} \Leftrightarrow$ 4-FFL。

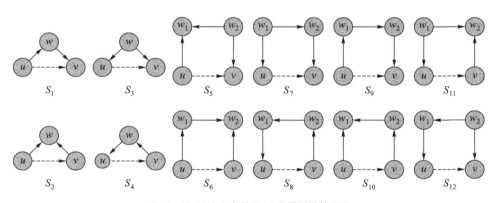

图48　图 46 中 6 个子图 12 个预测器的图示

若采用预测器 S_i，那么一条不存在的连边或者测试集中的连边的得分就是"将此边引入网络所能形成的第 i 个子图的数目"。需注意，一条连边可能形成 10 个 3-FFL，但它们却可能差异很大。比如，这 10 个 3-FFL 可能是由 2 个 S_1、3 个 S_2 和 5 个 S_3 共同生成的，所以如果采用预测器 S_2，这条边的分值就是 3。因此，如果想要知道一条边对于 3-FFL 的贡献，就需要将 S_1、S_2 和 S_3 这 3 个预

链
路
预
测

测器耦合起来，即 $S_1+S_2+S_3$，也就是说这条连边的分值就定义为此边的引入所能形成 3-FFL 数目的总和。图 49 给出了一个简单的例子来说明如何计算分值。带箭头的虚线代表测试集或者不存在边的集合中的连边。若采用预测器 S_1，连边 $n_1 \rightarrow n_3$ 和 $n_4 \rightarrow n_2$ 的值分别为 $S_1(n_1 \rightarrow n_3) = 2$（分别为 $n_1 \rightarrow n_5 \rightarrow n_3$ 和 $n_1 \rightarrow n_2 \rightarrow n_3$）和 $S_2(n_4 \rightarrow n_2) = 0$。更多例子如下：$S_2(n_1 \rightarrow n_3) = 1(n_1 \rightarrow n_2 \leftarrow n_3)$；$S_5(n_4 \rightarrow n_2) = 1(n_4 \rightarrow n_5 \leftarrow n_1 \rightarrow n_2)$；$S_6(n_4 \rightarrow n_2) = 1(n_4 \rightarrow n_5 \rightarrow n_3 \leftarrow n_2)$；$S_9(n_4 \rightarrow n_2) = 1(n_4 \rightarrow n_5 \rightarrow n_1 \rightarrow n_2)$。

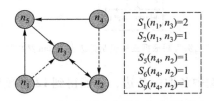

图 49　基于图 48 预测器计算连边分值的图例

给定预测方法后，下面进行链路预测实验。给定一个有向网络 $D(V, E)$，链路预测最基本的问题就是对所有不存在的连边（如连边 $u \rightarrow v$ 不能被观测到，即 $u \rightarrow v \notin E$）进行排序，所有这些边构成集合 $U \setminus E$，其中 U 是所有可能有向连边构成的集合，共计 $|V|(|V|-1)$ 条（注意，此处互惠边按两条独立的有向边处理）。若要找出网络中的缺失边，就需要从集合 $U \setminus E$ 中找到排名最靠前的边。与无向网络的链路预测一样，为了衡量算法的预测准确性，将已观测到的有向边 E 随机划分为两部分：训练集 E^T 和测试集 E^P。显然 $E = E^T + E^P$ 并且 $E^T \cap E^P = \varnothing$。在此实验中，选取训练集时始终保证 $|E^T| = |E| \times 90\%$，$|E^P| = |E| \times 10\%$。

实验数据包含 15 个来自不同领域的真实有向网络，包括 4 个生物网络、4 个信息网络以及 7 个社会网络。数据的描述如下，其基本的结构统计特征参见附录 B 中的表 B5。对于原网络不连通的情况，仅考虑其最大连通集团。

（1）生物网络

包含 3 个食物链网络和一个线虫神经网络，食物链网络由捕食关系构成。

① FWEW（FW1）[498]——包含生活在 Everglades Graminoids 湿季的 69 种生物。

② FWMW（FW2）[416]——包含生活在 Mangrove Estuary 湿季的 97 种生物。

③ FWFD（FW3）[369]——包含生活在 Florida Bay 干季的 128 种生物。

④ C. elegans[17,499]——线虫神经网络，连边表示神经元之间的突触或间隙连接。

（2）信息网络

有向连边从 i 到 j 表示文件 i 引用了文件 j，或者是网页 i 包含有指向网页 j 的超链接。

① Small & Griffith and Descendants（SmaGri）[500]——Small & Griffith and Descendants 相关的论文引用网络。

② Kohonen[500]——有关自组织映射主题或者 Kohonen T 的论文引用网络。

③ Scientometrics（SciMet）[500]——引用科学计量学的论文引用网络。

④ Political Blogs（PB）[385]——美国政治博客之间的超链接关系网络。

（3）社会网络

若干刻画社交关系的网络。

① Delicious[155]——Delicious.com 即以前为大家所知的 del.icio.us，中文译名为美味书签，它允许用户为网页地址打标签，并关注其他用户。此网络数据收集于 2008 年 5 月。

② Youtube[31]——Youtube 提供了用户分享音频的平台，活跃用户会有规律地上传视频以维持一个频道，其他用户可以关注这些用户，从而形成一个社交网络。此网络数据收集于 2007 年 1 月。

③ FriendFeed[501]——FriendFeed 是一个用于聚合众多社会媒体、社交网站、博客、微博等各种更新信息的网站，用户可以管理他们的社交网站内容，并能看到其他用户的更新。这个数据是 FriendFeed 中的关注关系网络。

④ Epinions[502]——Epinions.com 是一个基于信任关系构建的在线社交网络，用户能够在网站上写评论，并可以相互标记是否信任。

⑤ Slashdot[503]——Slashdot.com 是与科技相关的新闻网站，以其明确的用户社区而闻名。这个网站允许用户标记朋友和敌人。

⑥ Wikivote[504,505]——Wikipedia 是免费的百科全书，由来自世界各地的志愿者协作编辑而成，活跃用户可以被提名为管理员。当一些用户被提名时，就

会有一个公开的选举，其他用户可以对所有的候选人选择支持、反对或者中立的态度，获得最多支持票的人会升级为管理员。这个选举过程就可以被视为社交网络：用户被视为节点，选举行为则对应为有向边。这个数据来自于 English Wikipedia 的 2 794 次选举。

⑦ Twitter[506]——Twitter 提供在线社交网络服务，用户每次可以发送最多 140 字的短文，并允许关注其他用户以看到他们的页面更新。在这个网络中，一条有向边 A→B 表示用户 A 关注用户 B，此数据是文献［506］中数据的一个抽样。

通过链路预测的方法，我们计算出了 12 种预测器的预测精度，表 15 展示了每种方法对应 AUC 的值，每个数据中的最优值都被加粗以突出显示，每一个数值都是 50 次独立实验结果的平均值，每次独立实验都对应一个随机的训练集和测试集划分。15 个真实网络中，除了 Youtube，其余 14 个网络的最优预测器都是 S_5，而且相较于其他预测器，S_5 的优势通常都很大，即使是对于 Youtube，S_5 的预测精度也非常接近 S_{12} 给出的最优值。粗略来看，这个简单的规则（产生更多 Bi-fan 子图的连边出现的可能性更大）有接近 90% 的准确性。

表 16 则对比了 6 种混合预测器的表现，它们正好对应于图 46 中的 6 个子图，也就是说，表 16 直接对比的是这 6 个候选子图的表现，Bi-fan 仍然是表现最好的。每个数据中的最优值都被加粗以突出显示，每一个数值都是 50 次独立实验结果的平均值，每次独立实验都对应一个随机的训练集和测试集划分。

观察表 15 和表 16，可以发现 Bi-fan 结构另一个显著的优势在于它的高度稳定性，即使 S_5 在某个网络中的表现不是最好的，它也与最优值非常接近。相比之下，所有其他的预测器，不管是单一的还是混合的，都对网路结构非常敏感，可能给出非常差的预测。

表 15　图 48 中 12 个预测器在 15 个网络中的预测精度 AUC

数据集	S_1	S_2	S_3	S_4	S_5	S_6	S_7	S_8	S_9	S_{10}	S_{11}	S_{12}
FW1	0.740 0	0.463 4	0.615 6	0.490 3	**0.906 6**	0.614 7	0.781 1	0.417 2	0.784 8	0.425 4	0.323 6	0.569 7
FW2	0.762 9	0.550 7	0.636 7	0.480 9	**0.896 4**	0.696 5	0.783 8	0.497 2	0.682 2	0.425 5	0.381 8	0.545 6
FW3	0.733 3	0.536 4	0.567 5	0.399 7	**0.910 5**	0.728 2	0.775 7	0.430 3	0.668 3	0.351 7	0.321 0	0.453 2
C. elegans	0.788 6	0.712 7	0.756 9	0.567 1	**0.867 9**	0.768 6	0.799 1	0.575 5	0.799 0	0.652 8	0.666 7	0.769 1
SmaGri	0.707 4	0.651 7	0.690 5	0.492 2	**0.885 2**	0.710 8	0.747 6	0.485 1	0.667 7	0.624 2	0.598 2	0.576 1
Kohonen	0.669 3	0.612 4	0.664 2	0.499 1	**0.860 5**	0.633 3	0.733 5	0.498 5	0.614 8	0.561 4	0.577 8	0.594 6
SciMet	0.646 2	0.619 2	0.637 1	0.498 0	**0.837 1**	0.667 2	0.704 5	0.496 8	0.597 7	0.579 4	0.575 3	0.589 5
PB	0.902 5	0.818 1	0.824 3	0.694 8	**0.959 5**	0.865 9	0.867 9	0.751 8	0.947 9	0.834 9	0.761 6	0.858 4
Delecious	0.729 8	0.707 7	0.719 2	0.657 7	**0.783 9**	0.714 1	0.734 4	0.673 9	0.737 8	0.708 1	0.704 6	0.727 3
Youtube	0.751 8	0.745 3	0.752 2	0.745 6	0.851 7	0.842 2	0.857 6	0.844 2	0.850 5	0.843 0	0.850 7	**0.862 4**
FriendFeed	0.880 1	0.750 3	0.738 3	0.589 5	**0.976 6**	0.786 3	0.810 0	0.715 0	0.969 0	0.832 4	0.731 8	0.802 7
Epinions	0.827 3	0.832 6	0.808 1	0.746 0	**0.910 1**	0.896 9	0.884 3	0.858 4	0.899 5	0.895 6	0.880 4	0.883 1
Slashdot	0.716 4	0.713 3	0.712 4	0.707 2	**0.903 5**	0.898 4	0.898 2	0.892 5	0.900 9	0.898 2	0.892 6	0.898 5
Wikivote	0.907 3	0.744 8	0.747 0	0.596 2	**0.969 9**	0.767 9	0.745 1	0.620 9	0.958 3	0.756 2	0.609 6	0.746 8
Twitter	0.893 7	0.722 6	0.828 9	0.758 6	**0.973 4**	0.785 6	0.944 4	0.754 5	0.958 2	0.810 8	0.755 7	0.952 7
平均值	0.777 1	0.678 7	0.713 3	0.594 9	**0.899 5**	0.758 4	0.804 5	0.634 1	0.802 4	0.680 0	0.642 1	0.721 3

表 16　图 46 中 6 个子图的 6 个混合预测器在 15 个网络中的预测精度 AUC

数据集	$S_1+S_2+S_3$	S_4	S_5	S_6+S_7	S_8	$S_9+S_{10}+S_{11}+S_{12}$
FW1	0.695 3	0.490 3	**0.906 6**	0.846 2	0.417 2	0.465 3
FW2	0.724 1	0.480 9	**0.896 4**	0.849 0	0.497 2	0.467 4
FW3	0.664 9	0.399 7	**0.910 5**	0.858 6	0.430 3	0.328 3
C. elegans	0.866 6	0.567 1	**0.867 9**	0.840 3	0.575 5	0.773 6
SmaGri	0.840 0	0.492 2	**0.885 2**	0.815 4	0.485 1	0.729 1
Kohonen	0.809 1	0.499 1	**0.860 5**	0.777 9	0.498 5	0.703 9
SciMet	0.787 4	0.498 0	**0.837 1**	0.787 2	0.496 8	0.718 7
PB	0.927 5	0.694 8	**0.959 5**	0.902 9	0.751 8	0.912 2
Delecious	0.762 1	0.657 7	0.783 9	0.774 3	0.673 9	**0.789 3**
Youtube	0.752 6	0.745 6	0.851 7	0.859 3	0.844 2	**0.862 5**
FriendFeed	0.793 7	0.589 5	**0.976 6**	0.915 1	0.715 0	0.924 0
Epinions	0.868 2	0.746 0	0.910 1	0.913 1	0.858 4	**0.917 4**
Slashdot	0.742 2	0.707 2	0.903 5	0.904 8	0.892 5	**0.908 3**
Wikivote	0.933 0	0.596 2	**0.969 9**	0.860 7	0.620 9	0.928 8
Twitter	0.825 1	0.758 6	**0.973 4**	0.935 1	0.754 2	0.948 4
平均值	0.799 5	0.594 9	**0.899 5**	0.856 0	0.634 1	0.758 5

　　虽然链路预测的实验结果很好地支撑了势理论的假设，但这仅是必要条件，并非充分条件。也就是说，通过 Bi-fan 结构进行预测会得到准确的预测效果，但能够得到准确预测效果的并不一定只是 Bi-fan。目前，人们对于有向网络中潜在局部驱动机制的认识要少于对于无向网络的认识，这一工作在一定程度上推动了人们对有向网络微观构成的认识。

　　虽然势能理论比聚类性和同质性机制乃至平衡理论复杂一些，但是它的含义很清晰：可定义势的性质暗示了一个局部的层级结构，而且一个节点的势能体现了它在层级结构中的地位。例如，有向回路没有包含层级结构，而有向路径是严格层次化的；前者是不可定义势的，后者则是可定义势的。

层级结构对于无向网络和有向网络都是非常重要的宏观结构特征，该工作表明，在有向网络中，节点会倾向于在局部以层次结构显著的方式进行自组织，而这种微观的层级结构对于宏观的层级结构是会有所贡献的。当然，这一理论的有效性，需要进一步的验证。

第七章 二部分网络的链路预测

很多真实存在的网络都是二部分网络，例如性关系网络、新陈代谢网络、用户-产品购买关系网络等。尽管二部分网络可以通过投影，转化为一般无向简单图或者加权网络，但是很多信息会丢失掉。因此，有必要发展一套针对二部分网络的链路预测算法——事实上，读者在本章会看到，通过合理利用二部分网络的性质，一般的链路预测算法可以经推广后获得更精确的预测效果。

二部分网络中的链路预测还和推荐系统有着天然的联系，因为推荐系统往往可以用一个二部分的用户-产品网络刻画。请各位读者注意，推荐算法不能解决二部分网络链路预测的问题，反过来，二部分网络链路预测算法原则上可以解决一切推荐系统的问题。从这个意义上讲，二部分网络链路预测问题更加基本，而且将来应用的空间很大。

7.1　什么是二部分网络

二部分网络，又叫二部分图，是一种具有特殊构成特征的网络。称一个无向简单网络 $G(V, E)$ 为二部分网络，至少应存在一对节点集合 X 和 Y，满足：

① $X \cap Y = \varnothing$；

② $X \cup Y = V$；

③ E 中任意边一定恰有一个顶点在集合 X 中，另一个顶点在 Y 中。

很多常见的网络都是二部分网络。例如所有的树都是二部分网络，四方晶格也是二部分网络。事实上可以进一步证明，对于一切可平面图，如果每一个面都是偶边形，那么它是二部分网络。

很多真实网络也是天然的二部分图。例如，异性的性关系网络是以男性和女性为两个分离集的二部分网络[48]，新陈代谢网络是以化学物质和化学反应为两个分离集的二部分网络[95]，合作网络是以参与者和事件为两个分离集的二部分网络[25]，互联网电话网络是以电脑和电话号码为两个分离集的二部分网络[507]，电子商务网络是以用户和商品为两个分离集的二部分网络[508]，人类疾病网络是以身心机能失调表现和致病基因为两个分离集的二部分网络[509]。凡此等等，不一而足。

二部分网络具有很多优美的性质。譬如，二部分网络都不包含长度为奇数的圈，反过来，一个不包括长度为奇数的圈的网络肯定是一个二部分网络；二部分网络都是可以二着色的；二部分网络的谱具有对称性；等等。利用这些性质，针对一个节点规模为 N 的无向简单网络，可以以线性时间复杂性 $O(N)$ 判断该网络是否是一个二部分网络。广度搜索是最容易想到的方法，只需要随机将一个根节点染色为 0，然后所有的邻居都染色为 1，邻居的邻居则应着色为 0。如果此时某邻居的邻居已经着色为 1，则显然该网络不是一个二部分网络。

以此类推，如果所有节点都能无冲突二着色，则该网络是一个二部分网络。另外也可以考虑用深度搜索，先得到一个二着色的深度搜索生成树，然后依次检查所有不在这棵树上的边，如果一条边上两个节点染色一致，则必存在包含该边的奇圈，因此网络不是一个二部分网络，反之则是一个二部分网络。

对于一个非二部分网络，我们还可以测量它与二部分网络接近的程度，不妨称为"二部分程度"。一种直观的方式是寻找一种最佳的划分方案，将节点集划分为不相交的两个集合 X 和 Y，使得"不好的连边"（连接集合 X 中两个节点或集合 Y 中两个节点的边）所占的比例尽可能地小。我们可以定义"好的连边"所占的比例为网络的二部分程度。对于一个真正的二部分网络，它的二部分程度为 1。这个问题显然等价于一个网络上的伊辛模型。

假设对于任意节点 $v_x \in V$，我们在上面赋予一个取值为 +1 或者 −1 的自旋数 σ_x（可以理解为自旋为 +1 的节点属于集合 X，自旋为 −1 的节点属于集合 Y）。网络的哈密顿量为

$$H = \sum_{|v_x, v_y| \in E} \sigma_x \sigma_y \qquad (160)$$

在求和中，每条边只计算一次。令基态的能量为

$$H_0 = \min H \qquad (161)$$

则易得"好的连边"所占的比例，亦即网络的二部分程度为

$$\bar{b} = \frac{1}{2} - \frac{H_0}{2M} \qquad (162)$$

其中 M 为整个网络中边的总数。

二部分程度在 1/2 到 1 之间，越接近 1，说明网络越接近一个二部分网络。Holme 等人的实证研究显示[510]，电子邮件网络的二部分程度很高，相对而言，合作网络不论是科学家合作网络还是董事会合作网络，二部分程度都比较低。上述指标的缺陷是计算量很大，针对较大规模的网络，只能通过蒙特卡洛方法得到近似的结果。Holme 等人还提出了通过统计奇圈的数目来刻画一个网络的二部分程度[510]，比较复杂，且结果和（162）式有不符合之处，这里不再介绍。Estrada 和 Rodríguez-Velázquez[511] 提出用随机游走中偶数阶闭路的数目与所有闭路的数目之比来衡量二部分性，这个问题可以转化为特征值谱的问题。

7.1.1　二部分网络的结构特征

图 50 是一个二部分网络的示意图。假设这是一个电子商务网络，左边的集合是用户，右边的集合是商品，链路代表购买关系。例如用户 i 购买了商品 α、β 和 γ。与一般无向简单图一样，一个节点的度是其关联的链路的数目。如果这个二部分网络是不含权的，那么对于一个用户，度就是他购买商品的种类和数目，而对于一件商品，度就是它卖给了多少个不同的用户。

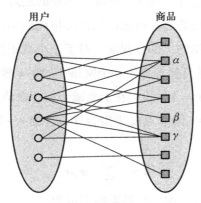

图 50　一个二部分网络的示意图

在讨论二部分网络度分布的时候，集合 X 中节点的度分布和集合 Y 中节点的度分布往往是分别分析的。一般而言，这两个度分布的形式不尽相同。仍以用户 – 商品二部分网络为例，Lambiotte 和 Ausloos[512] 分析了音乐网站 audioscrobbler. com 上用户的乐曲库数据，认为商品的度分布是幂律的，而用户的度分布是指数的。尚明生等人[508] 更仔细的分析却显示，该音乐网站上用户的度分布更适合用广延指数分布[513,514] 来刻画，而 delicious. com 的数据集也符合这个特征。最近的实证显示[515]，WikiLens 用户度分布和商品度分布都更适合用广延指数分布来刻画，而 MovieLens 用户度分布很接近指数，商品度分布是典型的广延指数分布……事实上，不仅度分布的形式不尽相同，度分布本身也不一定是稳定的[516]。

二部分图中没有奇圈，当然也就没有三角形，所以度量二部分图的簇系数成了一个有趣的问题，因为传统的定义是基于三角形的密度（参见 1.2.3 节）。自然的，我们可以考虑把基于三角形的定义推广到四边形。Lind 等人最早给出了基于四边形的簇系数定义[517]，他们认为，对于任意节点 v_x，它的一对邻居 v_y 和 v_z 对于 v_x 的四边形簇系数的贡献为

$$C_{yz}^{(4)}(x) = \frac{q_{xyz}}{(k_y - \eta_{xyz})(k_z - \eta_{xyz}) + q_{xyz}} \qquad (163)$$

其中 q_{xyz} 是除去 v_x 外 v_y 和 v_z 的共同邻居数，即

$$q_{xyz} = |\Gamma(y) \cap \Gamma(z)| - 1 \qquad (164)$$

而 η_{xyz} 是除去了 v_y 和 v_z 的共同邻居，v_x 本身以及 v_y 和 v_z 自身连边带来的影响，即

$$\eta_{xyz} = 1 + q_{xyz} + a_{yz} \qquad (165)$$

其中 a_{yz} 为网络邻接矩阵 A 中第 y 行第 z 列对应元素。二部分网络的邻接矩阵定义和一般简单无向图一致，如果节点 v_x 和 v_y 相连，则对应项为 1，否则为 0（此处 A 也是方阵）。自然地，节点 v_x 的四边形簇系数为它所有邻居对的贡献的平均值，而网络的四边形簇系数则是所有节点的四边形簇系数的平均值。请注意，Lind 等人的定义不仅仅对于二部分图是适用的（显然，如果针对二部分图，则 $a_{yz} = 0$），对于一般图也是适用的。Lind 等人还指出[517]，网络的四边形簇系数和传统的基于三角形的簇系数具有类似的性质。

张鹏等人[518]认为 $\{v_x, v_y, v_z\}$ 已经是一个三元组，只能和一个节点组成四边形，而 Lind 在计算 v_y 和 v_z 对于 v_x 的四边形簇系数的贡献时，分母实际上考虑了所有不与 v_z 相邻的 v_y 的邻居节点与所有不与 v_y 相邻的 v_z 的邻居节点形成的节点对，这种惩罚过于严厉。因此，他们认为，分母应该是求和而非求积。具体而言，他们提出了公式（163）的一个变体：

$$C_{yz}^{(4)}(x) = \frac{q_{xyz}}{(k_y - \eta_{xyz}) + (k_z - \eta_{xyz}) + q_{xyz}} \qquad (166)$$

类似地，这个指标对于一般图也是适用的。

聪明的读者可能已经注意到了，式（163）和式（166）分别包含了第 3.1.1 节中 LHN-I 指标和 Jaccard 指标的思想。Latapy 等人[519]定义同处 X 集合或同处 Y 集合的节点对 $\{v_x, v_y\}$ 之间的簇系数为这两个节点的 Jaccard 相似性，而节点 v_x（不失一般性，假设属于集合 X）的簇系数是它与集合 X 中和它拥有至少一个共同邻居的所有节点对之间簇系数的平均值。这个定义和式（166）有相通之处，不过是取平均的方法有所不同罢了。Latapy 等人[519]还提

出了一种名为剩余簇系数的指标：对于任意节点 v_x，它的一对邻居节点如果有除了 v_x 之外的其他共同邻居，则被赋予贡献 1，否则赋予贡献 0，v_x 邻居节点对的平均贡献值就是所谓的剩余簇系数。自然地，在所有这些定义中，网络的簇系数都是节点簇系数的平均值。

所有以上的定义实际上都是把三角形关系推广到四边形关系，尽管归一化和求平均的方式有所不同，但基本思路相同。研究人员都渲染了自己定义的优势，但是统计上看，这几种定义所得到的簇系数的性质和传统的非常类似，也会出现诸如度越大簇系数越小这样的相关性质，我们认为都还属于较合理的定义。

和第 1.2.5 节的思想类似，如果要刻画一个二部分图的群落结构，仅仅有若干群落划分的算法[520] 是不够的，还需要一个度量群落划分结果的指标。由于式（13）所描述的"模块化程度"得到了最广泛的应用，一些研究人员尝试将一般简单无向网络的模块化程度指标推广到二部分图中。

将式（13）写成矩阵形式，可得

$$Q = \frac{1}{2M} \sum_{i \neq j} (a_{ij} - P_{ij}) \delta^{ij} \tag{167}$$

其中 $P_{ij} = \dfrac{k_i k_j}{2M}$，正比于节点 v_i 和 v_j 之间连边的概率。

Barber[521] 认为，二部分图的一个群落里面既包含一部分 X 集合中的节点，又包含一部分 Y 集合中的节点，又因为 X 集合和 Y 集合内部的节点之间没有连边，因此只有连接 X 集合和 Y 集合的连边才能被用于度量模块化程度。假设整个网络中有 N 个节点，其中 X 集合和 Y 集合中分别有 p 个和 q 个节点（$p+q = N$），Barber 首先将矩阵 A 和 P 中对应 X 集合的节点和 Y 集合的节点分别放在一起，得到分块的形式

$$A = \begin{bmatrix} O_{p \times p} & \overline{A}_{p \times q} \\ \overline{A}^{\mathrm{T}}_{q \times p} & O_{q \times q} \end{bmatrix} \tag{168}$$

其中 O 表示全 0 矩阵。类似地，我们将式（167）中出现的 P 矩阵改写成分块形式

$$P = \begin{bmatrix} O_{p \times p} & \overline{P}_{p \times q} \\ \overline{P}_{q \times p}^T & O_{q \times q} \end{bmatrix} \tag{169}$$

注意，式（168）中的 A 矩阵和式（167）中的 A 矩阵本质上是一样的，只是节点排列顺序有变，因为二部分图本来就不允许 X 集合和 Y 集合内部有连边；而式（169）中的 P 矩阵和式（167）中的 P 矩阵本质上是不一样的，因为后者对角块全 0 的要求显然与式（167）中 P_{ij} 的定义不符。所以我们需要重新求取式（169）中的 P 矩阵。类似式（167），容易写出二部分网络模块化程度的形式化定义

$$Q_B = \frac{1}{M} \sum_{i=1}^{p} \sum_{j=1}^{q} (\overline{a}_{ij} - \overline{P}_{ij}) \delta^{i, j+p} \tag{170}$$

其中，$\overline{a}_{ij}$ 为矩阵 $\overline{A}$ 中的元素。注意，Q_B 前面的系数和 Q 之间有一个 2 的因子差异，是因为式（167）对 a_{ij} 求和得到 $2M$，而式（170）得到 M。由于要求 $\overline{P}_{ij}$ 正比于节点 v_i 和 v_j 之间产生连边的概率，可令 $\overline{P}_{ij} \propto k_i k_j$。当所有的节点都属于同一个群落的时候，模块化程度 Q_B 应该为 0，如此得到归一化条件

$$\sum_{i=1}^{p} \sum_{j=1}^{q} (\overline{a}_{ij} - \overline{P}_{ij}) = 0 \tag{171}$$

进而易解出

$$\overline{P}_{ij} = \frac{k_i k_j}{M} \tag{172}$$

带入式（170），即得到二部分网络模块化程度的最终表达式

$$Q_B = \frac{1}{M} \sum_{i=1}^{p} \sum_{j=1}^{q} \left(\overline{a}_{ij} - \frac{k_i k_j}{M} \right) \delta^{i, j+p} \tag{173}$$

与 Barber 不同，Guimerà 等人[522]认为，二部分网络的模块化程度应该鼓励把具有共同邻居的同属一个集合的节点划分到一个群落中。他们从式（13）的一个等价形式出发：

$$Q = \sum_{s=1}^{S} \left[\frac{l_s}{M} - \left(\frac{d_s}{2M} \right)^2 \right] \tag{174}$$

其中，S 是划分出来的群落总数，l_s 是群落 s 中的连边数目，d_s 是群落 s 中所有

节点的度之和。因此，$\dfrac{l_s}{M}$ 和 $\dfrac{d_s}{2M}$ 分别表示群落 s 中连边的真实密度和在一个完全随机连接的状况下，群落 s 中连边的期望密度。为了方便叙述，下面我们用下标 i、j 标识集合 X 中的节点，下标 α、β 标识集合 Y 中的节点。那么节点 v_i 和 v_α 存在连边的概率为 $\dfrac{k_i k_\alpha}{M}$，而两个节点 v_i，v_j 同时和 v_α 相连的概率（若 $k_\alpha \geqslant 2$）为 $k_\alpha(k_\alpha - 1)\dfrac{k_i k_j}{M^2}$。仿照式（174），Guimerà 等人提出了一个新的针对二部分网络的模块化程度：

$$Q_{\mathrm{B}} = \sum_{s=1}^{s} \left(\frac{\sum\limits_{i \neq j \in s} c_{ij}}{\sum\limits_{\alpha} k_\alpha(k_\alpha - 1)} - \frac{\sum\limits_{i \neq j \in s} k_i k_j}{M^2} \right) \tag{175}$$

其中 c_{ij} 表示节点 v_i，v_j 的共同邻居数，分子的求和包括群落 s 中的所有节点对，等式右边括号内的第一项分母的求和针对所有 Y 集合中的节点 $v_\alpha \in Y$。注意，与 Barber 等人的定义相似，在这个定义下，如果所有节点都属于一个单一的群落，那么 $Q_{\mathrm{B}} \approx 0$。只有当每一个 Y 集合中的节点所连接的 X 集合中的节点正好全都属于一个单独的群落，式（175）所定义的模块化程度才能等于 1。

从同样的式子出发，基于不同的对于模块化程度的理解，两个研究组得到了不同的表达式——几分相似却又不尽相同。我们把其中最主要的思路和过程保留下来，是希望帮助读者了解国际上著名的研究小组分析问题的思路。有兴趣的读者可以进一步关注针对二部分图模块化程度定义的细致讨论[523]，以及如何在二部分图中挖掘有重叠的群落[524]。

二部分网络还有很多刻画结构的指标可以和一般简单无向网络通用，譬如都可以用邻居度的平均值和自身度的关联来刻画度度相关性[525] 等。限于篇幅，这里不再赘述。

7.1.2 二部分网络与其他网络的关系

二部分网络可以通过各种变换或者投影与很多其他种类的网络发生关系。

在著名的超网络中，每一条超边不限于连接两个节点，而可以连接节点集的任意一个非空子集[109,526]。如果我们把超网络中所有节点看做集合 X，把所

有超边看做集合 Y，某节点属于某超边则在相应两个节点之间连一条边，则每一个超网络都唯一对应于一个二部分网络。同理，把二部分网络中 X 集合的节点看成超网络中的节点，Y 集合中的节点看成超网络中的超边，也可以唯一得到一个超网络。图 51 给出了一个 7 个节点 4 条边的超网络和二部分网络的对应映射示意图。类似地，包含有限个元素的可重叠分类结果也可以用一个二部分网络来表示。

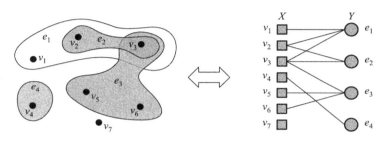

图 51　超网络和二部分网络对应映射示意图

有向图也可以用二部分网络刻画[522]。给定一个有向网络，对于任意节点 v_i，我们把它拆成两个节点 x_i 和 y_i，分别属于 X 集合和 Y 集合。一条有向边 $v_i \to v_j$ 被映射为 $x_i \to y_j$。这样，每一个有向图都能被映射为唯一的一个二部分网络，其节点数目变成了原来的两倍。反过来，一个二部分网络不能这样变成有向网络，因为我们无法得到两个集合中节点的匹配关系，而两个集合的规模一般而言也不一样。图 52 给出了上述单向映射的图示。这种单向投影使得一些二部分网络上的分析方法，譬如模块化程度及群落挖掘算法，可以直接应用到有向图上。

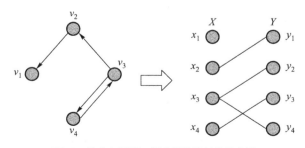

图 52　从有向图到二部分网络映射的示意图

159

　　从一个二部分网络出发，可以通过"投影"操作得到相应的简单无向图。这种投影可以针对 X 集合或 Y 集合，分别得到由 X 集合或 Y 集合节点组成的网络。以向 X 集合投影为例，如图 53 所示，投影得到的网络中，两个 X 集合节点如果拥有至少一个 Y 集合中的共同邻居，则连接在一起。注意，即便原网络是连通的，投影后得到的网络也可能是不连通的；即便原网络是无关联的，投影后的网络很可能是度度相关的[527]。投影后的网络所包含的信息量将少于原网络，因此一般情况下无法从投影得到的网络中恢复原有的网络[528]。Guillaume 和 Latapy 提出了一种从简单无向图中恢复二部分图的方法[529,530]，即对每一条边，找出这条边所从属的最大的完全连通子图，如果有多个，则随机找一个。这样遍历每一条边，只要出现过至少一次的完全连通子图，都被视为二部分网络中 Y 集合的节点，而原网络的节点则成为二部分网络中 X 集合的节点。如果在原网络中某节点从属于某个完全连通子图，则在二部分网络中相应两个节点之间连一条边。当然，这种方法不能保证每一个网络只有唯一的一个二部分网络与之对应。

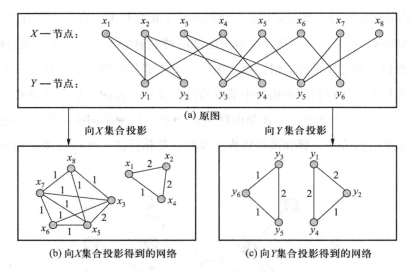

图 53　由二部分网络投影得到简单无向图或含权无向图示意图

　　如果要保留更多的信息，加权是一种广泛使用的方式。图 53 中，一条边上的权值被定义为两个端点在二部分网络中拥有的共同邻居的数目。如何给边加权本身是一个非平凡的问题，譬如权重还可以定义为所有共同邻居节点度的倒数之和[323,353]，这种方法目前看来比直接用共同邻居数目进行加权要好[296,299]。

7.1.3 二部分网络的演化建模

Newman 等人[531]提出了一种推广的配置模型，可以在给定二部分图 X 集合节点和 Y 集合节点的度序列之后，把两个集合中的所有节点按照最随机的方式连接起来。尽管这事实上不能算是一种模型，但有趣的是，即便这样随机连接的网络，投影到无向图后，也能得到与真实网络投影后类似的统计特征——这再次说明了投影操作损失了大量有用的信息。社会科学和计算机科学的研究人员，已经成功地把若干网络结构的统计推断模型应用到二部分网络中，例如贝叶斯推断[532]和指数随机网络[533]等。本小节主要介绍由某些连接形成机制驱动的演化模型，与上述数据驱动的模型有所不同。尽管统计推断模型也可以用来刻画演化的网络[532]，但不能解释产生这些连接的原因，因此一般而言，我们不认为这些模型属于演化建模的范畴。

绝大部分演化模型中多多少少都考虑了优先连接机制[74]。到目前为止，Ramasco 等人建立的模型是最有影响力的二部分网络演化模型[534]。以演员-电影二部分网络为例，他们提出了三条演化规则：① 每个时间步，一个新电影加入系统，该电影有 n 个演员；② 在这 n 个演员中，有 m 个是新演员，以前从来没有出演过；③ $n-m$ 个老演员根据他们以前出演过的电影数目，按照线性优先连接的方式在以前的所有老演员中进行选择。模型中 n 和 m 既可以是一个常数，也可以是一个随机变量。Ramasco 模型[534]向演员投影后所得到的无向网络的度分布类似于 Mandelbrot 律[128]，但是漂移量不是一个常数，而是和幂指数有关。周涛等人[535]考虑了非线性优先连接效应，可以得到更贴近实际情况的度分布。

Ramasco 模型抓住了二部分网络增长的主要模式，但是还有很多值得进一步研究的地方。譬如，在该模型中，新演员的增长和整个演员出演次数（二部分网络总连边数目）之间是一个线性的关系，而目前大量的实证暗示，这更可能是一个亚线性的增长，符合 Heaps 定律[536,537]。又譬如在 Ramasco 模型和周涛等人的模型中，以前曾经出演过电影的演员之间或合作过文章的科学家之间，没有倾向于再次合作的特别趋势，而实际上同一个公司的演员和同一个研究组的学者更有机会多次合作。Ramezanpour 设计了一个考虑复制机制的模型[538]，本质上也是一种优先连接，可以部分解决已有合作者倾向于再次合作的问题。遗憾的是，Ramezanpour 本人并没有意识到这是一个问题。

Goldstein 等人[539]最早考虑了在同一个群（研究组、演艺公司）中的成员更倾向于合作这一效应。以科学家–论文二部分网络为例，模型规则如下：① 每个时间步有一篇新论文加入系统；② 以 α 的概率产生一个新的研究组，共包含 N_g 个组员，若干组员将被随机选出成为该论文的合作者，合作者数目符合"偏 1 的泊松分布"且不超过 N_g；③ 以 $(1-\alpha)$ 的概率选择一个已经存在的研究组，其中一个研究组被选中的概率正比于该研究组曾经发表过的文章数目；④ 依然用偏 1 的泊松分布确定该论文的合作者数目，然后每个合作者以 $(1-\beta)$ 的概率从选定的研究组员中再次按照线性优先连接的方式选择，以 β 的概率从其他研究组的学者中随机选择。在 Goldstein 等人的模型中，N_g 是一个人为设定的常数，为 20，这个数目明显小于一个高能物理研究组的规模。Goldstein 的模型更贴近现实，是一种有益的尝试，但是模型参数很多，机制复杂，使得搞清楚每一个规则的具体效果并进行解析变得非常困难。

在优先连接的基础上还可以进行各种推广。考虑到一篇文章发表之后，合作者就确定了，因此以科学家–论文二部分网络为代表的一大类网络（也包括演员–电影二部分网络等），断边重连机制没有用武之地。但是董事–公司二部分网络不同，董事可以经常更换。据此，Ohkubo 等人考虑了嵌入优先连接机制的二部分网络断边重连模型[540]。田立新等人[541]和张初旭[542]等人考虑了包含优先连接和随机连接的混合模型，前者特别关注再现真实网络的度度相关性，后者则能够很好重现在线用户–对象二部分网络[508]的统计性质。就目前看到的文献，只有 Mitrović 和 Tadić[543]最近提出的模型不是优先连接机制的某类翻版，而是考虑了博客评论中的情绪驱动因素，因为他们发现，帖子回复中的负面情绪会明显增强后续的活动[544,545]。

162

7.2 链路预测方法

乍一看，二部分网络上的链路预测问题似乎和推荐系统算法设计[299]是同一个问题，后者一般针对"用户–商品"二部分电子商务网络，为每一个用户提供个性化的推荐。实际上，这是两个相关但不尽相同的问题。推荐系统要求对每一个用户都给出推荐，而二部分网络的链路预测一般情况下没有这个要求——即便预测出来的链路全部都连在一个用户上，也没有关系。从这个意义上讲，解决了推荐系统的算法设计问题，并不能解决二部分网络的链路预测问题，因为无法判断向不同用户推荐的链接谁存在的可能性大；反过来，得到了所有连边存在可能性的估计值，原则上也就解决了推荐算法问题，因为可以为每一个用户选择若干与其相邻接的存在可能性最大的连接，并分别推荐给这些用户。当然，因为推荐系统限制条件更多，所设计的算法针对性更强，一般效果要好于直接使用二部分网络链路预测的结果。

二部分网络链路预测的研究已经有了一些不错的成果，但总体上来说还处于早期，完全可以期待更出色的算法。本节将介绍近几年提出的三种典型的方法，从这些方法中可以看到和简单无向网络链路预测方法一脉相承的思路，同时又有推广和发展。有些工作甚至提出了一些新的思路去解决简单无向网络链路预测中遇到的问题，譬如通过新的抽样方法解决最大似然模型中算法复杂性高的缺陷。特别地，这三种方法从不同角度巧妙运用了二部分网络的结构特性。还有一些针对二部分网络的工作，由于涉及概率模型或者机器学习方法[546]，不属于本书介绍的范畴，故此略过。

7.2.1 二部分网络的层次结构模型

第四章介绍的层次结构模型是针对一般简单无向网络的，原则上可以直接应用到二部分图上，但是效果不一定好。Chua 和 Lim[547] 把式（83）改造成二

部分网络的形式，即

$$\mathcal{L}(\mathcal{D}, \{p_r\}) = \prod_r p_r^{E_r} (1 - p_r)^{L_r^X R_r^Y + L_r^Y R_r^X - E_r} \tag{176}$$

其中 L_r^X 表示节点 r 的左支子树中属于 X 集合的叶子节点数，其他类似。自然的，利用最大似然方法得到的式（85）变化为

$$p_r^* = \frac{E_r}{L_r^X R_r^Y + L_r^Y R_r^X} \tag{177}$$

显然，这要求我们事先知道哪些节点在 X 集合中，哪些在 Y 集合中。这并不是什么难事，譬如在二部分电子商务网络中，虽然推断用户会购买什么是一件困难的事情，但是哪些是用户哪些是商品是一目了然的。

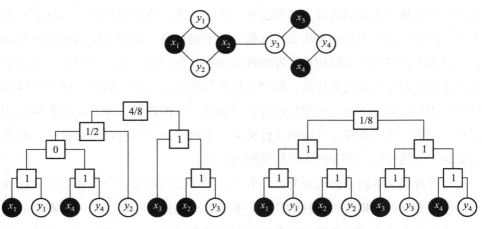

图54　针对一个具有 8 个节点的二部分网络示例

图 54 给出了一个计算二部分网络族谱树似然的例子。如图所示，该网络共包含 $N=8$ 个节点，其中 4 个属于 X 集合，4 个属于 Y 集合。图中给出了两个族谱树，每棵树上都有 7 个表达层次结构的非叶子节点，所对应的概率值是通过公式（177）计算得到的能够最大化相应族谱树的似然。可以得到

$$\mathcal{L}_1 = \left(\frac{1}{2}\right)\left(1 - \frac{1}{2}\right) \cdot \left(\frac{4}{8}\right)^4 \left(1 - \frac{4}{8}\right)^4 \approx 0.000\,977 \tag{178}$$

$$\mathcal{L}_2 = \left(\frac{1}{8}\right)\left(1 - \frac{1}{8}\right)^7 \approx 0.049\,1 \tag{179}$$

为了克服原始层次结构模型利用马尔可夫链蒙特卡洛方法进行抽样时存在

的巨大的计算复杂性的问题[326]，Chua 和 Lim[547]首先分析了初始族谱树和接近最优的族谱树之间的区别。他们发现，初始生成的族谱树绝大部分非叶子中间节点对应的最大似然值都是 0，而接近最优的族谱树中有相当部分非零节点（也从一个侧面说明结构合理），特别地，有很多节点的似然值接近于 1。观察到这种明显的不同后，他们认为可以通过改变初始化方法，使得初始的族谱树尽可能接近最优的族谱树。针对简单无向图，他们首先将所有连边按照共同邻居数目从大到小排序，然后观察排在最前面的连边对应的节点对——如果这一对节点都还没有和中间节点相连，则引入一个中间节点把它们连接起来；如果它们中的一个或两个已经和中间节点建立连接了，但不在同一棵子树上，则引入一个中间节点把它们所在的子树连接起来。二部分网络的情况可以推广解决，但是更加琐碎复杂。从这样得到的初始族谱树出发，收敛效果和直接利用马尔可夫链蒙特卡洛方法差不多，但是速度非常快。

Chua 和 Lim[547]以 ICDM 会议的科学家–论文二部分网络，以及 SIGKDD、SDM、ICDM、WSDM 四个会议联合所得到的科学家–论文二部分网络为例，发现采用二部分网络层次结构模型不仅预测精度高于针对简单无向网络的层次结构模型，而且能够更好地再现真实网络的结构特征。当然，这种比较并不能太好地说明优越性，毕竟，如果 Clauset、Moore 和 Newman 也知道待预测的网络是二部分网络并且还知道哪些节点属于哪个集合，他们自然不会一成不变地套用原始的层次结构模型。总的来说，目前还缺乏针对大量真实二部分网络，分析比较各种有代表性算法的工作。

7.2.2 核函数方法

核函数是一种行之有效的网络数据挖掘方法[548]。本小节先简单介绍一下针对一般简单无向图链路预测的核函数方法，再介绍该方法针对二部分网络的推广。但实际上，目前在链路预测方法里，不管从效率还是精确性上讲，核函数方法都还不算上品。

记某待预测简单无向图的邻接矩阵为 A，其第 i 行第 j 列对应的元素为 a_{ij}，由于是实对称矩阵，可将其特征值分解为

$$A = U\Lambda U^{\mathrm{T}} \tag{180}$$

其中 U 是正交矩阵, 满足 $U^{-1} = U^{\mathrm{T}}$, 而 Λ 为以 A 的特征值为对角元的对角矩阵:

$$\Lambda = \begin{pmatrix} \lambda_1 & & & \\ & \lambda_2 & & \\ & & \ddots & \\ & & & \lambda_N \end{pmatrix} \tag{181}$$

如果一个矩阵函数 F 是多项式, 求逆和指数函数 (指数原则上也可以展开成多项式求和) 的线性叠加, 则显然有关系

$$F(A) = U F(\Lambda) U^{\mathrm{T}} \tag{182}$$

记 F 所对应的实函数为 f, 即

$$F(\Lambda) = \begin{pmatrix} f(\lambda_1) & & & \\ & f(\lambda_2) & & \\ & & \ddots & \\ & & & f(\lambda_N) \end{pmatrix} \tag{183}$$

如果 $f(\lambda_i) > 0$, $\forall i$, 则称 f 为图的一个核, 否则称为一个伪核。

$F(A)$ 中包含了 A 中不存在的连接 (对应于 $a_{ij} = 0$) 的分值, 可以认为 F_{ij} 就是一对节点 $\{v_i, v_j\}$ 的链路预测的分值。给定函数 F, 譬如 $F(A) = \exp(\alpha A)$, 则所对应的实函数也就随之确定了: $f(\lambda) = e^{\alpha\lambda}$。设计一个精确的链路预测算法就转化成了寻找一个合适的核函数以及确定该函数的参数 (例如 α), 这两个问题本身又是关联的——很合适的函数配上很不恰当的参数, 效果也可能很一般!

Kunegis 等人[549]提出, 可以把观测网络分成两部分, 其对应的邻接矩阵分别记为 A 和 C, 则选择 F 以及给定 F 后, 参数的选取可以变成一个最小化问题, 即让 $F(A)$ 和 C 之间的差的范数 $\|F(A) - C\|$ 最小。Kunegis 等人建议选用 Frobenius 范数, 因为 Frobenius 范数是最常用的范数之一, 且可以用奇异值表达 (对于方阵就是特征值), 对于正交阵的乘法具有不变性。简单来说, 对于某数域上定义的 $M \times N$ 矩阵 A, 其 Frobenius 范数满足条件:

$$\| \boldsymbol{A}_{M \times N} \|_{\text{Frobenius}} = \sqrt{\sum_{i=1}^{M} \sum_{j=1}^{N} | a_{ij} |^2} = \sqrt{\sum_{i=1}^{\min\{M, N\}} \sigma_i^2} \qquad (184)$$

其中 σ_i 是奇异值。由于 Frobenius 范数在正交阵乘法下保持不变，可得

$$\| F(\boldsymbol{A}) - \boldsymbol{C} \| = \| \boldsymbol{U} F(\boldsymbol{\Lambda}) \boldsymbol{U}^{\text{T}} - \boldsymbol{C} \| = \| F(\boldsymbol{\Lambda}) - \boldsymbol{U}^{\text{T}} \boldsymbol{C} \boldsymbol{U} \| \qquad (185)$$

由于给定 $\boldsymbol{A}$ 和 $\boldsymbol{C}$ 后，$\boldsymbol{U}^{\text{T}} \boldsymbol{C} \boldsymbol{U}$ 已经确定，所以 F 以及参数的确定就是让 $F(\boldsymbol{\Lambda})$ – $\boldsymbol{U}^{\text{T}} \boldsymbol{C} \boldsymbol{U}$ 对角元素的平方和最小——如果 F 确定了，这个问题就变成了一个典型的最小二乘法问题，只需要用标准软件拟合曲线就可以了。但是这个方法对于怎么选择 F 没有丝毫帮助。尽管 Kunegis 等人[549]列举了很多漂亮的结果，但是比起所有的可能性来说，只是沧海一粟。事实上，他们的实验结果也没有体现出任何相对于以前算法的优越性。

有了上面的讨论，从简单无向网络到二部分网络的推广就变得水到渠成了。Kunegis 等人[550]根据二部分网络的结构特征，主要做了两方面的变动。首先，二部分网络中，可能产生连边的两个节点肯定分别位于 X 集合和 Y 集合中，连接这两个节点的路径（如果有），长度肯定是奇数的。所以，F 应该是一个奇函数——这可以通过保留原函数的奇阶项来实现。还是以指数函数 $F(A) = \exp(\alpha A)$ 为例，这个函数做多项式展开，可以得到

$$\exp(\alpha A) = \sum_{i=0}^{\infty} \frac{\alpha^i}{i!} A^i \qquad (186)$$

显然，可以通过减去 $F(-A) = \exp(-\alpha A)$ 去除偶数项，即

$$\exp(\alpha A) - \exp(-\alpha A) = 2 \sum_{i=0}^{\infty} \frac{\alpha^{2i+1}}{(2i+1)!} A^{2i+1} \qquad (187)$$

利用关系

$$\sinh x = \frac{e^x - e^{-x}}{2} \qquad (188)$$

即可得指数函数对应的奇函数是双曲正弦函数。其次，因为二部分网络的邻接矩阵具有特殊的结构

$$A = \begin{pmatrix} \boldsymbol{O} & \boldsymbol{B} \\ \boldsymbol{B}^{\text{T}} & \boldsymbol{O} \end{pmatrix} \qquad (189)$$

故可将矩阵 $\boldsymbol{B}$（注意，此时 $\boldsymbol{B}$ 已经是长方阵了，即二部分图的非对称邻接阵）做奇异值分解 $\boldsymbol{B} = \boldsymbol{U} \boldsymbol{\Sigma} \boldsymbol{V}$，而基于 Frobenius 范数的最小化问题可以只针对奇

异值进行。

　　Kunegis 等人[550] 的实验结果显示，各种各样的核函数进行预测的结果往往还不如简单的优先连接方法——所以我们猜测，如果把简单无向图的共同邻居推广到二部分图，恐怕也会比这种方法好。那么为什么我们还要花大力气介绍核函数方法呢？首先，核函数方法在网络分析中应用很广泛，读者对这个方法有一些体会后，可能会在解决其他问题的时候突现奇效。其次，这个方法结构精巧，具有成为优质方法的潜质，虽然现在效果可能还比不上优先连接、共同邻居这类常见算法，但如果读者潜心研究，很有可能在这个框架下发现金矿。

7.2.3　内部边方法

　　回忆一下图 53 中介绍的投影方法，为了简单，不妨先考虑针对 Y 集合的不含权的投影。投影后的网络中只包含 Y 集合中的节点，而两个节点相连当且仅当在原二部分网络中存在一个或一个以上 X 集合的共同邻居。Allali 等人[551] 定义一条当前网络中不存在的边为 Y 投影下的内部边，如果这条边的存在与否不会对向 Y 投影的网络产生任何影响（不考虑权重）。以图 53 为例，$\{x_6, y_5\}$ 就是一条内部边。

　　Allali 等人认为，两个在 X 集合中已经有共同邻居的 Y 节点对，有更强的趋势在未来拥有更多的共同邻居，而如果这两个节点现在没有共同邻居，未来很可能也没有。所以，他们认为所有待预测边的候选集合应该从 Y 投影下的内部边中选取。Allali 等人的说法是第 6.3 节所提到的聚类机制在二部分网络上的体现，这一点应该是经得起推敲的，但单从这一点出发，还不能得到候选集合是 Y 投影下的内部边的一个子集这样的结论。不过，这个思路是新颖而有趣的。

　　为了在所有 Y 投影下的内部边中选择最后预测的结果，Allali 等人首先为已经观察到的二部分网络针对 Y 集合的投影网络赋权，如第 7.1.2 节介绍的多种多样的赋权方式。给定权重后，Allali 等人定义了原二部分网络上不存在的边在 Y 投影下的导出边集。记一条原二部分网络上不存在的边 $\{x_i, y_j\}$，x_i 在原网络中有邻居节点 $\{y_1, y_2, \cdots, y_l\}$，则 Y 投影网络中的连边 $\{\{y_1, y_j\}$，

$\{y_2, y_j\}, \cdots, \{y_l, y_j\}\}$ 组成了边 $\{x_i, y_j\}$ 在 Y 投影下的导出边集。如果边 $\{x_i, y_j\}$ 是一条 Y 投影下的内部边，则其在 Y 投影下的导出边集中所有的边在 Y 投影网络中都已经存在了。Allali 等人认为，只要这些边中任何一条的权重大于一个预先给定的阈值，Y 投影下的内部边 $\{x_i, y_j\}$ 就是一条预测边。

　　这个方法也存在一系列可以继续探讨的问题，譬如为什么选择 Y 投影而不是 X 投影，投影方向重要吗？如果重要，如何选择？这种用权重阈值进行遴选的方法是否合理，如果有合理性，怎么确定权重？通过二部分网络演化真实轨迹的分析，能否得到支持 Allali 等人的结论，是否网络需要演化到一定的程度或者达到一定的连边密度后，Allali 等人预期的效果才会出现？对于一个更小的边的集合，就是 Y 投影下的内部边和 X 投影下的内部边的交集，有什么独特性质可以利用吗？

第八章 链路预测的应用

链路预测有很多直接的应用，例如指导生物网络中的实验、在社交网络中进行朋友推荐、在电子网站中进行商品推荐，等等。此外，更有趣的是，我们介绍的链路预测的算法和理念，可以通过一些巧妙的变换，去解决一些乍一看和链路预测似乎没有关系的问题。

在本章第一节中，我们将介绍链路预测的方法如何应用于在含有噪音的网络中检测那些可能并非真实存在的链路。把这些链路从网络中去除掉，再添加上很可能存在但未被我们观察到的边，就可以在观测网络的基础上重构出更贴近现实的网络结构。第二节将讨论网络演化模型和链路预测算法之间的对应关系，以及在此基础上如何量化什么样的演化模型是好模型，什么样的模型不是好模型。通过这样的分析，我们还发现，网络演化机制并非一成不变，而是在网络演化过程中不停发生变化。第三节将尝试用链路预测的方法解决标签分类的问题，类似的方法在稀疏推荐系统中也可以帮助提高个性化推荐的精确度。在第四节和第五节，将以生物网络和社交网络为例，介绍链路预测中的抽象算法是如何服务于特有的问题和需求的。在第六节中，我们会探讨异常链路的检测方法，突出这些异常链路的重要作用。如果算法认为的并非真实存在的链路有的的确存在，则这些链路很可能具有一些特别的价值。

8.1　网络重构

链路预测的主要目的之一就是从观察到的不完整的网络出发，得到更加接近于真实也更加完整的网络。网络重构问题即如何通过重新构建网络来恢复真实网络的面貌。这个问题比链路预测问题还要广泛，包括两个方面：一是我们可以在观测网络中加入一些预测到的丢失边，二是可以删除掉观测网络中可能存在的虚假边，这些虚假边可能来自实验的误差或者噪声。自然，链路预测对于前者非常擅长，有趣的是，通过假设算法得分最低的边为虚假边，链路预测方法也可以解决后面那个问题。

当使用算法获得观测网络 A^o 的丢失边和虚假边信息后，一个重要的问题就是如何重构网络使其更加接近真实网络。最简单的，可以根据边的评分排序，通过删除一些虚假边（分数低的边）同时增加一些丢失边（分数高的边）的方法来实现这一目的。但问题在于，删除或增加边的数目是难以确定的。

网络重构的问题最早由 Guimerà 和 Sales-Pardo 提出。他们基于随机分块模型[328]来进行网络重构。随机分块模型的基本思想是将节点分为相互独立的组，而两个节点之间连接的概率仅仅取决于节点所在的组。我们已经在第 4.2 节对于随机分块模型进行了详细地介绍，这里不再赘述。图 55 展示了随机分块模型的示意图。对于一个简单的概率阵 Q，节点被分为三组，分别由三种形状标识，而每一组之间连接的概率由对应方块内颜色的深浅所决定。

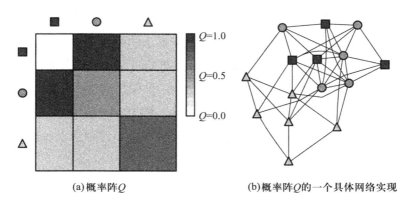

(a) 概率阵 Q (b) 概率阵 Q 的一个具体网络实现

图 55 　随机分块模型示意图[328]

假设 P 为节点的一个划分，那么组 α 和组 β 之间节点的连接概率就可以用 $Q_{\alpha\beta}$（$Q_{\alpha\alpha}$ 则表示同一组 α 之内节点互相连接的概率）来表示。对于划分 P，网络的似然程度可以定义为

$$p_{\mathrm{BM}}(A^{\mathrm{o}} \mid P, \ Q) = \prod_{\alpha \leqslant \beta} Q_{\alpha\beta}^{l_{\alpha\beta}^{\mathrm{o}}} \ (1 - Q_{\alpha\beta})^{r_{\alpha\beta} - l_{\alpha\beta}^{\mathrm{o}}} \tag{190}$$

其中 $l_{\alpha\beta}^{\mathrm{o}}$ 为在 A^{o} 中组 α 和组 β 之间的实际连边数，而 $r_{\alpha\beta}$ 为两组之间可能的最大连边数。显然，对于一个固定的划分，使得似然程度 p_{BM} $(A^{\mathrm{o}} \mid P, \ Q)$ 极大的最优值 $Q_{\alpha\beta}^{*}$ 为

$$Q_{\alpha\beta}^{*} = \frac{l_{\alpha\beta}^{\mathrm{o}}}{r_{\alpha\beta}} \tag{191}$$

假设用 P 来表示所有的划分，根据贝叶斯定理，某一条连边 $A_{ij} = 1$ 的概率为

$$p_{\mathrm{BM}}(A_{ij} = 1 \mid A^{\mathrm{o}})$$

$$= \frac{1}{Z} \sum_{p \in P} \int_{[0, \ 1]^{c}} \mathrm{d}Q = p(A_{ij} = 1 \mid P, \ Q) \times p_{\mathrm{BM}}(A^{\mathrm{o}} \mid P, \ Q) \times p(P, \ Q) \tag{192}$$

其中 Z 为一个归一化常数。由于对节点的划分没有先验的信息，因此 $p(P, \ Q)$ 为一个常数。

在上述定义的框架下，即可对网络进行重构。对于观测网络 A^{o}，网络 A 为其真实网络的可信程度即可定义为

$$p_{\mathrm{BM}}(A \mid A^{\mathrm{o}}) = \prod_{A_{ij} = 1, \ i < j} p_{\mathrm{BM}}(A_{ij} = 1 \mid A^{\mathrm{o}}) \tag{193}$$

链路预测

得到上式之后，找到一个极大化网络可信程度 $p_{BM}\left(A\,|\,A^\circ\right)$ 的 A 即可得到重构后的网络。然而遍历的搜索是不现实的，因此 Guimerà 和 Sales-Pardo 设计了一个简单的贪婪算法：首先将网络中所有的边（连接的和未连接的）按照由式（192）定义的可信程度排序，然后每次将可信度最低的边删除，同时连接一条可信度最高的边。这一"删边-加边"操作仅仅当网络整体的可信度（由式 193 定义）增大的时候被接受。如果被拒绝，则对剩余边中可信度最低的边和未连接边中可信度最高的边继续进行上述过程。这一过程依次进行，直到连续 5 次的交换被拒绝后停止。

完成上述算法之后，就得到了一个新的网络。为了检验这个方法，Guimerà 和 Sales-Pardo 以东欧航空网络为例进行了实验。图 56（a）是一个东欧航空网

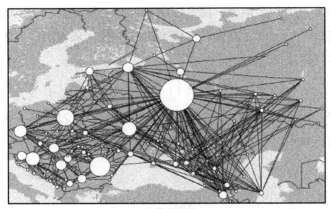

(a) 真实网络

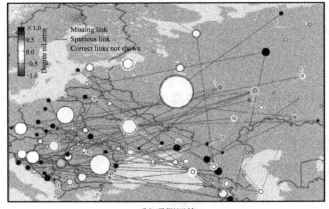

(b) 观测网络

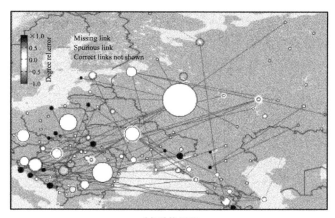

(c) 重构网络

图 56   东欧航空网络重构[328]

络。显然，这个网络是真实可信的，因为每一条边都来自于真实的航班信息，这个网络记为 A^T。Guimerà 和 Sales-Pardo 随机去掉一些连边，再随机加上同等数量的连边，这样就得到一个新的网络，如图 56 （b）所示，这个网络就当做观测网络 A^o。可见，观测网络里面既有一些丢失边（从 A^T 中去掉的边），又有一些虚假边（随机添加的边）。我们认为很多实际观察到的网络都是这种情况。利用上述算法对网络 A^o 进行重构，得到重构后的网络 A^R，如图 56 （c）所示。

为了考察重构效果，将重构网络 A^R 与原网络 A^T 进行比较，考察重构后的网络 A^R 是否比观测网络 A^o 更加接近真实网络。作者利用以下 6 个指标进行比较：聚类系数[17]、模块性[162]、同配性[180,181]、拥堵性[146,552]、同步能力[284,553]以及传播阈值[286,554]。通过观测网络和真实网络的相对误差 $RE^o = (X(A^o) - X(A^T))/X(A^T)$，来衡量观测网络和真实网络的差异，其中 $X(A)$ 表示网络 A 的某个指标。同理，可定义重构网络和真实网络的差异 $RE^R = (X(A^R) - X(A^T))/X(A^T)$。从图 57 中可以看到，重构缩小了观测网络与原网络对应指标的相对误差，图中黑色为观测网络与真实网络对应指标的相对误差，白色为重构后的网络与真实网络的结构指标相对误差。可以看到重构后的网络在这些指标上更加接近真实网络，从而证明了算法的可靠性。

事实上，贪婪算法所得的结果与最优解还是存在差距的，因此需要研究更加可靠的重构算法。同时，在 Guimerà 和 Sales-Pardo 的方法中，无论是初始打

乱一部分边得到 A^o 还是在算法过程中删除及增加可靠边的过程中，都假定了
丢失边和虚假边的数目是相等的，这显然也是不真实的。总体来说，网络重构
是一个有趣且有价值的问题，其理论框架和算法都还需要进一步深入研究。

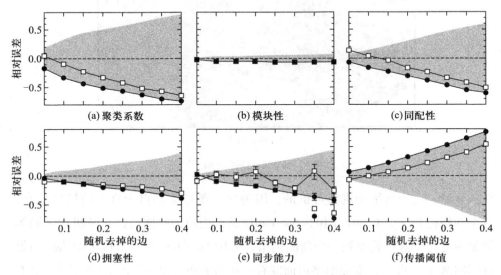

图 57　重构后的网络结构指标的比较[328]

8.2　基于似然分析的网络演化模型评价方法

为什么真实网络会呈现出纷繁有趣的特征？学者们认为这是由网络内在的
演化机制决定的[266]。为此，学者们提出了许多网络演化模型。随之而来的一
个问题是，如何说明提出的模型能够描述真实的网络演化过程。目前学术界普
遍的做法是根据演化模型生成模拟网络，将模拟网络的某些统计特征量与真实
网络进行对比，模型网络特征值越接近真实网络，说明网络模型越优秀。这种
评价方法看似合理，实际上存在很多问题。首先，描述网络特征的统计量有很
多，一个模型很难做到面面俱到复现所有方面的特征，而模型的提出者也许只
会挑选模型所擅长的一方面展示给读者。选择哪些不选择哪些成了一个大问

题——不仅仅是技术问题，还是学术道德问题。其次，如果两个模型，一个在统计特征 A、B 方面胜出，而另一个在 C、D 方面胜出，哪一个更好呢？

是否有一个统一的评价标准来评价演化模型的优劣？是否存在一个不可再分的基本统计量集合，以这个集合为基础可以导出描述网络统计量的全集，那么在评价演化模型时就可以只考虑这个基础集合的几个量。这种方法听起来十分美妙，但是寻找这个基础集合的难度恐怕比寻找统一标准的难度还要大。事实上我们可以这样思考这个问题，网络演化主要有两个方面，一是节点的出现和消失，二是节点之间边的改变。演化模型的关键往往是给出两个节点之间出现连边的概率，因此原则上一个演化模型可以对应于一种链路预测方法。

受链路预测方法的启发，王文强等人[341]提出一种似然分析法，试图为网络演化模型提供一种可量化的评价方法。给定一个网络演化模型，可以计算该模型下真实网络出现的似然值。王文强等人假设，真实网络似然值越大，说明该模型越好。这里所谓的"好"与一般意义的"好"不同，比如一个简洁而又优美的模型可能不如一个完全基于数据拟合的模型得到的模型更贴合真实网络，但后者往往对揭示网络演化主要驱动因素没有太大贡献。

8.2.1 演化模型的似然分析

具体来讲，给定一个网络在两个临近时间点 t_1、t_2 时刻的数据，可以构建出两个网络，分别称为网络 1 和网络 2。那么那些在时间 t_1 和 t_2 之间产生的新连接成为我们的关注对象，它们组成新边集合 E_{new}。为了简化问题，王文强等人做了如下假设：

假设 1：在 t_1 和 t_2 时刻内，新边的产生是相互独立的，即两条边 e_1、e_2（属于集合 E_{new}）的出现是相互独立的。

假设 2：新边的出现不受其出现时间的影响，即后面的边出现的概率不会受到前面的边的影响，所有新边出现的概率都基于网络 1 的信息进行计算。

基于以上两条假设，可以得到在 t_1、t_2 之间所有新边 E_{new} 出现的概率

$$P(E_{new}) = P(e_1, e_2, \cdots) = \prod_{e_i \in E_{new}} P(e_i) \tag{194}$$

其中 $P(e_i)$ 表示在该模型定义下边 e_i 出现的概率，$P(E_{new})$ 即网络遵照演化模

型的机制从时刻 t_1 演化到时刻 t_2 的似然。

根据演化模型的机制，可以得到在这种机制下新边增加时每个节点被选择的概率。如果某个模型认为节点 v_i 被选为新边一个端点的概率是 $F_i = f(G, a)$ （其中 G 为网络，a 为模型定义的参数集合），那么边 $\{v_i, v_j\}$ 的产生概率即为 $P(e_{ij}) = F_i \cdot F_j$。注意，这个式子只在节点 v_i、v_j 均为已存在节点时成立。如果节点 v_i 为在 t_1、t_2 之间出现的新节点，则 $F_i = 1$。参数 a 取不同的值时，计算得到的似然也不同。王文强等人认为使似然取得最大值时的参数为最优参数。在假设 1 中，对新边的产生进行了独立性假设，但是在真实的网络演化过程中，两条边的出现往往不是相互独立的[359]。此外，由于该方法中所要评价的演化模型只考虑边的生成，因此计算的似然也只考虑了新增边。然而在现实中边也有消失和重连的情况，其中重连可以看做边先消失再增加的过程。但原则上来讲，只要演化模型中考虑了边的消失情况，边消失的似然也是可以计算的。

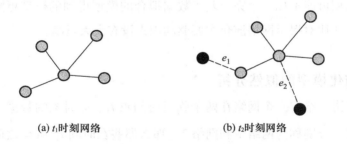

(a) t_1 时刻网络   (b) t_2 时刻网络

图 58 t_1 时刻及 t_2 时刻网络示意图[341]

下面通过一个简单的例子对似然分析方法进行说明。如图 58 所示的简单图，t_1 时刻网络有 5 个节点（灰色）和 4 条边，在演化过程中产生了两条新边 e_1、e_2，分别连接了 2 个新节点（黑色）。考虑以下两个模型：

模型 1：边的添加是完全随机的，即加入一条边时每个节点被选为端点的概率均相同。由于网络 t_1 时刻有 5 个节点，那么每个节点被选为端点的概率为 $\dfrac{1}{5}$，又因为新边的另一个端点为新节点，所以新边 e_1、e_2 的似然分别为 $P(e_1) = P(e_2) = \dfrac{1}{5}$，于是模型 1 的似然值为 $P(e_1, e_2) = \dfrac{1}{5} \times \dfrac{1}{5} = \dfrac{1}{25}$。

模型 2：边的添加采用优先链接原则，即加入一条边时每个节点被选为端点的概率正比于节点的度。于是可得，新边 e_1、e_2 的似然分别为 $P(e_1) = 1 \times \frac{1}{8} = \frac{1}{8}$，$P(e_2) = 1 \times \frac{4}{8} = \frac{1}{2}$，那么模型 2 的似然为 $P(e_1, e_2) = \frac{1}{8} \times \frac{1}{2} = \frac{1}{16}$。

由于在模型 2 下真实网络的似然大于模型 1 $\left(\frac{1}{16} > \frac{1}{25}\right)$，因此可以认为模型 2 比模型 1 能够更好地刻画网络的演化特征。

8.2.2 Internet 自主系统演化模型的比较

下面将使用似然分析方法对描述 Internet 自主系统演化的 4 个模型，包括 GLP 模型[555]、Tang 模型[556]、偏好连接机制[74] 以及随机加边机制[115] 进行比较。

1. GLP 模型（generalized linear preferential attachment model）

该模型在每个时间步内，以概率 p 在现存节点中添加 m 条边（不含重边和自环），以概率 $1-p$ 新增一个节点，新节点带来 m 条边，连向现存节点。在添加每条新边时，每个节点被选中为端点的概率为

$$F_i = \frac{k_i - \beta}{\sum_j (k_j - \beta)} \tag{195}$$

其中 $\beta \in (-\infty, 1)$。类似文献［341］的方法，如果新边 e_{xy} 的两个节点都为现存节点，则每个节点的 F_i 都遵从式（195），即 e_{xy} 的似然为

$$P(e_{xy}) = \frac{k_x - \beta}{\sum_j (k_j - \beta)} \times \frac{k_y - \beta}{\sum_j (k_j - \beta)} \tag{196}$$

如果其中一个节点为新节点（不妨设节点 v_y 为新增节点），则新节点的 F_y 为 1，于是 e_{xy} 的似然为

$$P(e_{xy}) = \frac{k_x - \beta}{\sum_j (k_j - \beta)} \tag{197}$$

2. Tang 模型（tel aviv network generator）

该模型采用的是超线性连接机制

$$F_i = \frac{k_i^{1+\varepsilon}}{\sum_j k_j^{1+\varepsilon}} \tag{198}$$

模型规定每个时间步增加一个新节点，并且连带一条新边，该条边的另一个节点按照式（198）从现存节点中选择。另外再在现存节点（不含新节点）中添加 m 条边，每条边的一个端点随机选择，另一个节点按照式（198）选择。新节点所连带的新边的似然计算方法已经讨论，在现存节点中添加新边的计算方法是

$$P(e_{xy}) = \frac{1}{N} \sqrt{\frac{k_x^{1+\varepsilon}}{\sum_j k_j^{1+\varepsilon}} \frac{k_y^{1+\varepsilon}}{\sum_j k_j^{1+\varepsilon}}} \tag{199}$$

其中 N 是当前时间步现存节点的个数。式子后面的部分取几何平均值是因为不知道节点 v_x 和 v_y 哪个被选中。

3. 偏好连接

这里的偏好连接机制是文献［74］中 BA 模型所采用的连接机制。BA 模型要求每个时间步添加一个节点，连带 m 条边，每条边的另外一个节点从已知节点中按照式

$$F_i = \frac{k_i}{\sum_j k_j} \tag{200}$$

进行选择。由于原 BA 模型并不能处理在已知节点中添加连边的情况，文献［341］对之进行了扩展。如果连边 e_{xy} 出现在现存节点中，则按照类似于 Tang 模型的处理方式，其似然为

$$P(e_{xy}) = \frac{1}{N} \sqrt{\frac{k_x}{\sum_j k_j} \frac{k_y}{\sum_j k_j}} \tag{201}$$

即认为一个节点随机选择，另一个节点按照式（200）进行选择。如果有一个节点是新节点，不妨设为 v_y，那么边 e_{xy} 的似然值为

$$p(e_{xy}) = \frac{k_x}{\sum_j k_j} \tag{202}$$

4. 完全随机

该机制规定所有新边端点的选择都是完全随机的，为 $1/N$。那么两个端点

都是已知节点并在其间连一条新边的似然就为 $p(e_{xy}) = 1/N^2$，一个端点为新节点另一个端点为老节点的新连边似然值为 $P(e_{xy}) = 1/N$。

　　这里使用的数据集是 Internet 自主系统在 2006 年 6 月和 12 月的两个快照。该数据集可以从网站 http://www.routeviews.org 中获得。图 59 展示了模型的似然值随模型参数的变化，由于偏好连接机制和随机加边机制没有参数，因此为一条直线。可见，GLP 模型比 Tang 模型的似然值大，说明 GLP 模型能够更好地刻画 Internet 自主系统演化的特征。此外，这两个模型都比偏好连接机制模型和随机模型好，完全随机加边的策略最差。四个模型最大似然以及所对应的参数总结于表 17。

表 17　四个模型最大似然以及所对应的最优参数

模型名称	最大似然	最优参数
GLP 模型	$3.54 \times 10^{-120\,497}$	0.230
Tang 模型	$9.77 \times 10^{-124\,442}$	0.025
偏好连接机制	$2.26 \times 10^{-124\,449}$	N/A
随机加边模型	$4.17 \times 10^{-132\,356}$	N/A

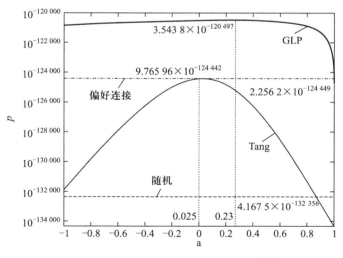

图 59　四种演化模型的似然随参数的变化[341]

　　此外，似然分析法得到的最优参数与原模型作者提出的最优参数相差较大。这是因为，原模型在进行参数推导时假设网络的演化是从零开始的，但是最近张国清等人[71]通过实证分析发现，网络在演化过程中内在机制不是一成不变的，会根据不同演化阶段的特点发生变化。此处，进行似然分析时使用的演化数据并不是从零开始的。为了考察原始文献中模型的最优参数和似然法得到的最优参数哪个更合理，王文强等人分别使用这两组参数从 t_1 时刻出发得到 t_2 时刻的两组演化网络，然后将这两组演化网络的新增部分（从 t_1 到 t_2 时刻网络增长的部分，包括新增加的节点和新增加的边）的特性与真实网络新增部分的特性比较，结果见图 60，图中点画线表示真实网络的情况。其中 0.230 和 0.025 是通过似然分析得到的最优参数，0.616 和 0.200 是 GLP 模型和 Tang 模型原来的最优参数。这里主要考察 3 个统计量：新增节点的平均度、新增节点

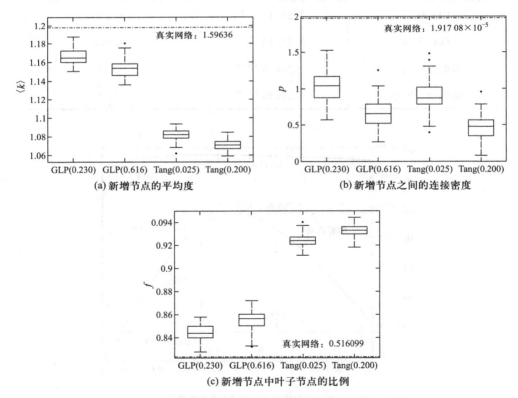

(a) 新增节点的平均度　　　　　　　(b) 新增节点之间的连接密度

(c) 新增节点中叶子节点的比例

图 60　GLP 模型和 Tang 模型在最优参数下的 3 个统计指标[341]

之间的连接密度以及新增节点中叶子节点的比例。通过比较，发现无论是 GLP 模型还是 Tang 模型，根据似然法最优参数所得到的演化网络比使用原始文献中最优参数所得到的网络就新增部分而言，其统计量更接近真实网络情况，并且 GLP 模型比 Tang 模型更接近。

8.3 节点的标签分类问题

物以类聚，人以群分，是说同类的东西常聚在一起。这种按类别划分的思想使得生活中混杂的事物变得清晰——对动植物进行分类是自然科学的开端。随着互联网的普及，网络中的信息过载问题越来越严重，如娱乐网站中的数万部电影、上百万首歌曲，电子商务网站中数以亿计的商品。如果将它们全部推给用户，只是浏览一遍都很困难，更不用说是找到想要的东西了。解决这个问题的方法有：分类（例如雅虎等门户网站）、搜索（例如谷歌等搜索引擎）和推荐（例如百分点等个性化推荐引擎）等，这些信息服务的质量很大程度上取决于是否有对电影、音乐、商品等准确充分的描述。

在互联网时代，标签是具有代表性的典型的描述物品的手段[557]。给物品注明标签并实现标签分类的方法很多。人工打标签是最原始的方法，也是解决冷启动问题的根本途径，但在信息过载的时代，纯人工显得力不从心。一类自动的方法是统计个体的各种属性，比如人的性别、年龄、职业等信息，通过训练这些属性特征建立一个标签分类模型，如贝叶斯模型、支持向量机等。另一类方法则是基于个体属性及个体间的关系。在一个有标签的系统中，若其中有一部分个体的标签已知，我们就可以根据这些标签信息和个体之间的联系对没有标签的节点分类。犹如物以类聚，很多分类方法都认为节点的标签与其邻居的标签信息非常相关，但很多情况下，有些节点的邻居没有标签或很少有标签，这种基于直接邻居标签的方法就会失效。实际上，我们可以利用网络中已经存在的标签及相互关系，补充标签的信息，甚至为没有打上标签的物品赋予

"推断的标签"。一种简单的解决方案是通过迭代，即每个节点都不断地根据邻居节点的信息来确定自己的标签；另一种解决方案则是通过建立"幽灵边"的方式，将网络中有标签的节点与目标节点联系起来，并由此衍生出基于相似性的标签分类模型[333]。也有通过机器学习的方式综合训练语义与结构两方面的信息特征来进行标签推断和分类。

8.3.1 基于幽灵边的标签分类

在标签分类问题中，标签的稀疏性一直是制约分类算法精度的关键因素。传统观点认为，当网络中已知标签的节点数量很少的时候，很难根据有限的信息进行很好的预测，从而产生了数据稀疏性的问题。在 2008 年的 SIGKDD 会议上，Gallagher[333] 等人从目标节点的角度出发，给予稀疏性问题新的理解和诠释：① 目标节点有很多邻居，但很少有标签；② 网络中有很多节点都有标签，但很少是目标节点的邻居。考虑上述两种情况，需要解决的核心问题是如何构建已标签节点和未标签节点之间的联系，从而能够充分利用标签节点的信息进行分类工作。这样，"幽灵边"的想法应运而生，即在目标节点与已标签节点之间建立虚拟的连边，如图 61 所示，从而将已标签节点的信息传递到未标签节点上。图 61(a) 表示在没有足够的邻居标签信息情况下要预测节点 i 的标签，事实上网络中有不少已标节点；图 61(b) 则建立了网络中已标节点与目标节点 i 之间的幽灵边，从而充分利用网络中的已标节点信息来进行预测。

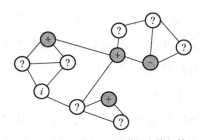

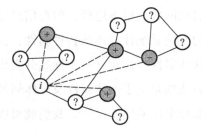

(a) 问题：预测节点 i 的标签   (b) 解决方案：建立了网络中已标节点与
目标节点 i 之间的幽灵边

图 61 在目标节点与已标节点之间建立虚拟连边[333]

本质上，幽灵边刻画了已标签节点和未标签节点之间的潜在联系。显然，这种关系刻画得越准确，对预测效果起到的正面作用也就越大。同样的，不恰当的幽灵边也会对预测结果造成很大的干扰，产生严重的负面作用。举个简单的例子，假设极端情况下的两个明显社区 A 和 B，社区内部的标签均相同，现隐藏了部分标签，若 A 中某未标节点的幽灵边全连向了 B，那么 A 的标签就很难准确预测。为解决此问题，Gallagher 等假设网络中距离更近的节点更倾向于使用相同的标签。基于此假设，每一对已标签节点和未标签节点之间都建立起一条含权的幽灵边，权重就表示两个节点之间的邻近程度。

权重的量化是由带重启的随机游走算法实现的，不过在这个问题中只考虑了偶数步的随机游走，被称做 Even-Step RWR。在标签非常相关的网络中，每个节点都倾向于与其邻居的标签相同，那么这类关联算法就很有效。但是，在标签并不非常相关的网络中，这种简单的关联算法就会失效。对于后面这种情况，考虑偶数步的随机游走就能有效避免这种不关联幽灵边的建立。如果局部相关性很强，网络中还存在聚类效应，许多三角形结构会帮助保持局部标签的一致性。与原始的考虑所有步数的 RWR 算法唯一不同的是，偶数步的 RWR 所用的网络不是邻接矩阵 A，而是 $A \times A$。关于 RWR 的基本思想和计算方法在第三章已有介绍，这里不再赘述。

基于幽灵边和 Even-Step RWR，Gallagher 等提出了两种分类器，分别是 GhostEdgeNL 和 GhostEdgeL，其区别在于以下两点：

（1）对于有效标签的运用：GhostEdgeNL 不需要机器学习，只是简单地假设目标节点与幽灵边连接的邻居节点倾向于拥有相同的标签，其程度依赖于幽灵边的权重；GhostEdgeL 则需要根据当前的网络信息进行学习，需要学习标签对于"实际邻居"和"幽灵边邻居"的依赖程度。

（2）对于 RWR 分值的运用：GhostEdgeNL 会利用所有的幽灵边权重；GhostEdgeL 则会把幽灵边按照权重分段并学习标签对于不同权重的依赖性，然后只利用预测性较高的幽灵边。

因此，在 GhostEdgeNL 方法中，目标节点的标签与其"幽灵边邻居"中权重最大的标签一致。而 GhostEdgeL 的学习过程则用的是一套逻辑回归方法的集合，称之为 LogForest，在此问题中共包含了 500 个逻辑回归分类器。在四个实际数据中分类结果显示，相比较传统的分类方法，GhostEdgeNL 和 GhostEdgeL 模型均取得了更高的准确度，并且在标签信息稀疏的情况下，其他方法大都失效，但这两种方法却依然有很好的表现。

图 62 和图 63 分别展示了无学习过程和有学习过程的方法在四个网络中的计算结果。作为比较，作者考虑了两个传统模型，这两种模型都属于关系邻居模型，即仅考虑目标节点直接邻居的模型。第一种方法是一种不考虑协同分类的关系邻居模型，在图 62 中简称 wvRN。所谓的协同分类是解决节点标签稀疏性的一种方法，它为相关的节点打标签，并允许邻近节点的标签可以相互影响，其思路和协同过滤相近。第二种方法使用标签松弛法，即把标示问题定义为一个标示集合与一个节点或单元集合的配对，然后通过迭代运算逐次更新标签，然后再进行协同分类，在图 62 中简称 wvRN+RL。

在图 63 中，logForest 是基于连边的集成逻辑模型，不考虑协同分类；

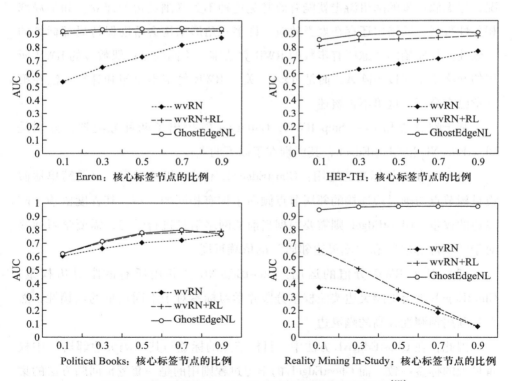

图 62　无学习过程的 GhostEdgeNL 方法与两种传统方法的比较[333]

logForest+ICA 也是基于连边的集成逻辑模型，与 logForest 不同的是它通过迭代分类算法来做协同分类。

用于实验的四个数据集分别是：Enron、HEP-TH、Political books 和 Reality Mining In-Study。Enron 数据对应的是安然公司员工的邮件通信数据[558]，任务是要从中识别出高级管理人员；HEP-TH 是 high-energy physics citations from arXiv 的简称[559]，这是一个论文引用网络，任务是要从中识别主题为 Differential Geometry 的论文；Political books 是由一些政治书籍构成的网络[560]，若几本书同被一个人购买，这几本书之间就建立起连边，任务是从中识别出具有中立政治色彩的书籍；Reality Mining In-Study[561] 数据来源于 MIT 实验室的一项研究，研究对象是 94 位实验室的师生，当然这些人也会和实验室之外的人通过手机联系，分类算法就是要根据数据集中所有人的通信关系来区分 94 位实验参与者和其他人员。

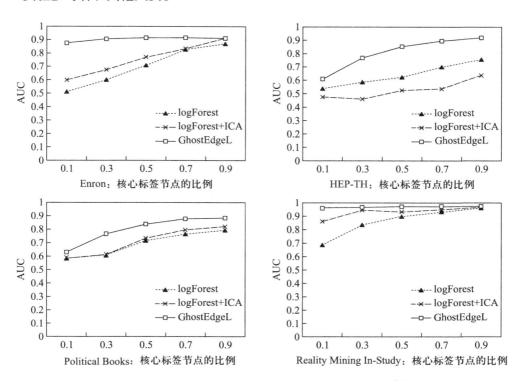

图63 有学习过程的 GhostEdgeL 方法与两种传统方法的比较[333]

8.3.2 基于节点相似性的标签分类

基于幽灵边进行标签分类的核心在于幽灵边权重的量化，权重越高就越倾向于拥有同类标签的假设与基于相似性的链路预测方法非常类似——越相似的节点对产生连边的可能性越大。受此启发，张千明等人将基于相似性的链路预测模型应用于标签分类问题中[562]。在部分节点被打上标签的网络中，通过相似性算法计算出未标签节点与所有已标签节点之间的相似度，将同类标签对应的相似度分值相加，即得到每种标签的权重，分值越大的标签成为目标节点标签的可能性越大。图 64 给出一个基于 CN 相似性的标签分类方法示例。图中有5 个节点，其中 4 个节点已知标签。那么问题是，节点 5 的标签是 a 还是 b? 根据 CN 方法，可以计算出节点 5 和其他标签节点的相似性：

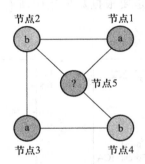

图 64　基于节点相似性的标签分类方法示例[562]

$$S(5,1)=1,\ S(5,2)=1,\ S(5,3)=2,\ S(5,4)=0$$

于是可得节点 5 是 a 的概率为 3/4，是 b 的概率为 1/4。

在文献 [562] 中，张千明等对比了 10 个基于相似性的链路预测算法，包括 5 种基于局部信息的方法(Common Neighbor、Jaccard Index、Sørensen Index、Adamic-Adar Index 和 Resource Allocation) 以及 5 种基于全局信息的方法（Katz Index、RWR、Even-Step RWR、Average Commute Time 和 Cosine based L^+）。文中对比了随着标签稀疏程度的变化，不同算法的分类准确度的变化情况。结果显示，在数据不是很稀疏的情况下，基于局部信息的算法也能够得到堪比基于全局信息算法的结果。在数据规模较大的情况下，基于局部信息的算法就能体现出明显的计算速度上的优势。

8.3.3 标签分类与链路预测

标签分类和链路预测是可以相互促进的。假设有一个朋友关系网络，其中有抽烟的也有不抽烟的，但只知道其中一部分人是否抽烟，并且朋友间的关系也可能在数据收集过程中丢失。于是就同时存在两个问题：一个是标注每个人是否抽烟，另一个是挖掘其中丢失的好友关系。在关系挖掘问题上，拥有相似属性特征的人倾向于建立朋友关系（同质性）；反过来，在标签分类问题上，关系越紧密的朋友又更可能拥有相同的属性。Bilgic 等通过实验对此作了验证[563]。他们通过迭代的方式将链路预测的产出和标签分类的产出耦合在一起，称为 ICCLP 算法。

定义训练集为 $G_{tr}(V_{tr}, E_{tr})$，测试集为 $G_{te}(V_{te}, E_{te})$，标签分类算法为 CCAlg，链路预测算法为 LPAlg。假设训练集 G_{tr} 被充分标记，而且已标节点对应的连边都是已知的（存在或不存在）。有了这个假设，此算法便可以结合任意的协同分类算法和任意的链路预测算法。以训练集、测试集、标签分类算法和链路预测算法作为输入，输出结果为 G'_{te}，表示被修正的测试集，包含待分类节点 V_{te} 的标签和所有已知的、待预测的连边 E'_{te}。算法描述（伪代码）如下：

1：在训练集 G_{tr} 上运行标签分类算法 CCAlg 和链路预测算法 LPAlg；

2：**for** i = 1 to 最大迭代次数 **do**

3：在 G_{te} 上执行标签分类算法 CCAlg，将结果更新到 G_{te} 中

4：在 G_{te} 上执行链路预测算法 LPAlg，将结果更新到 G_{te} 中

5：**end for**

需注意，此方法的核心在于标签分类算法与链路预测算法之间存在信息的交换，其中信息交换的方式、频度和交换信息的多少，都在考虑的范围之内。

为了检验算法 ICCLP 的有效性，将它产出的标签分类结果与单纯的标签分类算法做对比，同时将其产出的链路预测结果与单纯的链路预测算法做对比。选用的标签分类算法为不使用连边信息的协同分类算法和使用所有连边信息的协同分类算法，参照的链路预测算法为不使用节点标签信息的链路预测算法和使用所有节点标签信息的链路预测算法。由表 18 中结果可知，大部分情况下

ICCLP 的表现都很好，只有在噪音数据比较明显的情况下，ICCLP-CC 才会落后 CC w/Links 较远。这些节点的特征指标（Homophily、Class Attribut Noise、Link Noise 和 Link Density）是使用综合数据产生器（Synthetic Data Generator）对数据进行训练后得到的。CC 和 LP 是协同分类和链路预测的简称。ICCLP-CC 算法比不使用连边信息的协同分类算法（CC w/o Links）好很多，而且可以与使用所有连边信息的协同分类算法（CC w/ Links）竞争；ICCLP-LP 算法略优于不使用节点标签信息的链路预测算法（LP w/o Labels），与使用所有节点标签信息的链路预测算法（LP w/ Labels）非常接近。由此可见，在链路预测的帮助下，标签分类的准确度提升明显；在标签分类帮助下的链路预测也有提升，但并不明显。

表 18 分类和预测的结果（根据测试集中节点/边的不同指标特征分开展示）

任务	Homophily		
	低	中	高
CC w/o Links	0.79±0.03	0.81±0.02	0.81±0.02
ICCLP-CC	0.83±0.04	0.89±0.05	0.90±0.05
CC w/ Links	0.85±0.05	0.91±0.06	0.92±0.05
LP w/o Labels	0.44±0.01	0.44±0.01	0.44±0.01
ICCLP-LP	0.46±0.02	0.46±0.02	0.46±0.02
LP w/ Labels	0.46±0.02	0.46±0.02	0.46±0.02

任务	Class Attribute Noise		
	低	中	高
CC w/o Links	0.90±0.03	0.81±0.02	0.64±0.02
ICCLP-CC	0.95±0.01	0.89±0.05	0.80±0.08
CC w/ Links	0.97±0.01	0.91±0.06	0.77±0.06
LP w/o Labels	0.44±0.01	0.44±0.01	0.44±0.01
ICCLP-LP	0.46±0.02	0.46±0.02	0.45±0.02
LP w/ Labels	0.46±0.02	0.46±0.02	0.46±0.02

任务	Link Noise		
	低	中	高
CC w/o Links	0.80±0.03	0.81±0.02	0.78±0.03
ICCLP-CC	0.88±0.04	0.89±0.05	0.84±0.04
CC w/ Links	0.87±0.08	0.91±0.06	0.89±0.03
LP w/o Labels	0.52±0.06	0.44±0.01	0.38±0.02
ICCLP-LP	0.53±0.05	0.46±0.02	0.39±0.02
LP w/ Labels	0.53±0.05	0.46±0.02	0.39±0.02

任务	Link Density		
	低	中	高
CC w/o Links	0.78±0.04	0.81±0.02	0.79±0.04
ICCLP-CC	0.79±0.03	0.89±0.05	0.88±0.05
CC w/ Links	0.82±0.04	0.91±0.06	0.87±0.07
LP w/o Labels	0.11±0.02	0.44±0.01	0.69±0.01
ICCLP-LP	0.10±0.01	0.46±0.02	0.69±0.01
LP w/ Labels	0.10±0.02	0.46±0.02	0.69±0.01

8.3.4 标签分类的其他应用

链路预测能提高标签分类的准确性,这一思路被应用到了一些实际问题中。例如 Pavlov 和 Ichise[564] 率先通过链路预测的方法为科学家分类,并试图解决寻找合作者这一难题。在学术研究中,良好的合作能使工作变得更有成效。然而专家学者数不胜数,要想找到合适的合作者没有那么容易。虽然语义描述可以有很大的帮助,但这类信息通常比较匮乏。幸运的是,科学家都有发表论文,能够体现出合作关系和专业领域,这些个体、合作及专业信息就能构建成一个含有标签的科学家合作网络。

基于网络结构体现出来的众多属性,Pavlov 和 Ichise 构建了数套有监督的学习机制,包括支持向量机、决策树和 Boosting 学习方法等,用以训练两个节点之间包括 Shortest path, Common neighbors, Jaccard coefficient, Adamic-Adar,

191

链
路
预
测

Preferential attachment，Katz，Weighted Katz，PageRank，SimRank，Link value 等在内的诸多特征指标。他们收集了日本的科学家合作网络，数据时间跨度 14 年（1993—2006），并将数据按时间分为两部分，每部分包括 7 年的合作数据，分别验证该模型。图 65（a）是 1993—1999 年间的分类准确率和召回率，其中 SMO 表示序列最小优化算法（sequential minimal optimization），结合支持向量机 SVM 使用；j48 表示决策树分类模型，即 C4.5，它是由 Ross Quinlan 提出的决策树生成算法，常被称作统计分类器，生成的决策树可以被用于分类问题；ada 是一种 Boosting 学习方法；stump 是一种表现稍差的决策树分类方法。SMO 的召回率达到 100%，且大部分学习模型的准确率都能达到 70% 以上。而在 2000—2006 年间的数据集上，虽然准确率有所下降，但都远远高于随机的策略。

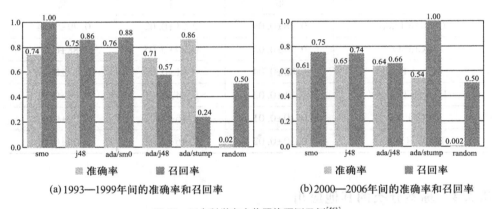

(a) 1993—1999年间的准确率和召回率　　(b) 2000—2006年间的准确率和召回率

图 65　日本科学家合作网络预测示例[563]

　　链路预测问题还被应用于预测哪些专科医生更可能接到门诊医生的转诊病人。病人就医时，门诊医生先坐诊，如若无法解决则交给专科医生，如何选择专科医生便成了一个普遍的问题。Almansoori 等人[565] 构建了门诊医生-专科医生二部分图网络，基于此二部分图预测哪些专科医生会接收到更多的病人，又有哪些会与门诊医生失去联系，亦即不仅预测新产生的边，还预测会消失的边。为了进行标签分类，Almansoori 首先提取了网络中节点属性及其关系特征，包括门诊医生与专科医生的划分、专科诊治活动的类别匹配、病人总数、邻居数目、门诊医生间的 Jaccard 相似度，然后分别通过支持向量机、决策树和朴素贝叶斯模型对转诊病人进行分类。通过支持向量机的学习分类，准确率高达 92%，如图 66 所示。

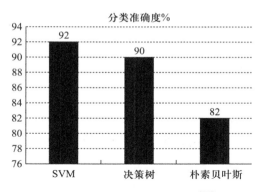

图66　对转诊病人的分类准确度[565]

8.4　链路预测在蛋白质相互作用网中的应用

　　蛋白质之间有多种相互作用方式。蛋白质有时与其他生物分子发生化学反应，相互交换子组分，例如交换磷酸盐的磷酸化（phosphorylation）过程。但是蛋白质作用的主要模式却是一类物理作用：通过复杂的物理互锁，形成具有三维结构的蛋白质复合物，而当中并不发生分子或子组分的化学交换。考虑蛋白质及其相互作用关系，我们就可以构建一个蛋白质相互作用网络，如图67所

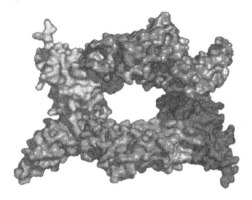

图67　四个蛋白质通过复杂的物理折叠形成的蛋白复合物。

在蛋白质作用网络中，这四个蛋白质互相连接

示。在这个网络中，节点表示蛋白质，节点间的连边表示蛋白质之间的相互作用。有些网络是含权的，这个权重实际上体现了这条链接在实验中可观察到的可能性。例如在 100 次实验中，有 90 次都成功观察到了这种相互作用，那么即可给这条链接以权重 0.9。

　　在生物领域，与蛋白质相关的研究主要在以下两个方面[566]：① 蛋白质或基因的功能探测；② 理解蛋白质在功能机制上的层次结构。这两方面的研究都是以探测蛋白质之间的相互作用关系为基础展开的。一方面许多生物现象都由蛋白质的相互作用所驱动，另一方面利用网络信息可以找出蛋白质网络中的关键蛋白质，从而帮助理解蛋白质作用的层次性。传统的方法是通过实验来测定蛋白质之间的相互作用关系，主要方法有免疫共沉淀、双杂交筛选及亲和纯化 等[253]。

　　到目前为止，已有大量的蛋白质相互作用关系被测定出来，并记录在数据库中，例如 DIP（Database of Interacting Proteins，参见 http://dip.doe-mbi.ucla.edu），MINT（the Molecular INTeraction database，参见 cbm.bio.uniroma2.it/mint/），MIPS（Saccharomyces cerevisiae genome database，参见 http://mips.helmholtz-muenchen.de/genre/proj/yeast/）等。但是，测定蛋白质作用的实验成本较高，并且难以测定所有蛋白质之间的作用。此外实验本身存在的误差也影响了实验结果的可信度。因此仅通过实验，尚不能够给出一个完整的蛋白质相互作用关系的图景。那么基于蛋白质相互作用关系网络的链路预测研究可以为实验的测定提前提供参考依据，从降低实验成本，提高成功率，加快获得完整图谱工作的步伐[566]。

　　图 68 是一个人类蛋白质相互作用网络，这类网路通常为无向网络。然而真实生命体系中大部分的蛋白质相互作用具有信号转导、转录激活或抑制等明显的信号流方向性，于是对于链接方向的预测也成为一个重要的问题[567]。第六章所介绍的有向网络链路预测的方法能够在这方面有所贡献。

　　除了利用蛋白质间相互作用关系的结构信息进行链路预测之外，也可以充分利用蛋白质自身的属性来进一步提高预测精度，通常是利用蛋白质域的信息。图 69 给出了一个具有 3 个不同域的丙酮酸激酶的示例。蛋白质域即蛋白序列中能够稳定存在，且能够独立于蛋白链其他部分单独演化的部分。在此种情形下，可以用考虑节点额外信息的模型来研究，例如消息传递[568,569]、关系马尔可夫网[570]以及条件随机场方法[571]等。

图 68　人类蛋白质相互作用网络

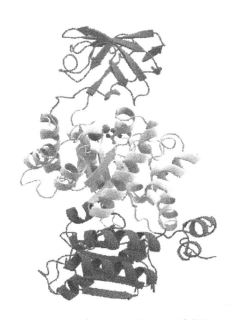

图 69　具有 3 个不同域的丙酮酸激酶

　　除了预测蛋白质相互作用关系外，对于蛋白质功能的预测也是研究的热点之一。通过蛋白质相互作用网络的结构信息挖掘蛋白质之间的相关性，并对未知功能的蛋白质进行标注。这相当于蛋白质相互作用网络上的节点标签分类问题（见 8.3 节的详细讨论）。目前，利用相互作用网络进行功能预测的方法主要有两类：直接注释方法[572,573]和基于模块的方法[574,575]。

直接注释方法将根据网络中某个蛋白质的连接情况直接推测该蛋白质的功能。这类方法基于的假设是：在蛋白质相互作用网络中，距离相近的两个蛋白质更加倾向于拥有相似的功能。链路预测中基于节点相似性的方法实际上为我们提供了一系列计算节点距离的方式，可以认为相似性大的节点距离更近，因此倾向于具有相似的功能。此外，当已知标签稀疏，即只知道少量蛋白质的功能时，可以通过链路预测的方式挖掘未标签蛋白质与已标签蛋白质之间的潜在联系，从而提高功能预测的精度[562]。

基于模块的方法的思路是：首先将网络相关的蛋白质组成不同的模块，然后根据该模块中已知的蛋白质的功能来得到整个模块所共有的可能功能，最后再来预测其中未知成员的功能。一个功能模块指其中的蛋白质所处的细胞位置以及相互作用使得它们可以实现一个特定的功能。而基于功能模块的蛋白质功能标注方法主要目的不再是预测单个蛋白质的功能，而是试图发现模块中所有蛋白质的共同内在的功能。一旦模块确定，可以通过一些简单的方法来预测其功能，比如该模块中如果大部分的蛋白质都具有某种功能，那么这种功能就将赋予该模块。本质上这种模块的划分与复杂网络的社团结构划分有很大的相似之处，而链路预测的方法可以帮助提高社团划分的准确性——基于节点相似性的方法本身也是社团划分的一类主要方法[173,322]。

其他一些相关的问题包括：

（1）探测蛋白复合体。蛋白复合体由几个蛋白质组成，在蛋白质作用网中表现为紧密的小子图。因此，通常的图聚类、派系挖掘、图分解等方法，都可以用来寻找蛋白复合体。同样，通过预测来完整化蛋白质作用网，可以帮助寻找蛋白质复合体。

（2）网络可靠性评估。前面提到测定蛋白质相互作用的实验成本很高，因此可以通过链路预测的方法提前给出一些可靠性较高的链接关系作为实验对象，与此同时也可以排除一些可靠性较低的链接关系。另一方面，由于实验中的随机性因素和噪声的干扰，使得实验结果有可能是不可靠的。这时，链路预测中对于虚假边的识别方法可以帮助我们找出这些不可靠的结果，从而对实验结果进行有效的修正[328]。

（3）致病基因预测。解释人类疾病的基因起源是生物医学的一个重要问题。许多疾病有着基因的根源———一系列的等位基因能够增加疾病的发生倾向。通过基因学的方法，能够找出与疾病相关的染色体，但是在数百个候选的基因中找出真正的致病基因仍然是一个具有挑战的问题。研究表明，人类的疾病基因能够在所形成的网络结构上得到体现[576,577]。例如两个致病基因在所形成的蛋白质作用网中倾向于距离更近。因此通过链路预测的方法，就可以对候选疾病基因给出可能性的评分，从而更准确地进行预测[578]。

8.5 链路预测在社交网络上的应用

提到社交网络，大家通常会想起一些社交网站，如国内的腾讯 QQ、人人网、新浪微博等，国外的 Facebook、Twitter、Flickr 等。社交网络能将网站中的用户关系清晰地刻画出来，非常便于对人际关系和社会资本等进行研究，研究的结果还可以用来改善社交网络环境。除了在线关系外，社交网络覆盖的范围非常广泛，包括人与人之间在现实社会中的亲戚关系、朋友关系、手机通信关系以及人们形成的组织关系等。现实中的关系比较难以获得，所以最近主要的研究和应用都是基于在线社交网络展开的。

过去 10 年，在线社交网络服务得到了巨大的发展，越来越多的企业试图通过社交网站为自己带来更多的利益，或直接做社交网站，或嵌入社交网站，或做社交网站相关服务，或利用社交网站做营销……社交网络富裕了一部分人，却也让不少投资者和创业者吃了苦头。Facebook 虽已取得巨大发展，但仍不断努力以提高用户体验，他们综合用户行为、关系和内容质量提出了 EdgeRank 算法为信息流排序；又如黑天鹅蛋糕、杜蕾斯等不少企业得益于微博强大的营销功能。这些成功案例的背后蕴涵着对社交网络更加深刻的理解。社交网络分析涉及很多方面，本节仅仅介绍链路预测对社交网络的贡献。

8.5.1　方向与互惠

传统的社交网络大都是无向的，如在 QQ 或 MSN 中，你是我朋友的同时，我也是你的朋友——只有双方共同确认才可以建立关系。随着社会化媒体的发展，社交网络的形式变得更加丰富，比如在 Twitter 和新浪微博里，我们可以关注某人却不需要取得对方的同意，这种关系可以是单向的，也可以是双向的。同一对主体不同方向的关系意味着主体与受体的角色调换。例如，微博上用户 A 关注用户 B，如果 B 没有关注 A，那么 A 和 B 之间是一个单向的关系。如果 B 也关注了 A，那么我们说 A 和 B 之间存在双向的连接，也称互惠连接。

在有向社交网络中，不同网络中连接的方向有着不同的含义。例如在传统的社会网络研究中，网络结构通常是通过调查采访获得的，即被调查者声称某个人是自己的朋友，这样就会获得一个有向网络，其中很多节点之间的边是单向的。同样，对于在线社会网络，用户之间通过发送信息互相交流，那么信息的流向也是有向的。一个自然的问题就是，这些边的方向符合什么样的规律，是否是可以预测的？互惠行为通常在什么样的节点间发生？

Ball 和 Newman[579]用极大似然模型研究了通过采访获得的社会关系网。发现对于非互惠的边，大多数是由社会地位低的个体指向社会地位高的个体，而互惠边通常在社会地位相似的个体之间产生。注意，这里的社会地位特指在给定网络环境中节点在某些排序算法（例如 LeaderRank）下所处的地位——地位高往往意味着有更多的跟随者和更大影响力，相似但不同于一般意义上的社会地位。

图 70 表示的是两个节点的社会地位排序差 z 和从节点 v_i 指向节点 v_j 的连边的概率之间的关系。例如，节点 v_i 的排名为 r_i，节点 v_j 的排名为 r_j，排名数值越小表示地位越高。图 70（a）对应于互惠边产生的概率。互惠连接的概率在地位差为 0 的地方呈现出一个尖峰，这表示地位相同的个体之间产生互惠连接的可能性较大。图 70（b）对应于非互惠连接的产生概率，可以看到，地位差在 0 到 1 的范围内节点对产生的概率更大，这说明社交网络中的单向边通常是从社会地位低的节点指向社会地位高的节点。

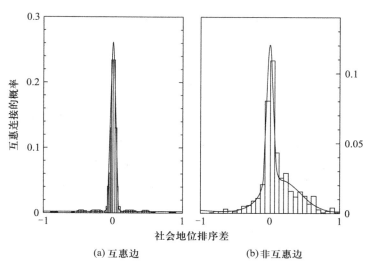

图70 节点社会地位排序的差 $z = r_i - r_j$ 和从节点 v_i 指向节点 v_j 的连边的概率[579]

在线社会网络中的信息流向也有类似的现象。例如我们在微博上关注了演艺明星，却很难得到明星们的关注，而明星之间的相互关注则非常频繁。说明在线社交网络中，互惠边大多出现在地位相近的节点之间。也就是说，地位相近的人更加倾向于双向的交流[580]。

在有向网络的链路预测工作中，有些是将互惠连接看成两条有向边，这样做的一个前提假设是这两条边的出现是相互独立的，如文献［497］的方法。然而，一些研究发现，互惠连接的两条有向边的产生通常是有相关性的。比如，Twitter 和新浪微博上的反向关注有一部分可能是来源于"友善"——其实我可能并不对你感兴趣，但是由于你关注了我，所以出于友好，我也就关注你。在下一节中，我们将介绍在社交网络上如何进行好友推荐。

8.5.2 社交网络中的好友推荐

为了提高用户对社交网站的体验满意度和使用黏着性，大部分的社交网站都有帮助用户找出其在真实世界中的朋友以及可能感兴趣的朋友的功能。前者就是缺失边挖掘的过程，而后者相当于未来链接的预测。

目前国内的三大社交网站应该是 QQ 好友、新浪微博和人人网。在以强关系发家的 QQ 好友和人人网上，推荐强关系的好友自然不是难事，QQ 好友的班级群组信息，人人网的详细学校年级信息，都为强关系的好友推荐提供了非常重要的信息。前面讲述的在无向网络上的推荐方法都可以发挥作用。新浪微博以有向的关注为主，这种单方向的关注更能反映用户的兴趣。相比在无向网络上的推荐，有向网络的关注推荐更加活跃和多样化，同时也更具挑战。

Brzozowski 和 Romero[474] 在惠普公司的内部社交网站 WaterCooler 上做了一次评测推荐方案的实验，所选的推荐方案包括如下三类。

（1）基于用户行为的推荐。推荐用户点击或者回复最多的人。如果一个用户 A 频繁地点击或者回复用户 B，那么在一定程度上反映了用户 A 对 B 的兴趣。

（2）基于网络结构的推荐。首先要构建一个网络，这个网络的构建基于用户的关注关系（也可以是基于转发关系，或者其他可以用于描述用户间关系的方式）。然后基于这个网络进行推荐，实际上就是在这个网络上进行个性化的链路预测。这里考虑两个方法：

① 协同过滤推荐：经典推荐算法之一，在社交网络中就是推荐和目标用户相似的用户所关注的对象。例如，如果用户 A 和用户 B 都关注了用户 C，那么可以认为用户 A 和 B 具有一定的相似性。当发现用户 B 还关注了用户 D 的时候，就可以给用户 A 推荐用户 D。

② 利用网络三角形结构进行推荐：一般情况下如果 A 和 X 是朋友，B 和 X 也是朋友，那么 A 和 B 很可能也是朋友。而且如果 A 和 B 的共同朋友越多，那么他们成为朋友的可能性就越大。这正是利用共同邻居相似性进行链路预测的思想。

（3）基于用户档案相似度的推荐。很多网站允许用户给自己加标签，如图 71 给出一个新浪微博用户的例子。这些标签在一定程度上刻画了用户的一些个人特征，比如职业、兴趣、爱好、技能等。Brzozowski 和 Romero 定义用户间的相似度为用户共同标签数量的两倍除以两者标签数目之和。如果构建一个用户和标签的二部分图，那么这个相似度就是 Sørenson 指标。

WaterCooler 的形式介于 Facebook 和 Twitter 之间，可以任意关注好友，同时也拥有类似于 Facebook 的自我展示平台。Brzozowski 和 Romero 给这个网站做

图 71　用户"毛怪猪"的新浪微博，右侧展示的是用户为自己加的标签

了插件，并在惠普内部进行评测实验。推荐的时候分为 5 个部分，每个部分对应一种推荐策略，即

- 推荐点击最多的用户
- 推荐回复最多的用户
- 协同过滤推荐
- 基于三角形的推荐
- 基于标签相似性的推荐

对至少选择了三个部分的用户进行反馈调查，完成之后他们会得到 10 美元的亚马逊礼品券作为奖励。实验在 2010 年 7 月进行，持续时间 24 天，共有 227 名用户参加。一个有趣的结果是，基于标签相似度的推荐效果不如基于网络三角形结构的推荐方法效果好。这可能是因为用户所加的标签其实是希望自己想要成为有这些属性的人，并不是真实情况下的自己，使得标签蕴涵的信息并不准确。相比而言，用户的社交行为更能反映出真实的自我。

和以上结论不完全一致的是，Aiello 等人[581]发现标签能够刻画用户的兴趣相似度。他们利用链路预测的方法为 Flickr（社交网络）、Last. fm（音乐网站）和 aNobill（图书网站，类似于豆瓣）的用户推荐好友。不同于以往仅仅根据网络结构的相似性，他们考虑了主题相似性，即考虑用户在标签、圈子、图书、音乐等这些行为上的相似性。表 19 列出了 Flickr 用户 A、B、C 三人使用的前 12 个标签的列表，其中 A 和 B 两人是朋友。很显然作为朋友的 A、B 两人与陌生人相比较，在标签使用偏好上有更大的相似性。

表 19　用户 A、B、C 最常用的 12 个标签[581]

用户 A	用户 B	用户 C
green	**flower**	japan
red	**green**	tokyo
catchycolors	kitchen	architecture
flower	**red**	bw
blue	**bule**	setagaya
yellow	white	reject
catchcolors	fave	sunset
travel	detail	subway
london	closeupfilter	steel
pink	metal	geometry
orange	**yellow**	foundart
macro	zoo	canvas

图 72 展示了不同距离（d 表示在社交网络中的最短路径长度）的 flickr 用户对之间共同标签个数与共同圈子个数的分布，以及标签相似度和圈子相似度的分布。可以发现，距离近的用户在这些特性上的同质性会更强。在 Last.fm 和 aNobill 上的实验也得到了相同的结论。基于以上发现，在用户的主题特征向量的基础上，运用 Jaccard 指标、Overlap 指标等进行好友预测，效果均很显著。

新浪微博是如何给用户进行推荐服务的呢？打开微博，在个人页面首页的右边一个显著的位置上有一个小版块叫做"可能感兴趣的人"，不仅给出了推荐关注的对象，且列出了简易的推荐依据，如"23 个间接关注"、"可能兴趣相投"、"×××也关注他"、"微博会员推荐"、"24 小时热点"、"我们是同学"等等，明显体现了新浪微博所采用的推荐策略，大体可以分为三类，基于

链
路
预
测

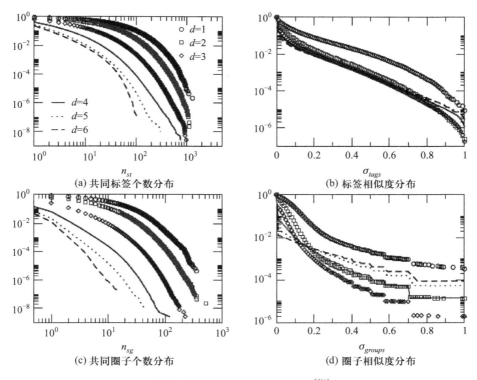

图 72 不同距离 d 的用户指标分布[581]

结构的关注传递、基于属性相似的推荐和一些特殊的推荐。"23 个间接关注"和"×××也关注他"都是基于关注的传递,这些传递者要么是被推荐对象的朋友,要么是被推荐对象所关注的人,其中"×××也关注他"通常是一些名人所关注的用户。"可能兴趣相投"和"我们是同学"这一类则是基于属性的相似性,这些属性包括感兴趣的领域、感兴趣的话题、同属一个学校、公司机构等。"微博会员推荐"和"24 小时热点"则是对某个特殊群体的特殊推荐。点进此模块对应的链接之后,会有更多的推荐列表,这个推荐列表则是综合了多个因素,比如用户所在的公司、学校、共同的关注对象、标签和共同的城市,然后优先推荐得分最高的人。

8.5.3 预测异质的社交关系

人们有喜欢的人,也有讨厌的人;有信任的人,也有不信任的人;有工作关系，也有亲属关系。社会生活中真实的关系同样也会存在于在线社交网络中。如 Wikipedia 中的选举系统，选民会对候选者投支持票、反对票或弃权票；Slashdot 允许用户标记其他用户为朋友或敌人；Epinions 允许用户给其他用户打上信任或不信任的标签。这些案例中的关系都可归结为正边（支持票、朋友关系和信任关系）和负边（反对票、敌对关系和不信任关系）。

虽然这两种关系都普遍存在，但从整体上来看，大部分关系都是平衡的，即满足社交平衡理论——朋友的朋友往往也是朋友，朋友的敌人往往也是敌人。从地位等级出发，Leskovec 等人[504]提出了社交地位理论，一条正边 $\{u, v\}$ 表示 u 认为 v 有更高的地位，一条负边 $\{u, v\}$ 则表示 u 认为 v 的地位低一些。基于社交地位理论，Leskovec 等人建立了一套机器学习模型，在含有这种正负边的有向网络中预测关系的正负——用 $s(x, y) = 1$ 表示边 $\{x, y\}$ 的性质为正，$s(x, y) = -1$ 表示边 $\{x, y\}$ 的性质为负，并与社交平衡理论进行比较。他们将机器学习所用到的特征分为两类：一类是基于节点的度的特征（包括只考虑正/负关系），另一类是基于社交平衡理论和社交地位理论的特征。

考虑到要预测边 $\{u, v\}$ 的正负，可得到 7 种基于节点度的特征：节点 v 的入度 $d_{in}^+(v)$ 和 $d_{in}^-(v)$，节点 u 的出度 $d_{out}^+(v)$ 和 $d_{out}^-(v)$，节点 u 和 v 的共同邻居数目（注意：在统计共同邻居数目的时候，按照无向图的标准进行统计处理），总入度 $d_{in}^+(v) + d_{in}^-(v)$ 和总出度 $d_{out}^+(v) + d_{out}^-(v)$。

基于社交平衡和社交地位理论的特征有 16 种：考虑所有包含 $\{u, v\}$ 的三角形，假设三角形中另一个点为 w，那么 $\{u, w\}$ 和 $\{w, v\}$ 这两条关系的方向和正负性就有 $2 \times 2 \times 2 \times 2 = 16$ 种不同的组合，且每种三角形都会对 $\{u, v\}$ 的性质产生不同程度的影响，于是有 16 个社交理论的特征。基于上述 23 个特征，作者对它们进行逻辑回归处理，分别构成了 Degree（仅用 7 种有关节点度的特征）、16Triads（使用 16 个社交理论的特征）和 All23（综合考虑 23 种特征）三个分类器，如图 73 所示，得到了较高的预测精度。

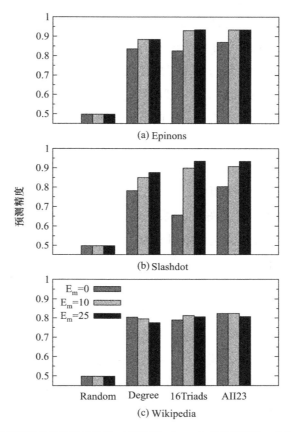

图 73 给定所有其他边的正负性质，对目标边 $\{u, v\}$ 的预测精度。目标边 $\{u, v\}$
的选取要遍历网络中每一条边，即采用逐项遍历的交叉验证方法[504]

8.5.4 社交网络中的强关系与弱关系

人们常说"他是我无话不谈的好哥们"或者"我们只是普通朋友"，是将朋友的亲疏程度分出了层次等级。目前很多社交网站中却并没有体现出这种区别，而且多数研究工作也都是基于无权网络展开，不对好朋友与点头之交进行区分。之前的一些研究表明，从网络中去掉虚假的关系并强调强关系可以得到与连边行为更好的相关性，而且时间因素对于定义关系的强弱非常重要[582]。因此创建社交网络时单纯将好友关系"二元化"（存在或不存在）的做法是欠妥的。最近出现了一些评估好友关系强弱的模型，将之转化为分类预测问题，将好友关系按照强弱分类，遗憾的是此法需要人工对好友关系进行标示。

度量好友关系的强弱对于社交网站的实际应用有很大的帮助。比如社交网络在做推荐时，若推荐对象与目标用户之间没有直接关系（如距离超过两度甚至三度的两个人），那么度量用户之间的关系强弱将有利于给用户提供更好的建议。类似的情况也发生在电子商务网站的商品推荐中，来自强关系的推荐往往更具说服力，比如我们通常更容易相信和接受好朋友的推荐，而不是陌生人的短信。不仅如此，社交网络的关系还有助于解决推荐系统中用户相似度信息不足的问题，提高推荐的准确度[583]。在新闻反馈中，好友动态、新闻更新是社交网站的重要内容，基于好友关系强弱，为每个用户提供个性化的动态更新，例如可以基于好友关系的强弱进行信息的遴选与推荐。另外，也可在人物搜索时，把搜索结果按照与用户的关系强弱进行排名，帮助用户更方便地找到他们想找的人。

Xiang 等人[584]基于用户间的交互行为（如查看资料、连接确立、标记图片等行为）和用户资料相似度，提出了一个无监督的模型来评估人们之间交互关系的强弱，这个强弱关系的度量是一系列连续的值。模型的一个基本假设就是社会学中的同质性原则——越是相似的人越是容易形成连接。在线社交网络中，常见的属性包括是否属于同一学校、公司，是否加入了同一个群组，是否地理邻近等。可以捕捉到的行为信息包括：浏览个人信息的行为、关系建立、标记图片等，两人之间的关系越多，他们的关系也就越强。基于此，文中考虑了以下两方面因素对用户潜在关系权重的影响（仅以 Facebook 为例）：① 用户间的属性相似性。每个用户 i 对应一个属性向量 $x(i)$，用来表示其特征。在 Facebook 中考虑以下三种资料相似性因素：共同网络个数、共同群组个数和共同好友个数。② 用户的交互强弱。定义 $y_t(i, j)$（$t = 1, 2, \cdots, m$）为用户 i 和 j 在 m 种不同"交互行为"中的出现率。在 Facebook 实验中考虑两个"交互行为"因素：用户 i 是否在用户 j 的 Facebook 墙上留过言，用户 i 是否标记过用户 j 的图片。

基于这些信息，Xiang 等人通过模型评估了 144 712 对用户之间的关系权重，构成关系强度网络，并与 4 个基于 Facebook 观测数据生成的含权网络进行比较。这 4 个网络分别为：

（1）友谊网络 Friendship graph，所有用户间朋友关系构建的网络，既有强关系也有弱关系。

（2）密友网络 Top-friend graph，只包含用户的最亲密朋友关系的强关系网络。

（3）消息交互网络 Wall graph，包含所有有发布消息关系的用户对，比如说用户 i 在用户 j 的空间发布过消息，网络中就存在 $\{i, j\}$ 这样一条边。可以看做是交互网络。

（4）图片交互网络 Picture graph，基于用户给图片打标签的行为构建的网络，边 $\{i, j\}$ 表示用户 i 给 j 上载的图片打过标签。可以看做是交互网络。

Xiang 等人分别从自相关性的提高和分类效果这两个方面对比了关系权重网络与这 4 个含权网络的表现。实验结果显示，关系强度网络的自关联值大于或等于其他所有网络，这体现 Xiang 等人提出的对人际关系的评估模型能够反映人们的实际相似性，但网络的稀疏性会影响模型的效果。从对用户的性别、是否单身、政治主张和宗教观点的分类效果上看，模型得到的关系强度网络总能得到最好的结果。Xiang 模型综合考虑了社交网络中用户的属性和交互行为信息，生成了一个非常有意义的用户关系强度网络，比单独使用属性信息或者交互信息都更能更好地刻画用户的关系权重。

8.5.5 小结

在社交网络日益普及的今天，人们的线上、线下生活的界限越来越模糊——线下的关系同步至线上，在线上又约朋友进行线下的活动。在线社交网站帮助用户寻找并建立关系、推荐社区、甚至是推荐线下活动，以聚拢用户并扩张自己的规模。然而众多社交网络产品以及社交游戏的发展都显示，用户留存是网站得以生存的重要因素。社交网络的发展不仅仅是注重规模的增长，更要促进用户间的互动和交流，用户的沉淀需要一个收纳的地方，而人们在社交网络中的迁移很多都是成群出现的，那么群落社区便成为社交网络中的重要因素。对于合适社区的推荐，链路预测也可能发挥很大的作用，比如一个好的社区应该有非常多的强关系，强关系的衡量则可直接用到链路预测的方法。在当下的社交网络中，很多人都会把线下的真实信息（如生活轨迹、心情变化、购物需求等）也发布到社交网络中，有研究发现，朋友的推荐往往能起到更好的作用，那么若能准确地判断出哪些朋友对目标用户做决策起到至关重要的作用，这些信息对于线上发展商业模式则无疑是非常有价值的信息，也更加适应当前个性化广告的趋势。不仅如此，在基于手机通信数据构建的社交网络中，Wang 等人[585]发现，在社交网络中的邻近用户比非邻近用户出现在相同地点的概率更大，这也体现了手机通信网络的移动同质性。他们基于网络中用户的方位共现信息构造了一些相似性指标，通过链路预测模型发现人类移动同质性是可以被预测的。

8.6　异常链路分析

受到链路预测的启发，可以应用两端节点的相似性来刻画连接这两个节点的边的可信度或者重要性。针对网络中还未产生链接的节点对而言，两者之间的相似性可以用来预测这对节点之间产生连边的可能性。而针对网络中已经连接的节点对，相似性指标可以用来评价该链接存在的可信度或重要性。如果通过某种方法得到一条边存在的可能性较低，但它在网络中又被观察到，那么我们就有理由怀疑这条边的存在是否正确，即这条边可能为虚假链接（衡量边的可信度）。但是，如果这条边的确存在，那么这条边的存在势必在网络中起到一些特殊的作用（衡量边的重要性）。从这个角度上讲，无论是对未知链路的预测还是对已知链路的可信度或重要性评价，链路预测本身就是一种针对重要链路或者异常链路（异常链路如果的确存在，往往具有特定功能，非常重要，所以我们不刻意区分这两个概念）的挖掘方法。本节我们将给出一些使用链路预测方法进行异常链路分析的例子。

8.6.1 异常边

所谓的异常边是指网络中真实存在但是通过预测方法认为其存在概率很低的边。我们认为这些异常边都可能是网络的重要连接，而且越异常越重要。发现异常边的方法是将每一条边当做测试集专门预测它的存在性（逐项遍历的数据集划分方法，参见第 2.3.2 小节）。给定一个预测方法，我们可以得到所有未知链接的分数。这里的未知链接包括所有不存在的连接和一条测试边。然后看这条测试边在所有未知边排序中的位置。这个过程和使用逐项遍历的测试集划分方法进行链路预测是一致的。测试边的得分越低则认为它越异常。

具体而言，给定网络 $G=(V, E)$ 和一种链路预测算法，对每一条边 $e \in E$，令预测时的测试集 $E^P=\{e\}$，使用算法计算 e 的得分在所有未知边集合 $H(H=U-E^T, e \in H)$ 中的得分排名，即边 e 的排序分（$RS_e=r_e/|H|$，定义参见 2.4.3 小节）。在预测中 RS_e 越小则表示预测越准确，那么对于异常边来说，RS_e 越大表示越异常。由此可见，与使用精确性来评价算法的方式不同，异常链路的分析可以从另外一个角度评价算法的优劣。若某一算法得到的异常链路较少，也许说明这一方法能够比较准确地预测出网络中真实存在的连接。

8.6.2 异常边与网络连通性

实验发现，异常边对保持网络的连通性有特别重要的贡献。按照上述方法计算出每条边的 RS_e 值并且按照从高到低删除，观察在这一过程中最大连通集团规模占原有网络规模的比例 R_{gc} 的变化情况。为显示算法的有效性，使用边介数的方法作为比较，其定义参见 1.2.4 小节公式（11）。边的介数衡量了边的连通能力，介数越大的边对网络连通性起到的作用越重要。在中国航空网络[190]（含 121 个城市和 733 条航线）中的实验结果表明，按照一些基于共同邻居的相似性指标——如 CN、Jaccard、AA 和 RA——识别出来的结果，从最异常的链接开始依次删除边，网络支离破碎的速度更快，如图 74 所示。这说明异常链接分析的方法比边介数的方法更能够有效地识别对网络连通性起重要作用的边，其思路与连边的桥接性分析有异曲同工之妙[157]。

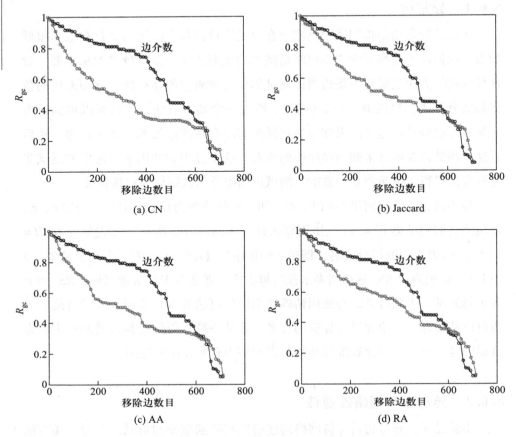

图 74 中国航空网络随着移除边数量的增加，其最大连通集团相对大小的变化情况

8.6.3 异常边与网络传输能力

中国科学院计算技术研究所张国清等人[586]曾注意到，删除一些网络中介数特别大的连边，反而可以提高网络的传输能力。那么，异常边对传输网络的传输能力有何影响，是否也可以利用相同的方法来提高网络传输能力呢？为考察这个问题，我们先介绍一个针对一般传输网络的交通动力学模型以及吞吐量的刻画指标[146]。

给定一个简单无向图，相应交通动力学模型的规则如下：

（1）网络中每个时间步产生 R 个信息包（代表传播个体，可以看做公路交通中的车辆、航空网络中的航班等）。当 $R<N$（网络规模）时，每个节点以概率 $\frac{R}{N}$ 产生一个信息包，每个信息包随机选择一个终点。

（2）每个信息包随机选择一条最短路径，然后沿该最短路径到达终点，到达终点后消失。

（3）每个节点每个时间步最多同时处理 C 个信息包，所有信息包按照先进先出方式排队等候。在本实验中 C 取 1。

在模拟一段时间后计算参数 $\mu(R)=\lim\limits_{t\to\infty}\frac{<\Delta W>}{R\Delta t}$，其中 $\Delta W=W(t+\Delta t)-W(t)$ 并取 $\Delta t=10$。$W(t)$ 是指在 t 时刻网络中所有信息包的数量，在这里也就是每个节点里排队的信息包数量之和。$\mu(R)$ 可以用来度量网络的拥塞程度，若 $\mu(R)=0$ 说明网络没有拥塞。随着 R 的增大，$\mu(R)$ 终会在某个值 R_c 时不为零。那么 R_c 可以用来说明网络的传输能力，R_c 越大说明网络的传输能力越强。

我们删除了一部分异常边，即 RS_c 最大的 $f\%$ 条边，观测按照介数或桥接数从大到小删除 $f\%$ 条边的 R_c 的情况。图 75 给出了 $f=6$ 的情况。为了进行比较，同时给出了原网络不删除边的情况，用虚线表示。方块和三角分别表示使用边介数和桥接数[157]方法删除 6% 的边得到的拥塞度随着 R 值变化的结果。桥接数的定义参见 1.2.4 小节公式（12）。五角星表示按照边的异常性进行删除的结果。从图中可以看出，通过删除 LHN-1、HDI、Jaccard 和 Sørensen 的方法得到的异常边可以改善网络的传输能力，而且效果比边介数的好。

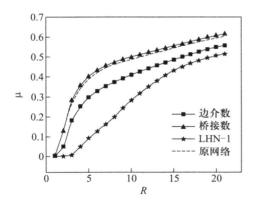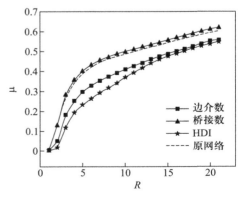

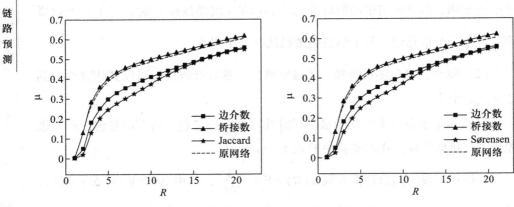

图75　中国航空网络传输能力随着删除边数目的变化

第九章 结 束 语

对每一位翻开这页的朋友，我们要说一句"谢谢"！尽管我们努力尝试把这本书写成一本有趣易读的书，但这毕竟是一本学术著作，没有美人三千宫闱争宠，也没有刀光剑影快意恩仇。事实上，一些章节是很难读的。而正是读者的阅读，使得我们两年以来精心的准备和辛苦的撰写变得有价值。这本书有很多出众的地方，比如说读者从这本书中看到的绝不仅仅是链路预测的理念和方法，还包括了对于各种类型复杂网络结构和功能的全方位的认识——我们特别注意兼顾了本书的"深"和"广"。与此同时，这本书也有很多不足之处，比如说链路预测中的很大一块，是机器学习的方法，我们都没有讲——不是不重要，而是我们的背景和能力，不足以把这一部分写好。与其拼凑文献写两章"看起来很美"的文字，不如留白。各位朋友读了此书若有意见和建议，欢迎写邮件告知。我们建立了一个链路预测的网站 www.linkprediction.org，也欢迎大家有时间的时候去逛逛。

链
路
预
测

　　作为本书的最后一章，我们并不想再次总结前面出现过的结论，因为我们实际上并不希望这部分成为某种"结束"，与之相反，我们希望这是某种新的"开始"。只是读者恐怕不习惯书的最后一章是"开始语"，所以我们姑且命名为"结束语"。本章希望回答三个问题：（1）为什么链路预测是一个非常有价值的研究课题？（2）为什么链路预测特别适合青年学者或研究生选作自己的研究方向？（3）还有哪些有趣或者有挑战性的问题等待读者朋友们去解决？

为什么链路预测是一个非常有价值的研究课题？

　　对一件事物的科学研究，一般有三个层次。首先是理解，也就是提供对一些观察到的现象的解释。接下来是预测，就是看科学的理论能否给出对尚未观察到的现象的预言——这也是理论的试金石。最后是控制，就是当我们完整、正确地理解了我们所研究的对象之后，能不能用最好是"四两拨千斤"的方式实现人工干预和控制。在网络科学中，链路预测就是很多相似性指标和网络演化模型的试金石。如我们在第八章所介绍的，由于刻画网络结构特征的统计量非常多，很难判断不同的演化机制孰优孰劣，链路预测机制有望为网络演化模型提供一个简单统一且较为公平的比较平台[341]。类似地，如何刻画网络中节点的相似性也是一个重大的理论问题，相似性的度量指标数不胜数，只有能够快速准确地评估某种相似性定义是否能够很好刻画一个给定网络节点间的关系，才能进一步研究网络特征对相似性指标选择的影响[321]。在这个方面，链路预测可以一展身手。链路预测还具有重要的应用价值。一方面链路预测结果可以帮助指导有关生物网络的实验验证，从而降低实验成本。另外，链路预测还可以用于社交网络的朋友推荐。除此之外，链路预测还可以用来帮助判断一篇学术论文的类型或一个手机用户是否产生了切换运营商的念头。在当前大数据的背景下，需要处理的数据总量和单个数据的规模都在剧增，而数据的平均质量却在下降，数据不完整带来的问题更加突出。这时候，链路预测就有用武之地了。总的来说，链路预测在网络科学与工程中占据着核心的位置，具有重大的理论和应用价值，并且在大数据时代的驱动下变得日益重要。

为什么链路预测特别适合青年学者或研究生作为自己的研究方向？

并不是每一个有价值的研究课题都适合自己。譬如黎曼猜想当然绝顶重要，但是 10 000 个学生至少有 9 999 个绝对不适合选择这个问题作为自己的研究方向。而大部分从事网络科学与工程研究的青年教师和同学，都可以把链路预测选做自己的研究方向，学到有价值的知识、方法并产生丰富的研究成果。首先，链路预测的问题定义得非常干净、清楚，一个优美的想法不会被问题本身自带的繁琐的细节缠绕窒息。其次，链路预测门槛很低，有一点计算机编程能力和基本数理及算法知识的朋友，都可以很快理解和实现很多主流的方法。这种研究生涯初期信心的建立，对于长期的发展是有很大帮助的。再次，链路预测门槛虽然低，里面也不乏深刻的方法和结论，且不说似然分析和网络哈密顿量这样的统计物理核心问题，就是相似性指标的设计和选择，也是可难可易。一些看起来很简单的指标，譬如 Leicht-Holme-Newman 指标[342]，其背后的数学物理却很深刻。最后，链路预测是一门典型的交叉学科，从理念、方法到应用，都融合了计算机科学、统计物理学、社会科学、生物学、数学等多个学科的精华。总结起来，青年学者和研究生可以很容易进入这个方向，在学习研究的过程中体会不同学科的研究精神和方法论，得到系统的科研训练。而在这个过程中，有很大的期望可以产生一些不错的科研成果，从而建立信心——在一个正向加强的反馈环中开始快乐有趣且成果丰富的科研之路。

还有哪些有趣或者有挑战性的问题等待读者朋友们去解决？

链路预测的研究方兴未艾，特别地，复杂网络和统计物理的理念和方法给出了考虑链路预测问题的全新视角，同时也带来了一系列有待解决的问题。大数据时代下超大规模网络分析的需求也向很多传统的链路预测方法提出了挑战。下面，我们遴选五个可能的研究热点和难点。

问题 1：链路预测精确度的理论极限是多少？

想必有些读者还对 Song 等人[587]通过 Fano 不等式给出人类出行轨迹预测理论上限的文章记忆犹新——尽管得到一个理论上限并不代表我们能够设计出相应的算法，但至少指明了我们前进的终点。譬如我们直观上能够理解一个 Erdös-Rényi 随机网络链路预测的 AUC 值应该是 0.5，我们也知道一般而言一个真实大网络链路预测的 AUC 值不可能达到 1。那么，如果给出一个网络，能不能在某些假设条件下估计预测精度的上界？这方面的研究有望建立链路预测的统计力学基础，迈出从统计力学的观点理解数据挖掘的第一步。

问题 2：网络的哈密顿量应该如何确定？

在统计物理学家眼中，网络和自然界中的其他物质没有什么不同，零温度近似下（不考虑熵对自由能的影响），都是按照哈密顿量最小化的方式在生长着。因此，每一个网络的可能的哈密顿量，都隐含了一种对网络演化的理解。我们可以大胆假设，让网络链路预测或者重构效果最好的哈密顿量里面隐藏着网络演化的秘密。同时，哈密顿量的确定要保持其优美性，这样才有可能从其优化的形式中反刍出演化机制，否则，一个包含成千上万参数的哈密顿量只是披着统计力学外衣的机器学习罢了——有算法价值而没有科学价值！

问题 3：怎样巧妙融合结构信息和外部信息？

本书绝大部分篇幅都聚焦于结构信息，当然也包括了方向和权重等。然而，真实应用场景中，我们往往还能够得到一些其他的信息，譬如食物链网络中物种的体积、质量和主要栖息地等，社交网络中用户的性别、生活地点和职业等。一种办法是从结构信息中也抽象出来很多属性，然后和外部信息各条属性华丽丽放在一起，烧一锅什锦。另外一种办法是量化不同属性对连边形成的贡献，然后找到一种巧妙的方法把不同的外部信息，以及外部信息和结构信息融合起来，提高链路预测的精确性。后者更有价值，也更具挑战性。

问题 4：如何处理复杂类型的网络？

本书从简单无向图开始介绍，对于比较复杂的网络，例如含权网络、有向网络和二部分网络的链路预测也进行了讨论。相比简单无向图，这些更复杂类型网络上的相关研究非常少，也不系统，还大有可为！特别地，还有两类网络我们没有讨论到，一种是异质网络，即网络中有多种不同类型的边，最典型的例子是有正边（朋友或信任关系）和负边（敌人或不信任关系），怎么预测正边和负边是一个很新颖的问题[504]。个人用户还经常出现在不同的网络中，包括电子邮件通信网络、手机通信网、在线社交网络等。如果把这个网络中相同个体连起来，就形成了多层网络[588]。对于给定的一层，其他层的连接信息能不能用来提高本层链路预测的精度，是一个非常有趣的问题。

问题 5：如何处理超大规模网络？

业界算法较少见诸学术期刊和学术会议，而其效率很大程度上依赖于成千上万的计算机并行开展计算，而本书介绍的最为精确的链路预测算法大多针对规模为几千几万的网络，对于真实社会网络动辄上亿的规模，相差甚远。这时候快速局部算法和能够很好并行化的算法的意义特别大。特别地，针对复杂类型网络的快速局部算法的研究，基本上还是空白。

当然，有意思的问题不仅如此，随着我们对这些问题的进一步研究，新的问题也会不断涌现。在这样一个从发现问题到解决问题的循环过程中，我们对这个方向会有更加深刻的理解和认识。科学研究的道路没有终点，在这条路上我们只能越走越远，只有坚持不懈，才会离真理更近。

路漫漫其修远兮，吾将上下而求索！

参 考 文 献

［1］ Tanenbaum A S. Computer Networks ［M］. New York：Prentice Hall Press，1996.

［2］ Leighton F T. Introduction to Parallel Algorithms and Architectures：Arrays，Trees，Hyper-
cubes ［M］. Burlington：Morgan Kaufmann Publishers，1992.

［3］ Barnes G H，Brown R M，Kato M，et al. The ILLIAC IV Computers ［J］. IEEE Transactions
on Computers，1968，C-17 （8）：746-757.

［4］ Xu J M. Topological Structure and Analysis of Interconnection Networks ［M］. Berlin：Kluwer
Academic Publishers，2001.

［5］ Wasserman S，Faust K. Social Network Analysis ［M］. Cambridge：Cambridge University
Press，1994.

［6］ Scott J. Social Network Analysis：A Handbook ［M］. London：Sage Publications，2000.

［7］ Freeman L. The Development of Social Network Analysis ［M］. Vancouver：Empirical Press，
2006.

［8］ 刘军. 社会网络分析导论 ［M］. 北京：社会科学文献出版社，2004.

［9］ Borgatti S P，Mehra A J，Brass D J，et al. Network analysis in the social sciences ［J］. Sci-
ence，2009，323 （5916）：892-895.

［10］ 周涛，汪秉宏，韩筱璞，等. 社会网络分析及其在舆情和疫情防控中的应用 ［J］. 系统
工程学报，2010，25 （6）：742-754.

［11］ Roethlisberger F J，Dickson W J. Management and the Worker ［M］. Cambridge：Harvard
University Press，1939.

［12］ Davis A，Gardner B B，Gardner M R. Deep South ［M］. Chicago：University of Chicago
Press，1941.

［13］ Moreno J L. Who Shall Survive ［M］. Boston：Beacon House，1934.

［14］ Fararo T J，Sunshine M. A Study of a Biased Friendship Network ［M］. New York：Syracuse University Press, 1964.

[15] Rapoport A, Horvath W J. A study of a large sociogram [J]. Behavioral Science, 1961, 6 (4): 279-291.

[16] Milgram S. The small world problem [J]. Psychology Today, 1967, 2 (1): 60-67.

[17] Watts D J, Strogatz S H. Collective dynamics of 'small-world' networks [J]. Nature, 1998, 393 (6684): 440-442.

[18] Amaral L A N, Scala A, Barthélémy M, et al. Classes of small-world networks [J]. Proceedings of the National Academy of Sciences of the United States of America, 2000, 97 (21): 11149-11152.

[19] Ravasz E, Barabási A L. Hierarchical organization in complex networks [J]. Physical Review E, 2003, 67 (2): 026112.

[20] Newman M E J. Scientific collaboration networks: I, network construction and fundamental results [J]. Physical Review E, 2001, 64 (1): 016131.

[21] Newman M E J. Scientific collaboration networks: II, shortest paths, weighted networks, and centrality [J]. Physical Review E, 2001, 64 (1): 016132.

[22] Newman M E J. The structure of scientific collaboration networks [J]. Proceedings of the National Academy of Sciences of the United States of America, 2001, 98 (2): 404-409.

[23] Barabási A L, Jeong H, Néda Z, et al. Evolution of the social network of scientific collaborations [J]. Physica A: Statistical Mechanics and its Applications, 2002, 311 (3-4): 590-614.

[24] Myers C R. Software systems as complex networks: structure, function, and evolvability of software collaboration graphs [J]. Physical Review E, 2003, 68 (4): 046116.

[25] Zhang P P, Chen K, He Y, et al. Model and empirical study on some collaboration networks [J]. Physica A: Statistical Mechanics and its Applications, 2006, 360 (2): 599-616.

[26] Golder S A, Wilkinson D, Huberman B A. Rhythms of social interaction: messaging within a massive online network [J]. Communities and Technologies, 2007, 2007: 41-66.

[27] Ahn Y Y, Han S, Kwak H, et al. Analysis of topological characteristics of huge online social networking services [C]. Proceedings of the 16th international conference on World Wide Web. New York: ACM Press, 2007: 835-844.

[28] Yuta K, Ono N, Fujiwara Y. A gap in the community-size distribution of a large-scale social networking site [J]. 2007, arXiv: physics/0701168.

[29] Csanyi G, Szendröi B. Structure of a large social network [J]. Physical Review E, 2004, 69 (3): 036131.

[30] Fu F, Chen X, Liu L, et al. Social dilemmas in an online social network: the structure and evolution of cooperation [J]. Physics Letters A, 2007, 371 (1): 58-64.

[31] Mislove A, Marcon M, Gummadi K P, et al. Measurement and analysis of online social networks [C]. Proceedings of the 7th ACM SIGCOMM Conference on Internet Measurement. New York: ACM press, 2007: 29-42.

[32] Dunbar R I M. Coevolution of neocortical size, group size and language in humans [J]. Behavioral and Brain Sciences, 1993, 16 (4): 681-735.

[33] Zakharov P. Thermodynamics approach for community discovering within the complex networks: Live Journal study [J]. 2006, arXiv: physics/0602063.

[34] Liben-Nowell D, Novak J, Kumar R, et al. Geographic routing in social networks [J]. Proceedings of the National Academy of Sciences of the United States of America, 2005, 102 (33): 11623-11628.

[35] Zhou T, Medo M, Cimini G, et al. Emergence of scale-free leadership structure in social recommender systems [J]. PLoS ONE, 2011, 6 (7): e20648.

[36] Wu S, Hofman J M, Mason W A, et al. Who says what to whom on twitter [C]. Proceedings of the 20th international conference on World Wide Web. New York: ACM press, 2011: 705-714.

[37] Goh K I, Eom Y H, Jeong H, et al. Structure and evolution of online social relationships: heterogeneity in unrestricted discussions [J]. Physical Review E, 2006, 73 (6): 066123.

[38] Zhang J, Ackerman M S, Adamic L A. Expertise networks in online communities: structure and algorithms [C]. Proceedings of the 16th international conference on World Wide Web. New York: ACM Press, 2007: 221-230.

[39] Xia Y, Tse C K, Tam W M, et al. Scale-free user-network approach to telephone network traffic analysis [J]. Physical Review E, 2005, 72 (2): 026116.

[40] Onnela J-P, Saramaki J, Hyvonen J, et al. Structure and tie strengths in mobile communication networks [J]. Proceedings of the National Academy of Sciences of the United States of America, 2007, 104 (18): 7332-7336.

[41] Granovetter M S. The strength of weak ties [J]. American journal of sociology, 1973, 78: 1360-1380.

[42] Ebel H, Mielsch L I, Bornholdt S. Scale-free topology of e-mail networks [J]. Physical Review E, 2002, 66 (3): 035103.

[43] Eckmann J P, Moses E, Sergi D. Entropy of dialogues creates coherent structures in e-mail traffic [J]. Proceedings of the National Academy of Sciences of the United States of America, 2004, 101 (40): 14333-14337.

[44] Smith R. Instant messaging as a scale-free network [J]. 2002, arXiv: cond-mat/0206378.

[45] Wang F, Moreno Y, Sun Y. The structure of peer-to-peer social networks [J]. Physical Review E, 2006, 73 (3): 036123.

[46] Liljeros F, Edling C R, Amaral L A N. Sexual networks: implications for the transmission of sexually transmitted infections [J]. Microbes and Infection, 2003, 5 (2): 189-196.

[47] Doherty I A, Padian N S, Marlow C, et al. Determinants and consequences of sexual networks as they affect the spread of sexually transmitted infections [J]. Journal of Infection Diseases, 2005, 191 (Supplement 1): S42-S54.

[48] Liljeros F, Edling C R, Amaral L A N, et al. The web of human sexual contact [J]. Nature, 2001, 411 (6840): 907-908.

[49] Latora V, Nyamba A, Simpore J, et al. Network of sexual contacts and sexually transmitted HIV infection in Burkina Faso [J]. Journal of Medical Virology, 2006, 78 (6): 724-729.

[50] Fichtenberg C M, Muth S Q, Brown B, et al. Sexual network structure among a household sample of urban african american adolescents in an endemic sexually transmitted infection setting [J]. Sexually Transmitted Diseases, 2009, 36 (1): 41-48.

[51] Frost S D M. Using sexual affiliation networks to describe the sexual structure of a population [J]. Sexually Transmitted Infections, 2007, 83 (Supplement 1): i37-i42.

[52] Rocha L E C, Liljeros F, Holme P. Information dynamics shape the sexual networks of Internet-mediated prostitution [J]. Proceedings of the National Academy of Sciences of the United States of America, 2010, 107 (13): 5706-5711.

[53] Hui P, Chaintreau A, Scott J, et al. Pocket switched networks and human mobility in conference environments [C]. Proceedings of the 2005 ACM SIGCOMM workshop on Delay-tolerant networking. New York: ACM Press, 2005: 244-251.

[54] Scherrer A, Borgnat P, Fleury E, et al. Description and simulation of dynamic mobility networks [J]. Computer Networks, 2008, 52 (15): 2842-2858.

[55] Cattuto C, Van den Broeck, Barrat A, et al. Dynamics of person-to-person interactions from

distributed RFID sensor networks ［J］. PLoS ONE, 2010, 5（7）: e11596.

［56］ Zhao K, Stehlé J, Bianconi G, et al. Social network dynamics of face-to-face interactions ［J］. Physical Review E, 2011, 83（5）: 056105.

［57］ Albert R, Jeong H, Barabási A L. Diameter of the world wide web ［J］. Nature, 1999, 401: 130-131.

［58］ Adamic L A, Huberman B A. Power-law distribution of the world wide web ［J］. Science, 2000, 287（5461）: 2115.

［59］ Barabási A L, Albert R, Jeong H. Scale-free characteristics of random networks: the topological of the world wide web ［J］. Physica A: Statistical Mechanics and its Applications, 2000, 281（1）: 69-77.

［60］ Song C, Havlin S, Makse H A. Self-similarity of complex networks ［J］. Nature, 2005, 433（7024）: 392-395.

［61］ Strogatz S H. Romanesque networks ［J］. Nature, 2005, 433（7024）: 365-366.

［62］ Broder A, Kumar R, Maghoul F, et al. Graph structure in the web ［J］. Computer Networks, 2000, 33（1）: 309-320.

［63］ Lawrence S, Giles C L. Accessibility of information on the web ［J］. Nature, 1999, 400（6740）: 107-109.

［64］ Faloutsos M, Faloutsos P, Faloutsos C. On power-law relationship of the Internet topology ［J］. Computer Communications Review, 1999, 29（4）: 251-262.

［65］ Pastor-Satorras R, Vázquez A, Vespignani A. Dynamical and correlation properties of the Internet ［J］. Physical Review Letters, 2001, 87（25）: 258701.

［66］ Vázquez A, Pastor-Satorras R, Vespignani A. Large-scale topological and dynamical properties of the Internet ［J］. Physical Review E, 2002, 65（6）: 066130.

［67］ Caldarelli G, Marchetti R, Pietronero L. The fractal properties of Internet ［J］. Europhysics Letters, 2000, 52（4）: 386-391.

［68］ Yook S H, Jeong H, Barabási A L. Modeling the Internet's large-scale topology ［J］. Proceedings of the National Academy of Sciences of the United States of America, 2002, 99（21）: 13382-13386.

［69］ Maslov S, Sneppen K. Specificity and stability in topology of Protein networks ［J］. Science, 2002, 296（5569）: 910-913.

［70］ Zhou S, Mondragon R J. Structural constraintsin complex networks ［J］. New Journal of

Physics, 2007, 9 (6): 173.

[71] Zhang G Q, Zhang G Q, Yang Q F, et al. Evolution of the Internet and its cores [J]. New Journal of Physics, 2008, 10 (12): 123027.

[72] Pastor-Satorras R, Vespignani A. Evolution and structure of the Internet: a statistical physics approach [M]. Cambridge: Cambridge University Press, 2004.

[73] 柏文洁, 汪秉宏, 周涛. 从复杂网络的观点看大停电事故 [J]. 复杂系统与复杂性科学, 2005, 2 (3): 29-37.

[74] Barabási A L, Albert R. Emergence of scaling in random networks [J]. Science, 1999, 286 (5439): 509-512.

[75] Strogatz S H. Exploring complex networks [J]. Nature, 2001, 410 (6825): 268-276.

[76] Albert R, Albert I, Nakarado G L. Structural vulnerability of the North American power grid [J]. Physical Review E, 2004, 69 (2): 025103.

[77] Crucitti P, Latora V, Marchiori M. A topological analysis ofthe Italian electric power grid [J]. Physica A: Statistical Mechanics and its Applications, 2004, 338 (1): 92-97.

[78] 刘宏鲲, 周涛. 航空网络综述 [J]. 自然科学进展, 2008, 18 (6): 601-608.

[79] Sen P, Dasgupta S, Chatterjee A, et al. Small-world Properties of the Indian railway network [J]. Physical Review E, 2003, 67 (3): 036106.

[80] Lämmer S, Gehlsen B, Helbing D. Scaling law in the spatial structure of urban road networks [J]. Physica A: Statistical Mechanics and its Applications, 2006, 363 (1): 89-95.

[81] Jiang B, Claramunt C. Topological analysis of urban street networks [J]. Environment and Planning B, 2004, 31 (1): 151-162.

[82] Latora V, Marchiori M. Is the Boston subway a small-world network? [J]. Physica A: Statistical Mechanics and its Applications, 2002, 314 (1): 109-113.

[83] Sienkiewicz J, Holyst J A. Statistical analysis of 22 public transport networks in Poland [J]. Physical Review E, 2005, 72 (4): 046127.

[84] Barthélemy M. Spatial networks [J]. Physics Reports, 2011, 499 (1): 1-101.

[85] Barrat A, Barthélemy M, Pastor-Satorras R, et al. The architecture of complex weighted networks [J]. Proceedings of the National Academy of Sciences of the United States of America, 2004, 101 (11): 3747-3752.

[86] Xie Y B, Zhou T, Bai W J, et al. Geographical networks evolving with an optimal policy [J]. Physical Review E, 2007, 75 (3): 036106.

［87］ 刘宏鲲, 张效莉, 曹蒉, 等. 中国城市航空网络航线连接机制分析 ［J］. 中国科学 G,
2009, 39 (7): 935–942.

［88］ Um J, Son S W, Lee S I, et al. Scaling laws between population and facility densities ［J］.
Proceedings of the National Academy of Sciences of the United States of America, 2009, 106
(34): 14236–14240.

［89］ Gu C G, Zou S R, Xu X L, et al. Onset of cooperation between layered networks ［J］. Phys-
ical Review E, 2011, 84 (2): 026101.

［90］ Brakman S, Garretsen H, Van Marrewijk C. The New Introduction to Geographical Economics
［M］. Cambridge: Cambridge University Press, 2009.

［91］ Pimm S L. Food Web ［M］. Chicago: University of Chicago Press, 2002.

［92］ Williams R J, Berlow E L, Dunne J A, et al. Two degrees of separation in complex food webs
［J］. Proceedings of the National Academy of Sciences of the United States of America, 2002,
99: 12913–12916.

［93］ Montoya J M, Solé R V. Small world patterns in food web ［J］. Journal of theoretical biolo-
gy, 2002, 214 (3): 405–412.

［94］ Camacho J, Guimerà R, Amaral L A N. Robust patterns in food web structure ［J］. Physical
Review Letters, 2002, 88 (22): 228102.

［95］ Jeong H, Tombor B, Albert R, et al. The large-scale organization of metabolic networks
［J］. Nature, 2002, 407 (6804): 651–654.

［96］ Wagner A, Fell D A. The small world inside large metabolic networks ［J］. Proceedings of
the Royal Society of London. Series B: Biological Sciences, 2001, 268 (1478): 1803–
1810.

［97］ Jeong H, Mason S P, Barabási A L, et al. Lethality and centrality in protein networks ［J］.
Nature, 2001, 411 (6833): 41–42.

［98］ Maslov S, Sneppen K. Specificity and stability in topology of protein networks ［J］. Science,
2002, 296 (5569): 910–913.

［99］ Agrawal H. Extreme self-organization in networks constructed from gene expression ［J］.
Physical Review Letters, 2002, 89 (26): 268702.

［100］ Guelzim N, Bottani S, Bourgine P, et al. Topological and causal structure of the yeast tran-
scriptional regulatory network ［J］. Nature Genetics, 2002, 31 (1): 60–63.

［101］ Barabási A L, Oltvai Z N. Network biology: understanding the cell's functional organization

[J]. Nature Reviews Genetics, 2004, 5 (2): 101–113.

[102] Newman M E J. The structure and function of complex networks [J]. SIAM Review, 2003, 45 (2): 167–256.

[103] Maritan A, Rinaldo A, Rigon A, et al. Scaling laws for river networks [J]. Physical Review E, 1996, 53 (2): 1510–1515.

[104] Rinaldo A, Rodríguez-Iturbe I, Rigon R. Channel networks [J]. Annual review of earth and planetary sciences, 1998, 26 (1): 289–327.

[105] Motter A E, de Moura A P, Lai Y C, et al. Topology of the conceptual network of language [J]. Physical Review E, 2002, 65 (6): 065102.

[106] Bond J, Murty U S R. Graph Theory with Applications [M]. London: MacMillan Press, 1976.

[107] Bollobás B, Modern Graph Theory [M]. Berlin: Springer, 1998.

[108] Euler L. Solutio problematis ad geometriam situs pertinentis [J]. Commentarii academiae scientiarum Petropolitanae, 1741, 8: 128–140.

[109] 王志平, 王众托. 超网络理论及其应用 [M]. 北京: 科学出版社, 2008.

[110] Huberman B A, Adamic L A. Internet – growth dynamics of the world – wide web [J]. Nature, 1999, 401 (5461): 131.

[111] Cancho R F, Solé R V. The small world of human language [J]. Proceedings of the Royal Society of London. Series B: Biological Sciences, 2001, 268 (1482): 2261–2265.

[112] Ugander J, Karrer B, Backstrom L, et al. The anatomy of the facebook social graph [J]. 2011, arXiv: 1111. 4503.

[113] Latora V, Marchiori M. Efficient behavior of small–world networks [J]. Physical Review Letters, 2001, 87 (19): 198701.

[114] Erdös P, Rényi A. On random graphs [J]. Publicationes Mathematicae, 1959, 6: 290–297.

[115] Erdös P, Rényi A. On the evolution of random graphs [J]. Publications of the Mathematical Institute of the Hungarian Academy of Science, 1960, 5: 17–61.

[116] Erdös P, Rényi A. On the strength of connectedness of a random graph [J]. Acta Mathematica Scientia Hungary, 1961, 12 (1): 261–267.

[117] Newman M E J, Watts D J. Renormalization group analysis of the small–world network model [J]. Physics Letters A, 1999, 263 (4): 341–346.

[118] Chung F, Lu L. The average distances in random graphs with given expected degrees [J]. Proceedings of the National Academy of Sciences of the United States of America, 2002, 99 (25): 15879-15882.

[119] Cohen R, Havlin S. Scale-free networks are ultrasmall [J]. Physical Review Letters, 2003, 90 (5): 058701.

[120] Dorogovtsev S N, Mendes J F F, Samukhin A N. Metric structure of random networks [J]. Nuclear Physics B, 2003, 653 (3): 307-338.

[121] Bollobás B, Riordan O M. The diameter of a scale-free random graph [J]. Combinatorica, 2004, 24 (1): 5-34.

[122] Zhou T, Wang B H, Hui P M, et al. Topological properties of integer networks [J]. Physica A: Statistical Mechanics and its Applications, 2006, 367: 613-618.

[123] Kumar R, Novak J, Tomkins A. Structure and evolution of online social networks [C]. Proceedings of link mining: models, algorithms, and applications conference. New York: ACM Press, 2010: 337-357.

[124] Leskovec J, Kleinberg J, Faloutsos C. Graph evolution: densification and shrinking diameters [J]. ACM Transactions on Knowledge Discovery from Data, 2007, 1 (1): 2.

[125] Caldarelli G. Scale-Free Networks: Complex Webs in Nature and Technology [M]. Oxford: Oxford University Press, 2007.

[126] Price D J S. Networks of scientific papers [J]. Science, 1965, 149 (3683): 510-515.

[127] Bernard H R, Killworth P D, Evans M J, et al. Studying social relations cross-culturally [J]. Ethnology, 1988, 27 (2): 155-179.

[128] Ren X Z, Yang Z, Wang B H, et al. Mandelbrot law of evolving networks [J]. Chinese Physics Letters, 2012, 29 (3): 038904.

[129] Simmel G. Soziologie: Untersuchungen Über Die Formen Der Vergesellschaftung [M]. Berlin: Duncket and Humboldt, 1908.

[130] Luce R D, Perry A D. A method of matrix analysis of group structure [J]. Psychometrika, 1949, 14 (2): 95-116.

[131] Bollobás B, Riordan O M. Mathematical results on scale-free random graphs [M] //Bornholdt S, Schuster H G. Handbook of Graphs and Networks: From the Genome to the Internet. Hoboken: Wiley-VCH, 2003: 1-34.

[132] Dorogovtsev S N. Clustering of correlated networks [J]. Physical Review E, 2004, 69

（2）: 027104.

[133] Soffer S N, Vázquez A. Network clustering coefficient without degree – correlation biases [J]. Physical Review E, 2005, 71 (5): 057101.

[134] Serrano MÁ, Boguná M. Clustering in complex networks I: General formalism [J]. Physical Review E, 2006, 74 (5): 056114.

[135] Serrano MÁ, Boguná M. Clustering in complex networks II: Percolation properties [J]. Physical Review E, 2006, 74 (5): 056115.

[136] Wang B, Zhou T, Xiu Z L, et al. Optimal synchronizability of networks [J]. The European Physical Journal B–Condensed Matter and Complex Systems, 2007, 60 (1): 89–95.

[137] Bianconi G, Gulbahce N, Motter A E. Local structure of directed networks [J]. Physical Review Letters, 2008, 100 (11): 118701.

[138] Zeng A, Hu Y, Di Z. Unevenness of loop location in complex networks [J]. Physical Review E, 2010, 81 (4): 046121.

[139] Freeman L C. Cliques, galois lattices, and the structure of human social groups [J]. Social Networks, 1996, 18 (3): 173–187.

[140] Palla G, Derényi I, Farkas I, et al. Uncovering the overlapping community structure of complex networks in nature and society [J]. Nature, 2005, 435 (7043): 814–818.

[141] Kaczor G, Gros C. Evolving complex networks with conserved clique distributions [J]. Physical Review E, 2008, 78 (1): 016107.

[142] Xiao W K, Ren J, Qi F, et al. Empirical study on clique–degree distribution of networks [J]. Physical Review E, 2007, 76 (3): 037102.

[143] Milo R, Shen–Orr S, Itzkovitz S, et al. Network motifs: simple building blocks of complex networks [J]. Science, 2002, 298 (5594): 824–827.

[144] Milo R, Itzkovitz S, Kashtan N, et al. Superfamilies of evolved and designed networks [J]. Science, 2004, 303 (5663): 1538–1542.

[145] Kitsak M, Gallos L K, Havlin S, et al. Identifying influential spreaders in complex networks [J]. Nature Physics, 2010, 6 (11): 888–893.

[146] Yan G, Zhou T, Hu B, et al. Efficient routing on complex networks [J]. Physical Review E, 2006, 73 (4): 046108.

[147] Freeman L C. A set of measures of centrality based on betweenness [J]. Sociometry, 1977, 40 (1): 35–41.

［148］ Sabidussi G. The centrality index of a graph ［J］. Psychometrika, 1966, 31 （4）: 581–603.

［149］ Katz L. A new status index derived from sociometric index ［J］. Psychometrika, 1953, 18 （1）: 39–43.

［150］ Dolev S, Elovici Y, Puzis R. Routing betweenness centrality ［J］. J. ACM, 2010, 57 （4）: 25.

［151］ Estrada E, Rodríguez–Velázquez J A. Subgraph centrality in complex networks ［J］. Physical Review E, 2005, 71 （5）: 056103.

［152］ Kim H J, Kim J M. Cyclic topology in complex networks ［J］. Physical Review E, 2005, 72 （3）: 036109.

［153］ Vragovic I, Louis E. Network community structure and loop coefficient method ［J］. Physical Review E, 2006, 74 （1）: 016105.

［154］ Brin S, Page L. The anatomy of a large–scale hypertextual web search engine ［J］. Computer networks and ISDN systems, 1998, 30 （1）: 107–117.

［155］ Lü L, Zhang Y C, Yeung C H, et al. Leaders in social networks, the delicious case ［J］. PLoS ONE, 2011, 6 （6）: e21202.

［156］ Girvan M, Newman M E J. Community structure in social and biological networks ［J］. Proceedings of the National Academy of Sciences of the United States of America, 2002, 99 （12）: 7821–7826.

［157］ Cheng X Q, Ren F X, Shen H W, et al. Bridgeness: a local index on edge significance in maintaining global connectivity ［J］. Journal of Statistical Mechanics: Theory and Experiment, 2010 （10）: P10011.

［158］ Luccio F, Sami M. On the decomposition of networks in minimally interconnected subnetworks ［J］. IEEE Transactions on Circuit Theory, 1969, 16 （2）: 184–188.

［159］ Radicchi F, Castellano C, Cecconi F, et al. Defining and identifying communities in networks ［J］. Proceedings of the National Academy of Sciences of the United States of America, 2004, 101 （9）: 2658–2663.

［160］ Guimerá R, Sales–Pardo M, Amaral L A N. Modularity from fluctuations in random graphs and complex networks ［J］. Physical Review E, 2004, 70 （2）: 025101.

［161］ Reichardt J, Bornholdt S. Statistical mechanics of community detection ［J］. Physical Review E, 2006, 74 （1）: 016110.

[162] Newman M E J, Girvan M. Finding and evaluating community structure in networks [J]. Physical Review E, 2004, 69 (2): 026113.

[163] Fortunato S, Barthélemy M. Resolution limit in community detection [J]. Proceedings of the National Academy of Sciences of the United States of America, 2007, 104 (1): 36-41.

[164] Muff S, Rao F, Caflisch A. Local modularity measure for network clusterizations [J]. Physical Review E, 2005, 72 (5): 056107.

[165] Danon L, Díaz-Guilera A, Duch J, et al. Comparing community structure identification [J]. Journal of Statistical Mechanics: Theory and Experiment, 2005 (09): P09008.

[166] Li Z, Zhang S, Wang R S, et al. Quantitative function for community detection [J]. Physical Review E, 2008 (3), 77: 036109.

[167] 张聪, 沈惠璋. 网络自然密度社团结构模块度函数 [J]. 电子科技大学学报, 2012, 41 (2): 185-191.

[168] Everitt B. Cluster Analysis [M]. Hoboken: John Wiley, 1974.

[169] Newman M E J. Fast algorithm for detecting community structure in networks [J]. Physical Review E, 2004, 69 (6): 066133.

[170] Clauset A, Newman M E J, Moore C. Finding community structure in very large networks [J]. Physical Review E, 2004, 70 (6): 066111.

[171] Raghavan U N, Albert R, Kumara S. Near linear time algorithm to detect community structures in large-scale networks [J]. Physical Review E, 2007, 76 (3): 036106.

[172] Blondel V D, Guillaume J L, Lambiotte R, et al. Fast unfolding of communities in large networks [J]. Journal of Statistical Mechanics: Theory and Experiment, 2008 (10): P10008.

[173] Xiang B, Chen E H, Zhou T. Finding community structure based on subgraph similarity [J]. Studies in Computational Intelligence, 2009, 207: 73-82.

[174] Leung I X Y, Hui P, Liò P, et al. Towards real-time community detection in large networks [J]. Physical Review E, 2009, 79 (6): 066107.

[175] Palla G, Derényi I, Farkas I, et al. Uncovering the overlapping communitystructure of complex networks in nature and society [J]. Nature, 2005, 435 (7043): 814-818.

[176] Zhang S, Wang R S, Zhang X S. Identification of overlapping communitystructure in complex networks using fuzzy c-means clustering [J]. Physica A: Statistical Mechanics and its Applications, 2007, 374 (1): 483-490.

［177］ Shen H W, Cheng X Q, Cai K, et al. Detect overlappingand hierarchical communitystructure in networks ［J］. Physica A: Statistical Mechanics and its Applications, 2009, 388 (8): 1706-1712.

［178］ Lancichinetti A, Fortunato S, Kertész J. Detecting the overlapping and hierarchical community structure in complex networks ［J］. New Journal of Physics, 2009, 11 (3): 033015.

［179］ Shang M S, Chen D B, Zhou T. Detecting overlapping communities based on community cores in complex networks ［J］. Chinese Physics Letters, 2010, 27 (5): 058901.

［180］ Newman M E J. Assortative mixing in networks ［J］. Physical Review Letters, 2002, 89 (20): 208701.

［181］ Newman M E J. Mixing patterns in networks ［J］. Physical Review E, 2003, 67 (2): 026126.

［182］ 史定华. 无标度网络: 基础理论和应用研究 ［J］. 电子科技大学学报, 2010, 39 (5): 644-650.

［183］ Zhou S, Mondragón R J. Structural constrains in complex networks ［J］. New Journal of Physics, 2007, 9 (6): 173.

［184］ Goh K-I, Barabási A L. Burstiness and memory in complex systems ［J］. Europhysics Letters, 2008, 81 (4): 48002.

［185］ Ravasz E, Somera A L, Mongru D A, et al. Hierarchical organization of modularity in metabolic networks ［J］. Science, 2002, 297 (5586): 1551-1555.

［186］ Barabási A L, Ravasz E, Vicsek T. Deterministic scale-free networks ［J］. Physica A: Statistical Mechanics and its Applications, 2001, 299 (3): 559-564.

［187］ Dorogovtsev S N, Goltsev A V, Mendes J F F. Pseudofractal scale-free Web ［J］. Physical Review E, 2002, 65 (2): 066122.

［188］ Andrade Jr J S, Herrman H J, Andrade R F S, et al. Apollonian networks: simultaneously scale-free, small world, euclidean, space filling, and with matching graphs ［J］. Physical Review Letters, 2005, 94 (1): 018702.

［189］ Zhou T, Yan G, Wang B H. Maximal planar networks with large clustering coefficient and power-law degree distribution ［J］. Physical Review E, 2005, 71 (4): 046141.

［190］ 刘宏鲲, 周涛. 中国城市航空网络的实证研究与分析 ［J］. 物理学报, 2007, 56 (1): 106-112.

［191］ Gastner M T, Newman M E J. The spatial structure of networks ［J］. The European Physi-

链路预测

cal Journal B-Condensed Matter and Complex Systems, 2006, 49 (2): 247-252.

[192] Shannon C E. A mathematical theory of communication [J]. ACM SIGMOBILE Mobile Computing and Communications Review, 2001, 5 (1): 3-55.

[193] Wang B, Tang H, Guo C, et al. Entropy optimization of scale-free networks' robustness to random failures [J]. Physica A: Statistical Mechanics and its Applications, 2006, 363 (2): 591-596.

[194] Solé R V, Valverde S. Information theory of complex networks: on evolution and architectural constraints [J]. Complex networks, 2004, 650: 189-207.

[195] Maslov S, Sneppen K. Specificity and stability in topology of protein networks [J]. Science, 2002, 296 (5569): 910-913.

[196] Bianconi G, Coolen A C C, Vicente C J P. Entropies of complex networks with hierarchically constained topologies [J]. Physical Review E, 2008, 78 (1): 016114.

[197] Bogacz L, Burda Z, Waclaw B. Homogeneous complex networks [J]. Physica A: Statistical Mechanics and its Applications, 2006, 366: 587-607.

[198] Bianconi G. The entropy of randomized network ensembles [J]. Europhysics Letters, 2008, 81 (2): 28005.

[199] Bianconi G. Entropy of network ensembles [J]. Physical Review E, 2009, 79 (3): 036114.

[200] Anand K, Bianconi G. Entropy measures for networks: Toward an information theory of complex topologies [J]. Physical Review E, 2009, 80 (4): 045102.

[201] Bianconi G, Pin P, Marsili M. Assessing the relevance of node features for network structure [J]. Proceedings of the National Academy of Sciences of the United States of America, 2009, 106 (28): 11433-11438.

[202] Li J, Wang B H, Wang W X, et al. Network entropy based on topology configuration and its computation to random networks [J]. Chinese Physics Letters, 2008, 25 (11): 4177-4180.

[203] Farkas I J, Derényi I, Barabási A L, et al. Spectra of real-world graphs: beyond the semicircle law [J]. Physical Review E, 2001, 64 (2): 026704.

[204] Goh K I, Kahng B, Kim D. Spectra and eigenvectors of scale-free networks [J]. Physical Review E, 2001, 64 (5): 051903.

[205] Dorogovtsev S N, Goltsev A V, Mendes J F F, et al. Spectra of complex networks [J].

232

Physical Review E, 2003, 68 (4): 046109.

[206] Newman M E J. Finding community structure in networks using the eigenvectors of matrices [J]. Physical Review E, 2006, 74 (3): 036104.

[207] Mitrović M, Tadić B. Spectral and dynamical properties in classes of sparse networks with mesoscopic inhomogeneities [J]. Physical Review E, 2009, 80 (2): 026123.

[208] Wang Y, Chakrabarti D, Wang C, et al. Epidemic spreading in real networks: An eigenvalue viewpoint [C]. Proceedings of 22nd International Symposium on Reliable Distributed Systems. New York: IEEE press, 2003: 25-34.

[209] Chen G R, Zhao M, Zhou T, Wang B H. Synchronization Phenomena on Networks [M] // Meyers R A. Encyclopedia of Complexity and Systems Science. New York: Springer, 2009.

[210] Kim B J. Geographical coarse graining of complex networks [J]. Physical Review Letters, 2004, 93 (16): 168701.

[211] Gfeller D, Rios P De L. Spectral coarse graining of complex networks [J]. Physical Review Letters, 2007, 99 (3): 038701.

[212] Zeng A, Lü L. Coarse graining for synchronization in directed networks [J]. Physical Review E, 2011, 83 (5): 056123.

[213] Song C M, Havlin S, Makse H A. Self-similarity of complex networks [J]. Nature, 2005, 433 (7024): 392-395.

[214] Song C M, Havlin S, Makse H A. Origins of fractality in the growth of complex networks [J]. Nature Physics, 2006, 2 (4): 275-281.

[215] Song C M, Gallos L K, Havlin S, et al. How to calculate the fractal dimension of a complex network: the box covering algorithm [J]. Journal of Statistical Mechanics: Theory and Experiment, 2007, 2007 (03): P03006.

[216] Zhou S, Mondragón R J. The rich-club phenomenon in the Internet topology [J]. IEEE Communications Letters, 2004, 8 (3): 180-182.

[217] Colizza V, Flammini A, Serrano M A, et al. Detecting rich-club ordering in complex networks [J]. Nature Physics, 2006, 2 (2): 110.

[218] Jiang Z Q, Zhou W X. Statistical significance of the rich-club phenomenon in complex networks [J]. New Journal of Physics, 2008, 10 (4): 043002.

[219] Zhang G Q, Zhang G Q, Cheng S Q, et al. Symbiotic effect: a guideline for network modeling [J]. Europhysics Letters, 2009, 87 (6): 68002.

［220］ Carmi S, Havlin S, Kirkpatrick S, et al. A model of Internet topology using k–shell decom-position ［J］. Proceedings of the National Academy of Sciences of the United States of America, 2007, 104 （27）: 11150–11154.

［221］ Rosvall M, Grönlund A, Minnhagen P, et al. Searchability of networks ［J］. Physical Review E, 2005, 72 （4）: 046117.

［222］ BogunáM, Krioukov D, Claffy K C. Navigability of complex networks ［J］. Nature Physics, 2009, 5 （1）: 74–80.

［223］ Bollobás B. Random Graphs ［M］. Cambridge: Cambridge University Press, 2001.

［224］ Newman M E J, Watts D J. Scaling and percolation in the small–world network model ［J］. Physical Review E, 1999, 60 （6）: 7332–7342.

［225］ Wolfram S. Theory and Applications of Cellular Automata ［M］. Singapore: World Scientific, 1986.

［226］ Wang L, Wang B H, Hu B. Cellular automaton traffic flow model between the Fukui–Ishibashi and Nagel–Schreckenberg models ［J］. Physical Review E, 2001, 63 （5）: 056117.

［227］ 周涛, 周佩玲, 汪秉宏, 等. 元胞自动机用于金融市场建模 ［J］. 复杂系统与复杂性科学, 2005, 2 （4）: 10–15.

［228］ Lam L. Histophysics: A new discipline ［J］. Modern Physics Letters B, 2002, 16 （30）: 1163–1176.

［229］ 韩筱璞, 周涛, 汪秉宏. 基于元胞自动机的国家演化模型研究 ［J］. 复杂系统与复杂性科学, 2004, 1 （4）: 74–78.

［230］ Sullivan H, Bashkow T R. A large scale, homogeneous, fully distributed parallel machine ［J］. ACM SIGARCH Computer Architecture News, 1977, 5 （7）: 105–117.

［231］ Fiol M A, Yebra J L A, Alegre I, et al. A discrete optimization problem in local networks and data alignment ［J］. IEEE Transactions on Computers, 1987, 36 （6）: 702–713.

［232］ Cayley A. The theory of groups: graphical representation ［J］. American Journal of Mathematics, 1878, 1 （2）: 174–176.

［233］ Shi D H, Chen G R, Thong W K, et al. Optimal homogeneous networks with best possible synchronizability ［C］. Proceedings of 3rd IEEE Latin American Symposium on Circuits and Systems. New York: IEEE Press, 2012: 1–4.

［234］ Szele T. Combinatorial investigations concerning directed complete graphs ［J］. M Matematikai és Fizikai Lapok, 1943, 50: 223–256.

[235] Erdös P. Some remarks on the theory of graphs [J]. Bulletin of the American Meteorological Society, 1947, 53: 292–294.

[236] Solomonoff R, Rapoport A. Connectivity of random nets [J], Bulletin of Mathematical Biophysics, 1951, 13 (2): 107–117.

[237] Chung F, Lu L. The average distances in random graphs with given excepted degrees [J]. Proceedings of the National Academy of Sciences of the United States of America, 2002, 99 (25): 15879–15882.

[238] Monasson R. Diffusion, localization and dispersion relations on 'small–world' lattices [J]. The European Physical Journal B–Condensed Matter and Complex Systems, 1999, 12 (4): 555–567.

[239] Barrat A, Weigt M. On the properties of small–world networks [J]. The European Physical Journal B–Condensed Matter and Complex Systems, 2000, 13 (3): 547–560.

[240] Barthélemy M, Amaral L A N. Small–world networks: evidence for a crossover picture [J]. Physical Review Letters, 1999, 82 (15): 3180–3183.

[241] Newman M E J, Moore C, Watts D J. Mean–field solution of the small–world network model [J]. Physical Review Letters, 2000, 84 (14): 3201–3204.

[242] Moukarzel C F. Spreading and shortest path in system with sparse long–range connections [J]. Physical Review E, 1999, 60 (6): 6263–6266.

[243] Ozana M. Incipient spanning cluster on small–world networks [J]. Europhys Letters, 2001, 55 (6): 762–766.

[244] Barabási A L, Albert R, Jeong H. Mean–field theory for scale–free random networks [J]. Physica A: Statistical Mechanics and its Applications, 1999, 272 (1): 173–187.

[245] Dorogovtsev S N, Mendes J F F, Samukhin A N. Structure of growing networks with preferential linking [J]. Physical Review Letters, 2000, 85 (21): 4633–4636.

[246] Krapivsky P L, Redner S, Leyvraz F. Connectivity of growing random networks [J]. Physical Review Letters, 2000, 85 (21): 4629–4632.

[247] Shi D H, Chen Q H, Liu L M. Markov chain–based numerical method for degree distributions of growing networks [J]. Physical Review E, 2005, 71 (3): 036140.

[248] Price D J de S. A general theory of bibliometric and other cumulative advantage processes [J]. Journal of the American Society for Information Science, 1976, 27 (5): 292–306.

[249] Simon H A. On a class of skew distribution functions [J]. Biometrika, 1955, 42: 425–

440.

[250] Klemm K, Eguíluz V M. Highly clustered scale-free networks [J]. Physical Review E, 2002, 65 (3): 036123.

[251] Klemm K, Eguíluz V M. Growing scale-free networks with small-world behavior [J]. Physical Review E, 2002, 65 (5): 057102.

[252] Barabási A L. Scale-free networks: a decade and beyond [J]. Science, 2009, 325 (5939): 412-413.

[253] Newman M E J. Networks: An Introduction [M]. Oxford: Oxford University Press, 2010.

[254] Dorogovtsev S N. Lectures on Complex Networks [M]. Oxford: Oxford University Press, 2010.

[255] Newman M E J, Barabási A L, Watts D J. The Structure and Dynamics of Networks [M]. Princeton: Princeton University Press, 2006.

[256] Watts D J. Six Degrees: The Science of a Connected Age [M]. New York: WW Norton & Company, 2003.

[257] Watts D J. Small Worlds: the Dynamics of Networks between Order and Randomness [M]. Princeton: Princeton University Press, 2006.

[258] Barabási A L. Linked: How Everything Is Connected to Everything Else and What It Means for [M]. London: Penguin Group, 2002.

[259] 汪小帆, 李翔, 陈关荣. 网络科学导论 [M]. 北京: 高等教育出版社, 2012.

[260] 何大韧, 刘宗华, 汪秉宏. 复杂系统与复杂网络 [M]. 北京: 高等教育出版社, 2009.

[261] 郭雷, 许晓鸣. 复杂网络 [M]. 上海: 上海科技教育出版社, 2006.

[262] Newman M E J. Models of the small world [J]. Journal of Statistical Physics, 2000, 101 (3): 819-841.

[263] Hayes B. Graph theory in practice: part I [J]. American Scientist, 2000, 88 (1): 9-13.

[264] Hayes B. Graph theory in practice: part II [J]. American Scientist, 2000, 88: 104-109.

[265] Albert R, Barabási A L. Statistical mechanics of complex networks [J]. Reviews of modern physics, 2002, 74 (1): 47-97.

[266] Dorogovtsev S N, Mendes J F F. Evolution of networks [J]. Advances in physics, 2002, 51 (4): 1079-1187.

[267] Newman M E J. The structure and function of complex networks [J]. SIAM Review, 2003, 45 (2): 167-256.

［268］Wang X F, Chen G R. Complex networks：small-world, scale-free and beyond ［J］. IEEE Circuits and Systems Magazine, 2003, 3（1）：6-20.

［269］Boccaletti S, Latora V, Moreno Y, et al. Complex networks：Structure and dynamics ［J］. Physics Reports, 2006, 424（4）：175-308.

［270］吴金闪, 狄增如. 从统计物理学看复杂网络研究 ［J］. 物理学进展, 2004, 24（1）：18-46.

［271］方锦清, 汪小帆, 郑志刚, 等. 一门崭新的交叉科学：网络科学（上）［J］. 物理学进展, 2007, 27（3）：239-343.

［272］方锦清, 汪小帆, 郑志刚, 等. 一门崭新的交叉科学：网络科学（下）［J］. 物理学进展, 2008, 28（4）：361-448.

［273］陈关荣. 复杂网络及其新近研究进展简介 ［J］. 力学进展, 2008, 38（6）：653-662.

［274］朱涵, 王欣然, 朱建阳. 网络建筑学 ［J］. 物理, 2003, 32（6）：364-369.

［275］周涛, 柏文洁, 汪秉宏, 等. 复杂网络研究概论 ［J］. 物理, 2005, 34（1）：31-36.

［276］Pastor-Satorras R, Vespignani A. Evolution and Structure of the Internet：A Statistical Physics Approach ［M］. Cambridge：Cambridge University Press, 2007.

［277］Caldarelli G. Scale-Free Networks：Complex Webs in Nature and Technology ［M］. Oxford：Oxford University Press, 2007.

［278］Barrat A, Barthélemy M, Vespignani A. Dynamical Processes on Complex Networks ［M］. Cambridge：Cambridge University Press, 2008.

［279］史定华. 网络度分布理论 ［M］. 北京：高等教育出版社, 2011.

［280］Estrada E, Hatano N, Benzi M. The physics of communicability in complex networks ［J］. Physics Reports, 2012, 514（3）：89-119.

［281］赵明, 汪秉宏, 蒋品群, 等. 复杂网络上动力系统同步的研究进展 ［J］. 物理学进展, 2005, 25（3）：273-295.

［282］赵明, 周涛, 陈关荣, 等. 复杂网络上动力系统同步的研究进展 II：如何提高网络的同步能力 ［J］. 物理学进展, 2008, 28（001）：22-34.

［283］Zhao M, Zhou T, Chen G R, et al. Enhancing the network synchronizability ［J］. Frontiers of Physics in China, 2007, 2（4）：460-468.

［284］Arenas A, Díza-Guilera A, Kurths J M, et al. Synchronization in complex networks ［J］. Physics Reports, 200, 469（3）93-153.

［285］周涛, 傅忠谦, 牛永伟, 等. 复杂网络上传播动力学研究综述 ［J］. 自然科学进展,

链
路
预
测

2005, 15 (5): 513-518.

[286] Zhou T, Fu Z Q, Wang B H. Epidemic dynamics on complex networks [J]. Progress in Natural Science, 2006, 16 (5): 452-457.

[287] Funk S, Salathé M, Jansen V A A. Modelling the influence of human behaviour on the spread of infectious diseases: a review [J]. Journal of The Royal Society Interface, 2010, 7 (50): 1247-1256.

[288] Tadić B, Rodgers G J, Thurner S. Transport on complex networks: flow, jamming and optimization [J]. International Journal of Bifurcation and Chaos, 2007, 17 (07): 2363-2385.

[289] Wang B H, Zhou T. Traffic flow and efficient routing on scale-free networks: a survey [J]. Journal of the Korean Physical Society, 2007, 50 (1): 134-141.

[290] Chen S, Huang W, Cattani C, et al. Traffic dynamics on complex networks: a survey [J]. Mathematical Problems in Engineering, 2011, 2012: 732698.

[291] Nowak M A. Five rules for the evolution of cooperation [J]. Science, 2006, 314 (5805): 1560-1563.

[292] Szabó G, Fáth G. Evolutionary games on graphs [J]. Physics Reports, 2007, 446 (4): 97-216.

[293] Perc M, Szolnoki A. Coevolutionary games: a minireview [J]. Biosystems, 2010, 99: 109-125.

[294] 吴枝喜, 荣智海, 王文旭. 复杂网络上的博弈 [J]. 力学进展, 2008, 38 (6): 794-804.

[295] 吕琳媛. 复杂网络链路预测 [J]. 电子科技大学学报, 2010, 39 (5): 651-661.

[296] Lü L, Zhou T. Link prediction in complex networks: a survey [J]. Physica A: Statistical Mechanics and its Applications, 2011, 390 (6): 1150-1170.

[297] 刘建国, 周涛, 汪秉宏. 个性化推荐系统的研究进展 [J]. 自然科学进展, 2009, 19 (1): 1-15.

[298] 汪秉宏, 周涛, 刘建国. 推荐系统、信息挖掘及基于互联网的信息物理研究 [J]. 复杂系统与复杂性科学, 2010, 7 (002): 46-49.

[299] Lü L, Medo M, Yeung C H, et al. Recommender systems [J]. Physics Reports, 2012, 519 (3): 1-49.

[300] Castellano C, Fortunato S, Loreto V. Statistical physics of social dynamics [J]. Reviews of

Modern Physics, 2009, 81（2）: 591-646.

［301］Holme P, Saramäki J. Temporal networks［J］. Physics Reports, 2012, 519（3）: 97-
125.

［302］黎勇, 胡延庆, 张晶, 等. 空间网络综述［J］. 复杂网络与复杂性科学, 2010, 7（2-
3）: 145-164.

［303］Barthélemy M. Crossover from scale-free to spatial networks［J］. Europhysics Letters,
2007, 63（6）: 915.

［304］Fortunato S. Community detection in graphs［J］. Physics Reports, 2010, 486（3）: 75-
174.

［305］Newman M E J. Communities, modules and large-scale structure in networks［J］. Nature
Physics, 2011, 8（1）: 25-31.

［306］汪小帆, 刘亚冰. 复杂网络中的社团结构算法综述［J］. 电子科技大学学报, 2009,
38（005）: 537-543.

［307］Alon U. Network motifs: theory and experimental approaches［J］. Nature Reviews Genet-
ics, 2007, 8（6）: 450-461.

［308］Costa L F, Rodrigues F A, Travieso G, et al. Characterization of complex networks: A sur-
vey of measurements［J］. Advances in Physics, 2007, 56（1）: 167-242.

［309］Dorogovtsev S N, Goltsev A V, Mendes J F F. Critical phenomena in complex networks
［J］. Reviews of Modern Physics, 2008, 80（4）: 1275-1335.

［310］何大韧, 刘宗华, 汪秉宏. 复杂网络研究的一些统计物理方法及其背景［J］. 力学进
展, 2008, 38（6）: 692-701.

［311］Costa L da F, Oliveira Jr O N, Travieso G, et al. Analyzing and modeling real-world phe-
nomena with complex networks: a survey of applications［J］. Advances in Physics, 2011,
60（3）: 329-412.

［312］吕琳媛, 陆君安, 张子柯, 等. 复杂网络观察［J］. 复杂系统与复杂性科学, 2010, 7
（2-3）: 173-186.

［313］Getoor L, Diehl C P. Link mining: a survey［J］. ACM SIGKDD Explorations Newsletter,
2005, 7（2）: 3-12.

［314］Sarukkai R R. Link prediction and path analysis using markov chains［J］. Computer Net-
works, 2000, 33（1）: 377-386.

［315］Zhu J, Hong J, Hughes J G. Using markov chains for link prediction in adaptive web sites

［J］. Soft－Ware 2002: Computing in an Imperfect World, 2002, 2311: 60-73.

［316］ Popescul A, Ungar L. Statistical relational learning for link prediction ［C］. Proceedings of Workshop on Learning Statistical Models from Relational Data. New York: ACM Press, 2003: 81-87.

［317］ O'Madadhain J, Hutchins J, Smyth P. Prediction and ranking algorithms for event－based network data ［C］. Proceedings of ACM SIGKDD 2005. New York: ACM Press, 2005: 23-30.

［318］ Lin D. An information－theoretic definition of similarity ［C］. Proceedings of the 15th international conference on Machine Learning. San Francisco: Morgan Kaufman Publishers, 1998: 296-304.

［319］ Liben－Nowell D, Kleinberg J. The link－prediction problem for social networks ［J］. Journal of the American society for information science and technology, 2007, 58 (7): 1019-1031.

［320］ Adamic L A, Adar E. Friends and neighbors on the web ［J］. Social Networks, 2003, 25 (3): 211-230.

［321］ Zhou T, Lü L, Zhang Y C. Predicting missing links via local information ［J］. The European Physical Journal B-Condensed Matter and Complex Systems, 2009, 71 (4): 623-630.

［322］ Pan Y, Li D H, Liu J G, et al. Detecting community structure in complex networks via node similarity ［J］. Physica A: Statistical Mechanics and its Applications, 2010, 389 (14): 2849-2857.

［323］ Wang Y L, Zhou T, Shi J J, et al. Empirical analysis of dependence between stations in Chinese railway network ［J］. Physica A: Statistical Mechanics and its Applications, 2009, 388 (14): 2949-2955.

［324］ Lü L, Jin C H, Zhou T. Similarity index based on local paths for link prediction of complex networks ［J］. Physical Review E, 2009, 80 (4): 046122.

［325］ Liu W P, Lü L. Link prediction based on local random walk ［J］. Europhysics Letters, 2010, 89 (5): 58007.

［326］ Clauset A, Moore C, Newman M E J. Hierarchical structure and the prediction of missing links in networks ［J］. Nature, 2008, 453 (7191): 98-101.

［327］ Holland P W, Laskey K B, Leinhard S. Stochastic blockmodels: first steps ［J］. Social Networks, 1983, 5 (2): 109-137.

[328] Guimerá R, Sales-Pardo M. Missing and spurious interactions and the reconstruction of complex networks [J]. Proceedings of the National Academy of Sciences of the United States of America, 2009, 106 (52): 22073-22078.

[329] Yu H, Braun P, Yildirim M A, et al. High-quality binary protein interaction map of the yeast interactome network [J]. Science, 2008, 322 (5898): 104-110.

[330] Stumpf M P H, Thorne T, de Silva E, et al. Estimating the size of the human interactome [J]. Proceedings of the National Academy of Sciences of the United States of America, 2008, 105 (19): 6959-6964.

[331] Amaral L A N. A truer measure of our ignorance [J]. Proceedings of the National Academy of Sciencesof the United States of America, 2008, 105 (19): 6795-6796.

[332] Von Mering C, Krause R, Snel B, et al. Comparative assessment of large-scale data sets of protein-protein interactions [J]. Nature, 2002, 417: 399-403.

[333] Gallagher B, Tong H, Eliassi-Rad T, et al. Using ghost edges for classification in sparsely labeled networks [C]. Proceeding of the 14th ACM SIGKDD international conference on Knowledge discovery and data mining. New York: ACM Press, 2008: 256-264.

[334] Dasgupta K, Singh R, Viswanathan B, et al. Social ties and their relevance to churn in mobile telecom networks [C]. Proceedings of the 11th international conference on Extending database technology: Advances in database technology. New York: ACM Press, 2008: 668-677.

[335] Schafer L, Graham J W. Missing data: our view of the state of the art [J]. Psychological Methods, 2002, 7 (2): 147-177.

[336] Kossinets G. Effects of missing data in social networks [J]. Social Networks, 2006, 28 (3): 247-268.

[337] Schein A I, Popescul A, Ungar L H, et al. Methods and Metrics for Cold-Start Recommendations [C]. Proceedings of the 25th Annual International ACM SIGIR Conference on Research and Development in Information Retrieval. New York: ACM Press, 2002: 253-260.

[338] Esslimani I, Brun A, Boyer A. Densifying a behavioral recommender system by social networks link prediction methods [J]. Social Network Analysis and Mining, 2011, 1 (3): 159-172.

[339] 刘宏鲲, 吕琳媛, 周涛. 利用链路预测推断网络演化机制 [J]. 中国科学: 物理学, 力学, 天文学, 2011, 41 (7): 816-823.

[340] Liu Z, Zhang Q M, Lü L, et al. Link prediction in complex networks: a local naïve Bayes model [J]. Europhysics Letters, 2011, 96 (4): 48007.

[341] Wang W Q, Zhang Q M, Zhou T. Evaluating Network Models: A Likelihood Analysis [J]. Europhysics Letters, 2012, 98 (2): 28004

[342] Leicht E A, Holme P, Newman M E J. Vertex similarity in networks [J]. Physical Review E, 2006, 73 (2): 026120.

[343] Zhu Y X, Lü L, Zhang Q M, et al. Uncovering missing links with cold ends [J]. Physica A: Statistical Mechanics and its Applications, 2012, 391: 5769-5778.

[344] McLachlan G J, Do K A, Ambroise C. Analyzing Microarray Gene Expression Data [M]. Hoboken: John Wiley & Sons, 2004.

[345] Goodman L A. Snowball sampling [J]. Annals of Mathematical Statistics, 1961, 32 (1): 148-170.

[346] Biernacki P, Waldorf D. Snowball sampling: problems and techniques of chain referral sampling [J]. Sociological Methods and Research, 1981, 10 (2): 141-163.

[347] Cohen R, Havlin S, ben-Avraham D. Efficient immunization strategies for computer networks and populations [J]. Physical Review Letters, 2003, 91 (24): 247901.

[348] Madar N, Kalisky T, Cohen R, et al. Immunization and epidemic dynamics in complex networks [J]. The European Physical Journal B: Condensed Matter and Complex Systems, 2004, 38 (2): 269-276.

[349] Lovász L. Random walks on graphs: a survey [J]. Combinatorics, 1993, 2 (1): 1-46.

[350] Kolaczyk E E. Some Implications of Path-Based Sampling on the Internet [C]. Proceedings of a Workshop on Statistics of Networks. Washington: National Academies Press, 2007: 207.

[351] Hanely J A, McNeil B J. The meaning and use of the area under a receiver operating characteristic (ROC) curve [J]. Radiology, 1982, 143: 29-36.

[352] Herlocker J L, Konstann J A, Terveen K, et al. Evaluating collaborative filtering recommender systems [J]. ACM Transactions on Information Systems, 2004, 22 (1): 5-53.

[353] Zhou T, Ren J, Medo M, et al. Bipartite network projection and personal recommendation [J]. Physical Review E, 2007, 76 (4): 046115.

[354] 刘建国, 周涛, 郭强, 等. 个性化推荐系统评价方法综述 [J]. 复杂系统与复杂性科学, 2009, 6 (003): 1-10.

［355］ 朱郁筱, 吕琳媛. 推荐系统评价指标综述 ［J］, 电子科技大学学报：自然科学版, 2012, 41 （2）: 163-175.

［356］ Fawcett T. An introduction to ROC analysis ［J］. Pattern Recognition Letters, 2006, 27 （8）: 861-874.

［357］ Mann H B, Whitney D R. On a test of whether one of two random variables is stochastically larger than the other ［J］. The Annals of Mathematical Statistics, 1947, 18 （1）: 50-60.

［358］ Wilcoxon F. Individual comparisons by ranking methods ［J］. Biometrics Bulletin, 1945, 1 （6）: 80-83.

［359］ McPherson M, Smith Lovin L, Cook J M. Birds of a feature: Homophily in social networks ［J］. Annual Review of Sociology, 2001, 27: 415-444.

［360］ Lorrain F, White H C. Structural equivalence of individuals in social networks ［J］. The Journal of Mathematical Sociology, 1971, 1 （1）: 49-80.

［361］ Newman M E J. Clustering and preferential attachment in growing networks ［J］. Physical Review E, 2001, 64 （2）: 025102.

［362］ Salton G, McGill M J. Introduction to Modern Information Retrieval ［M］. Auckland: McGraw-Hill, 1983.

［363］ Jaccard P. Étude comparative de la distribution florale dans une portion des Alpes et des Jura ［J］. Bulletin of the Torrey Botanical Club, 1901, 37: 547.

［364］ Sørensen T. A method of establishing groups of equal amplitude in plant sociology based on similarity of species content and its application to analyses of the vegetation on Danish commons ［J］. Biologiske Skrifter, 1948, 5 （4）: 1-34.

［365］ Molloy M, Reed B. A critical point for random graphs with a given degree sequence ［J］. Random Structures Algorithms, 1995, 6 （2-3）: 161.

［366］ Ou Q, Jin Y D, Zhou T, et al. Power-law strength-degree correlation from resource-allocation dynamics on weighted networks ［J］. Physical Review E, 2007, 75 （2）: 021102.

［367］ Soundarajan S, Hopdroft J. Using Community Information to Improve the Precision of Link Prediction Methods ［C］. Proceedings of the 21st International Conference on World Wide Web. New York: ACM Press, 2012: 607-608.

［368］ Xie Y B, Zhou T, Wang B H. Scale-free networks without growth ［J］. Physica A: Statistical Mechanics and its Applications, 2008, 387 （7）: 1683.

［369］ Ulanowicz R E, Bondavalli C, Egnotovich M S. Network Analysis of Trophic Dynamics in

链
路
预
测

South Florida Ecosystem, FY 97: The Florida Bay Ecosystem [R/OL]. Technical report, CBL, 1998: 98-123.

[370] Spring N, Mahajan R, Wetherall D, et al. Measuring ISP topologies with rocketfuel [J]. IEEE/ACM Transactions on Networking, 2004 (4), 12: 2.

[371] Everett M G, Borgatti S P. Regular equivalence: general theory [J]. The Journal of mathematical sociology, 1994, 19 (1): 29-52.

[372] Klein D J, Randic M. Resistance distance [J]. Journal of Mathematical Chemistry, 1993, 12 (1): 81-95.

[373] Fouss F, Pirotte A, Renders J M, et al. Random-walk computation of similarities between nodes of a graph with application to collaborative recommendation [J]. IEEE Transactions on Knowledge and Data Engineering, 2007, 19 (3): 355-369.

[374] Jeh G, Widom J. SimRank: a measure of structural-context similarity [C]. Proceedings of ACM SIGKDD 2002. New York: ACM Press, 2002: 538-543.

[375] Golub G, Kahan W. Calculating the singular values and pseudo-inverse of a matrix [J]. Journal of the Society for Industrial and Applied Mathematics: Series B Numerical Analysis, 1965, 2 (2): 205-224.

[376] Mahalanobis P C. On the generalized distance in statistics [J]. Proceedings of the National Institute of Science of India, 1936, 2 (1): 49-55.

[377] Chung F R K. Spectral Graph Theory [M]. Providence: American Mathematical Society Press, 1997.

[378] Scholkopf B, Smola A. Learning with Kernels [M]. Cambridge: The MIT Press, 2002.

[379] Tong H, Faloutsos C, Pan J Y. Fast random walk with restart and its applications [C]. Proceedings of 6th Intl. Conf. Data Mining. Washington: IEEE Press, 2006: 613-622.

[380] Shang M S, Lü L, Zeng W, et al. Relevance is more significant than correlation: Information filtering on sparse data [J]. Europhysics Letters, 2009, 88 (6): 68008.

[381] Chebotarev P, Shamis E V. The matrix-forest theorem and measuring relations in small social groups [J]. Automation and Remote Control, 1997, 58 (9): 1505.

[382] Fouss F, Yen L, Pirotte A, et al. An experimental investigation of graph kernels on a collaborative recommendation task [C]. Proceedings of the 6th International Conference on Data Mining. Washington: IEEE Press, 2006: 863-868.

[383] Sun D, Zhou T, Liu J G, et al. Information filtering based on transferring similarity [J].

Physical Review E, 2009, 80 (1): 017101.

[384] http: //vlado. fmf. uni-lj. si/pub/networks/data/

[385] Adamic L A, Glance N. The political blogosphere and the 2004 US election: divided they blog [C]. Proceedings of the 3rd International Workshop on Link Discovery. New York: ACM Press, 2005: 36-43.

[386] Feng X, Zhao J C, Xu K. Link prediction in complex networks: a clustering perspective [J]. The European Physical Journal B-Condensed Matter and Complex Systems, 2012, 85 (1): 1-9.

[387] Zhou C, Zemanová L, Zamora G, et al. Hierarchical organization unveiled by functional connectivity in complex brain networks [J]. Physical Review Letters, 2006, 97 (23): 238103.

[388] Sales Pardo M, Guimerá R, Amaral L A N. Extracting the hierarchical organization of complex systems [J]. Proceedings of the National Academy of Sciences of the United States of America, 2007, 104 (39): 15224-15229.

[389] Redner S. Teasing out the missing links [J]. Nature, 2008, 453 (7191): 47-48.

[390] Newman M E J, Barkema G T. Monte Carlo Methods in Statistical Physics [M]. Oxford: Oxford University Press, 1999.

[391] Metropolis M, Rosenbluth A W, Teller A H, et al. Equations of state calculations by fast computing machines [J]. Journal of Chemical Physics, 1953, 21: 1087-1092.

[392] Hastings W K. Monte Carlo sampling methods using Markov chains and their applications [J]. Biometrika, 1970, 57 (1): 97-109.

[393] Kirkpatrick S, Gelatt C D, Vecchi M P. Optimization by simulated annealing [J]. Science, 1983, 220 (4598): 671-680.

[394] Cerný V. Thermodynamical approach to the traveling salesman problem: An efficient simulation algorithm [J]. Journal of Optimization Theory and Applications, 1985, 45 (1): 41-51.

[395] Krebs V. Mapping networks of terrorist cells [J]. Connections, 2002, 24 (3): 43-52.

[396] Huss M, Holme P. Currency and commodity metabolites: their identification and relation to the modularity of metabolic networks [J]. IET Systems Biology, 2007, 1 (5): 280-285.

[397] Dawah H A, Hawkins B A, Claridge M F. Structure of the parasitoid communities of grass-feeding chalcid wasps [J]. Journal of Animal Ecology, 1995, 64: 708-720.

链路预测

［398］Mossel E, Vigoda E. Phylogenetic MCMC are misleading on mixtures of trees ［J］. Science, 2005, 309 (5744): 2207-2209.

［399］White H C, Boorman S A, Breiger R L. Social structure from multiple networks I: blockmodels of roles and positions ［J］. American Journal of Sociology, 1976, 81: 730-780.

［400］Anderson C J, Wasserman S, Faust K. Building stochastic blockmodels ［J］. Social Networks, 1992, 14 (1): 137-161.

［401］Dorelan P, Batagelj V, Ferligoj A. Generalized Blockmodeling ［M］. Cambridge: Cambridge University Press, 2005.

［402］Airoldi E M, Blei D M, Fienberg S E, et al. Mixed-membership stochastic blockmodels ［J］. The Journal of Machine Learning Research, 2008, 9: 1981-2014.

［403］Guimerá R, Sales-Pardo M, Amaral L A N. Classes of complex networks defined by role-to-role connectivity profiles ［J］. Nature Physics, 2007, 3 (1): 63-69.

［404］Reichardt J, White D R. Role models for complex networks ［J］. The European Physical Journal B-Condensed Matter and Complex Systems, 2007, 60 (2): 217-224.

［405］Pan L, Zhou T, Lü L, et al. Predicting Missing Links via Likelihood Analysis ［J］. to be published.

［406］沈惠川, 统计力学 ［M］. 合肥: 中国科学技术大学出版社, 2011.

［407］Szabó G, Alava M, Kertész J. Clustering in complex networks ［J］. Lecture Notes in Physics, 2004, 650: 139-162.

［408］Leskovec J, Backstrom L, Kumar R, et al. Microscopic evolution of social networks ［C］. Proceedings of the 14th ACM SIGKDD international conference on Knowledge discovery and data mining. New York: ACM Press, 2008: 462-470.

［409］Cui A X, Fu Y, Shang M S, et al. Emergence of local structures in complex networks: Common neighborhood drives the network evolution ［J］. Acta Physica Sinica, 2011, 60: 038901.

［410］Kossinets G, Watts D J. Empirical analysis of an evolving social network ［J］. Science, 2006, 311 (5757): 88-90.

［411］Yin D, Hong L, Xiong X, et al. Link formation analysis in microblog ［C］. Proceedings of the 34th international ACM SIGIR conference on Research and development in Information Retrieval. New York: ACM Press, 2011: 1235-1236.

［412］程云鹏. 矩阵论 ［M］. 西安: 西北工业大学出版社, 2003.

[413] Anderson C J, Wasserman S, Crouch B. A $p *$ primer: logit models for social networks [J]. Social Networks, 1999, 21 (1): 37-66.

[414] Gleiser P, Danon L. Community structure in Jazz [J]. Advances in complex systems, 2003, 6 (04): 565.

[415] Duch J, Arenas A. Community detection in complex networks using extremal optimization [J]. Physical Review E, 2005, 72 (2): 027104.

[416] Baird D, Luczkovich J, Christian R R. Assessment of spatial and temporal variability in ecosystem attributes of the St Marks national wildlife refuge, Apalachee Bay [J]. Florida, Estuarine, Coastal, and Shelf Science, 1998, 47 (3): 329-349.

[417] Park J, Newman M E J. The statistical mechanics of networks [J]. Physical Review E, 2004, 70 (1): 066117

[418] Besag J E. Nearest-neighbour systems and the auto-logistic model for binary data [J]. Journal of the Royal Statistical Society: Series B, 1972, 34 (1): 75-83.

[419] Besag J E. Spatial interaction and the statistical analysis of lattice systems [J]. Journal of the Royal Statistical Society: Series B, 1974, 36 (2): 192-236.

[420] Besag J E. Some methods of statistical analysis for spatial data [J]. Bulletin of the International Statistical Association, 1977, 47 (2): 77-92.

[421] Barrat A, Barthelemy M, Vespignani A. Weighted evolving networks: coupling topology and weight dynamics [J]. Physical Review Letters, 2004, 92 (22): 228701.

[422] Li W, Cai X. Statistical analysis of airport network of China [J]. Physical Review E, 2004, 69 (4): 046106.

[423] Wang W X, Wang B H, Hu B, et al. General dynamics of topology and traffic on weighted technological networks [J]. Physical Review Letters, 2005, 94 (18): 188702.

[424] Onnela J P, Saramaki J, Kertséz J, et al. Intensity and coherence of motifs in weighted complex networks [J]. Physical Review E, 2005, 71 (6): 065103.

[425] Holme P, Park S M, Kim B J, et al. Korean university life in a network perspective: dynamics of a large affiliation network [J]. Physica A: Statistical Mechanics and its Applications, 2007, 373: 821-830.

[426] Newman M E J. Analysis of weighted networks [J]. Physical Review E, 2004, 70 (5): 056131.

[427] Fan Y, Li M H, Zhang P, et al. Accuracy and precision of methods for community identifi-

链
路
预
测

cation in weighted networks [J]. Physica A: Statistical Mechanics and its Applications, 2007, 377 (1): 363–372.

[428] Han H, Wang J, Wang H. Improving CNM algorithm to detect community structure of weighted network [J]. Computer Engineering and Applications, 2010, 46: 86–89.

[429] Farkas I, Abel D, Palla G, et al. Weighted network modules [J]. New Journal of Physics, 2007, 9 (6): 180.

[430] Zhou C, Motter A E, Kurths J. Universality in the synchronization of weighted random networks [J]. Physical Review Letters, 2006, 96 (3): 034101.

[431] Yan G, Zhou T, Wang J, et al. Epidemic spread in weighted scale–free networks [J]. Chinese Physics Letters, 2005, 22 (2): 510–513.

[432] Yang Z, Zhou T. Epidemic spreading in weighted networks: an edge–based mean–field solution [J]. Physical Review E, 2012, 85 (5): 056106.

[433] Chu X, Guan J, Zhang Z Z. Epidemic spreading with nonlinear infectivity in weighted scale–free networks [J]. Physica A: Statistical Mechanics and its Applications, 2011, 390 (3): 471–481.

[434] Wu Z, Braunstein L A, Havlin S, et al. Transport in weighted networks: Partition into superhighways and roads [J]. Physical Review Letters, 2006, 96 (14): 148702.

[435] Ramasco J J, Goncalves B. Transport on weighted networks: when the correlations are independent of the degree [J]. Physical Review E, 2007, 76 (6): 066106.

[436] Cao L, Ohtsuki H, Wang B, et al. Evolution of cooperation on adaptively weighted networks [J]. Journal of Theoretical Biology, 2011, 272 (1): 8–15.

[437] Chavez M, Huang D U, Amann A, et al. Synchronization is enhanced in weighted complex networks [J]. Physical Review Letters, 2005, 94 (21): 218701.

[438] Lu Y F, Zhao M, Zhou T, et al. Enhanced synchronizability via age–based coupling [J]. Physical Review E, 2007, 76 (5): 057103.

[439] Zhou C, Kurths J. Dynamical weights and enhanced synchronization in adaptive complex networks [J]. Physical Review Letters, 2006, 96 (16): 164102.

[440] Yang R, Zhou T, Xie Y B, et al. Optimal contact process on complex networks [J]. Physical Review E, 2008, 78 (6): 066109.

[441] Yang R, Wang W X, Lai Y C, et al. Optimal weighting scheme for suppressing cascades and traffic congestion in complex networks [J]. Physical Review E, 2009, 79 (2):

026112.

[442] Wang W X, Wang B H, Yin C Y, et al. Traffic dynamics based on local routing protocol on a scale-free network [J]. Physical Review E, 2006, 73 (2): 026111.

[443] Bai M, Hu K, Tang Y. Link prediction based on a semi-local similarity index [J]. Chinese Physics B, 2011, 20 (12): 128902.

[444] Murata T, Moriyasu S. Link prediction of Social Networks Based on Weighted Proximity Measures [C]. Proceedings of the IEEE/WIC/ACM International Conference on Web Intelligence. New York: ACM Press, 2007: 85-88.

[445] Wind D K, Morup M. Link prediction in weighted networks [C]. Proceedings of IEEE international workshop on machine learning for signal processing. Spain: IEEE Press, 2012: 1-6.

[446] Lü L, Zhou T. Link prediction in weighted networks: the role of weak ties [J]. Europhysics Letters, 2010, 89 (1): 18001.

[447] Hu Y, Wang Y, Li D, et al. Possible origin of efficient navigation in small worlds [J]. Physical Review Letters, 2011, 106 (10): 108701.

[448] Lai G, Wong O. The tie effect on information dissemination: the spread of a commercial rumor in Hong Kong [J]. Social Networks, 2002, 24 (1): 49-75.

[449] Levin D Z, Cross R. The strength of weak ties you can trust: the mediating role of trust in effective knowledge transfer [J]. Management Science, 2004, 50 (11): 1477-1490.

[450] Cui A X, Yang Z, Zhou T. Roles of ties in spreading [J]. 2012, arXiv: 1204. 0100.

[451] Csermely P. Strong links are important, but weak links stabilize them [J]. Trends in Biochemical Sciences, 2004, 29 (7): 331-334.

[452] Kumpula J M, Onnela J P, Saramaki J, et al. Emergence of communities in weighted networks [J]. Physical Review Letters, 2007, 99 (22): 228701.

[453] Spencer L, Pahl R. Rethinking Friendships: Hidden Solidarities Today [M]. Princeton: Princeton University Press, 2006.

[454] Christakis N, Fowler J. Connected: The Surprising Power of Our Social Networks and How They Shape Our Lives [M]. New York: Little, Brown and Company, 2009.

[455] Broadbent S. The small size of our communication networks [OL] // usagewatch. org.

[456] Friedkin N. A test of structural features of granovetter's strength of weak ties theory [J]. Social Networks, 1980, 2 (4): 411-422.

[457] Pan R K, Saramäki J. The strength of strong ties in scientific collaboration networks [J]. Europhysics Letters, 2012, 97 (1): 18007.

[458] Pajevic S, Plenz D. The organization of strong links in complex networks [J]. Nature Physics, 2012, 8 (5): 429–436.

[459] Karrer B, Newman M E J. Stochastic block models and community structure in networks [J]. Physical Review E, 2011, 83 (1): 016107.

[460] Psorakis I, Roberts S, Ebden M, et al. Overlapping community structure detection using Bayesian nonnegative matrix factorization [J]. Physical Review E, 2011, 03 (6): 066114.

[461] Lee D D, Seung H S. Algorithms for non–negative matrix factorization [J]. Advances in Neural Information Processing Systems, 2000, 13: 556–562.

[462] Bu D, Zhao Y, Cai L, et al. Topological structure analysis of the protein–protein interaction network in budding yeast [J]. Nucleic Acids Research, 2003, 31 (9): 2443–2450.

[463] Globerson A, Chechik G, Pereira F, et al. Euclidean embedding of co–occurrence data [J]. The Journal of Machine Learning Research, 2007, 8: 2265–2295.

[464] Yan X Y, Han X P, Wang B H, et al. Diversity of Individual Mobility Patterns [J], 2012, arXiv: 1211. 2874.

[465] Hidalgo C A. Conditions for the emergence of scaling in the inter–event time of uncorrelated and seasonal systems [J]. Physica A: Statistical Mechanics and its Applications, 2006, 369 (2): 877–883.

[466] Fagiolo G. Clustering in complex directed networks [J]. Physical Review E, 2007, 76 (2): 026107.

[467] Ahnert S E, Fink T M A. Clustering signatures classify directed networks [J]. Physical Review E, 2008, 78 (3): 036112.

[468] Chen D B, Gao H, Lü L, et al. Identifying influential nodes in large–scale directed networks: The role of clustering [J]. PLoS ONE, Submitted.

[469] Foster J G, Foster D V, Grassberger P, et al. Edge direction and the structure of networks [J]. Proceedings of the National Academy of Sciences of the United States of America, 2010, 107 (24): 10815–10820.

[470] Piraveenan M, Prokopenko M, Zomaya A Y. Local assortativeness in scale–free networks [J]. Europhysics Letters, 2008, 84 (2): 28002.

[471] Donato D, Leonardi S, Millozzi S, et al. Mining the inner structure of the web graph [J]. Journal of Physics A: Mathematical and Theoretical, 2008, 41 (22): 224017.

[472] Wang K, Ming Z, Chua T S. A syntactic tree matching approach to finding similar questions in community-based qa services [C]. Proceedings of the 32nd international ACM SIGIR conference on Research and development in information retrieval. Boston: ACM Press, 2009: 187-194.

[473] Palla G, Farkas I J, Pollner P, et al. Directed network modules [J]. New Journal of Physics, 2007, 9 (6): 186.

[474] Brzozowski M J, Romero D M. Who should I follow? Recommending people in directed social networks [C]. Proceedings of the 5th International Conference on Weblogs and Social Media. Menlo Park: The AAAI Press, 2011: 458-461.

[475] Leung C W, Lim E P, Lo D, et al. Mining interesting link formation rules in social networks [C]. Proceedings of the 19th ACM international conference on Information and knowledge management. New York: ACM Press, 2010: 209-218.

[476] Narayanan A, Shi E, Rubinstein B I P. Link prediction by de-anonymization: How we won the Kaggle social network challenge [C]. Proceedings of the 2011 International Joint Conference on Neural Networks. New York: IEEE Press, 2011: 1825-1834.

[477] Corlette D, Shipman F M. Link prediction applied to an open large-scale online social network [C]. Proceedings of the 21st ACM conference on Hypertext and hypermedia. New York: ACM Press, 2010: 135-140.

[478] Ahmad M A, Borbora Z, Srivastava J, et al. Link prediction across multiple social networks [C]. Proceedings of the 2010 IEEE International Conference on Data Mining Workshops. New York: IEEE Press, 2010: 911-918.

[479] Lichtenwalter R N, Lussier J T, Chawla N V. New perspectives and methods in link prediction [C]. Proceedings of the 16th ACM SIGKDD international conference on Knowledge discovery and data mining. New York: ACM Press, 2010: 243-252.

[480] Yin D, Hong L, Davison B D. Structural link analysis and prediction in Microblogs [C]. Proceedings of the 20th ACM international conference on Information and knowledge management. New York: ACM Press, 2011: 1163-1168.

[481] Perotti J I, Billoni O V, Tamarit F A, et al. Emergent self-organized complex network topology out of stability constraints [J]. Physical Review Letters, 2009, 103 (10):

108701.

[482] McPherson M, Smith-Lovin L, Cook J M. Birds of a feather: homophily in social networks [J]. Annual Review of Sociology, 2001, 27: 415-444.

[483] Marvel S A, Strogatz S H, Kleinberg J M. Energy landscape of social balance [J]. Physical Review Letters, 2009, 103 (19): 198701.

[484] Backstrom L, Huttenlocher D P, Kleinberg J M, et al. Group formation in large social networks: membership, growth, and evolution [C]. Proceedings of the 12th ACM SIGKDD international conference on Knowledge discovery and data mining. New York: ACM Press, 2006: 44-54.

[485] Palla G, Barabási A L, Vicsek T. Quantifying social group evolution [J]. Nature, 2007, 446 (7136): 64-667.

[486] Holme P, Kim B J. Growing scale-free networks with tunable clustering [J]. Physical Review E, 2002, 65 (2): 026107.

[487] Leskovec J, Horvitz E. Planetary-scale views on a large instant-messaging network [C]. Proceedings of the 17th international conference on World Wide Web. New York: ACM, 2008: 915-924.

[488] Currarini S, Jackson M O, Pin P. Identifying the roles of race-based choice and chance in high school friendship network formation [J]. Proceedings of the National Academy of Sciences of the United States of America, 2010, 107: 4857-4861.

[489] Lewis K, Gonzalez M, Kaufman J. Social selection and peer influence in an online social network [J]. Proceedings of the National Academy of Sciences of the United States of America, 2012, 109 (1): 68-72.

[490] Cheng X Q, Ren F X, Zhou S, et al. Triangular clustering in document networks [J]. New Journal of Physics, 11 2008, 11 (3): 033019.

[491] Opsahl T, Hogan B. Modeling the evolution of continuously-observed networks: Communication in a Facebook-like community [J]. 2010, arXiv: 1010. 2141.

[492] Mislove A, Koppula H S, Gummadi K P, et al. Growth of the flickr social network [C]. Proceedings of the first workshop on Online social networks. New York: ACM Press, 2008: 25-30.

[493] Gómez V, Kaltenbrunner A, López V. Statistical analysis of the social network and discussion threads in slashdot [C]. Proceedings of the 17th international conference on World

Wide Web. New York: ACM Press, 2008: 645-654.

[494] Pimm S L. Food Webs [M]. Chicago: The University of Chicago Press, 2002.

[495] Itzkovitz S, Milo R, Kashtan N, et al. Subgraphs in random networks [J]. Physical Review E, 2003, 68 (2): 026127.

[496] Bianconi G, Gulbahce N, Motter A E. Local structure of directed networks [J]. Physical Review Letters, 2008, 100 (11): 118701.

[497] Zhang Q M, Lü L, Wang W Q, et al. Potential theory for directed networks [J]. PLoS ONE, 2013, 8 (2): e55437.

[498] Ulanowicz R E, Heymans J J, Egnotovich M S. Network analysis of trophic dynamics in South Florida Ecosystems, FY 99: The Graminoid Ecosystem. Technical report, Technical Report TS-191-99 [R]. Maryland System Center for Environmental Science, Chesapeake Biological Laboratory, Maryland, 2000.

[499] White J G, Southgate E, Thomson J N, et al. The structure of the nervous system of the nematode C. elegans [J]. Philosophical transactions Royal Society London, 1986, 314: 1-340.

[500] Batagelj V, Mrvar A. Pajek datasets website [OL] // http://vlado.fmf.uni-lj.si/pub/networks/data/. Accessed 2013 Jan 14.

[501] Celli F, Di Lascio F M L, Magnani M, et al. Social network data and practices: the case of FriendFeed [C]. Proceedings of the 3rd International Conference on Social Computing, Behavioral Modeling, and Prediction. Berlin: Springer-Verlag, 2010: 346-353.

[502] Richardson M, Agrawal R, Domingos P. Trust management for the semantic web [J]. Lecture Notes in Computer Science, 2003, 2870: 351-368.

[503] Leskovec J, Lang K J, Dasgupta A, et al. Community structure in large networks: Natural cluster sizes and the absence of large well-defined clusters [J]. Internet Mathematics, 2009, 6 (1): 29-123.

[504] Leskovec J, Huttenlocher D, Kleinberg J. Predicting positive and negative links in online social networks [C]. Proceedings of the 19th International Conference on World Wide Web. New York: ACM Press, 2010: 641-650.

[505] Leskovec J, Huttenlocher D, Kleinberg J. Signed networks in social media [C]. Proceedings of the SIGCHI Conference on Human Factors in Computing Systems. New York: ACM Press, 2010: 1361-1370.

链
路
预
测

［506］ Zafarani R, Liu H. Social computing data repository at ASU website ［OL］ // http：//so-cialcomputing. asu. edu. Accessed 2013 Jan 14.

［507］ Xuan Q, Du F, Wu T J. Empirical analysis of Internet telephone network：From user ID to phone ［J］. Chaos, 2009, 19 （2）：023101.

［508］ Shang M S, Lü L, Zhang Y C, et al. Empirical analysis of web-based user-object bipartite networks ［J］. Europhysics Letters, 2010, 90 （4）：48006.

［509］ Goh K I, Cusick M E, Valle D, et al. The human disease network ［J］. Proceedings of the National Academy of Sciences of the United States of America, 2007, 104：8685-8690.

［510］ Holme P, Liljeros F, Edling C R, et al. Network bipartity ［J］. Physical Review E, 2003, 68 （5）：056127.

［511］ Estrada E, Rodríguez-Velázquez J A. Spectral measures of bipartivity in complex networks ［J］. Physical Review E, 2005, 72 （4）：046105.

［512］ Lambiotte R, Ausloos M. Uncovering collective listening habits and music genres in bipartite networks ［J］. Physical Review E, 2005, 72 （6）：066107.

［513］ Laherrere J, Sornette D. Stretched exponential distributions in nature and economy："fat tails" with characteristic scales ［J］. The European Physical Journal B-Condensed Matter and Complex Systems, 1998, 2 （4）：525-539.

［514］ Zhou T, Wang B H, Jin Y D, et al. Modelling collaboration networks based on nonlinear preferential attachment ［J］. International Journal of Modern Physics C, 2007, 18 （02）：297-314.

［515］ Yang Z, Zhang Z K, Zhou T. Anchoring bias in online voting ［J］. Europhysics Letters, 2012, 100 （6）：68002.

［516］ Goncalves B, Ramasco J J. Human dynamics revealed through Web analytics ［J］. Physical Review E, 2008, 78 （2）：026123.

［517］ Lind P G, González M C, Herrmann H J. Cycles and clustering in bipartite networks ［J］. Physical Review E, 2005, 72 （5）：056127.

［518］ Zhang P, Wang J, Li X, et al. Clustering coefficient and community structure of bipartite networks ［J］. Physica A：Statistical Mechanics and its Applications, 2008, 387 （27）：6869-6875.

［519］ Latapy M, Magnien C, Vecchio N D. Basic notions for the analysis of large two-mode networks ［J］. Social Networks, 2008, 30 （1）：31-48.

[520] Freeman L C. Finding Social Groups: A Meta-Analysis of the Southern Women Data, in Dynamic Social Network Modeling and Analysis [M]. Washington: The National Academies Press, 2003.

[521] Barber M J. Modularity and community detection in bipartite networks [J]. Physical Review E, 2007, 76 (6): 036102.

[522] Guimerá R, Sales-Pardo M, Amaral L A N. Module identification in bipartite and directed networks [J]. Physical Review E, 2007, 76 (3): 036102.

[523] Murata T. Modularities for bipartite networks [C]. Proceedings of the 20th ACM conference on Hypertext and hypermedia. New York: ACM Press, 2009: 245-250.

[524] Du N, Wang B, Wu B, et al. Overlapping Community Detection in Bipartite Networks [C]. Proceedings of the 2008 IEEE/WIC/ACM International Conference on Web Intelligence and Intelligent Agent Technology. New York: IEEE Press, 2008: 176-179.

[525] Peltomäki M, Alava M. Correlations in bipartite collaboration networks [J]. Journal of Statistical Mechanics: Theory and Experiment, 2006, (01): P01010.

[526] Zhang Z K, Liu C. A hypergraph model of social tagging networks [J]. Journal of Statistical Mechanics: Theory and Experiment, 2010, (10): P10005.

[527] Newman M E J, Park J. Why social networks are different from other types of networks [J]. Physical Review E, 2003, 68 (3): 036112.

[528] Borgatti S P, Everett M G. Network analysis of 2-mode data [J]. Social Networks, 1997, 19 (3): 243-269.

[529] Guillaume J L, Latapy M. Bipartite structure of all complex networks [J]. Information Processing Letters, 2004, 90 (5): 215-221.

[530] Guillaume J L, Latapy M. Bipartite graphs as models of complex networks [J]. Physica A: Statistical Mechanics and its Applications, 2006, 371 (2): 795-813.

[531] Newman M E J, Strogatz S H, Watts D J. Random graphs with arbitrary degree distributions and their applications [J]. Physical Review E, 2001, 64 (2): 026118.

[532] Koskinen J, Edling C. Modeling the evolution of a bipartite network - peer referral in interlocking directorates [J]. Social Networks, 2012, 34 (3): 309-322.

[533] Wang P, Pattison P, Robins G. Exponential random graph model specifications for bipartite networks: a dependence hierarchy [J]. Social Networks, 2013 (in press).

[534] Ramasco J J, Dorogovtsev S N, Pastor-Satorras R. Self-organization of collaboration net-

works [J]. Physical Review E, 2004, 70 (3): 036106.

[535] Zhou T, Wang B H, Jin Y D, et al. Modeling collaboration networks based on nonlinear preferential attachment [J]. International Journal of Modern Physics C, 2007, 18 (02): 297-314.

[536] Lü L, Zhang Z K, Zhou T. Zipf's law leads to heaps' law: analyzing their relation in finite-size systems [J]. PLoS ONE, 2010, 5 (12): e14139.

[537] Lü L, Zhang Z K, Zhou T. Deviation of zipf's and heaps' laws in human languages with limited dictionary sizes [J]. Scientific Reports, 2013, 3: 1082.

[538] Ramezanpour A. Biology helps to construct weighted scale-free networks [J]. Europhys Letters, 2004, 68 (2): 316.

[539] Goldstein M L, Morris S A, Yen G G. Group-based yule model for bipartite author-paper networks [J]. Physical Review E, 2005, 71 (2): 026108.

[540] Ohkubo J, Tanaka K, Horiguchi T. Generation of complex bipartite graphs by using a preferential rewiring process [J]. Physical Review E, 2005, 72 (3): 036120.

[541] Tian L, He Y, Liu H, Du R. A general evolving model for growing bipartite networks [J]. Physics Letters A, 2012, 376: 1827-1832.

[542] Zhang C X, Zhang Z K, Liu C. An evolving model of online bipartite networks [J]. 2012, arXiv: 1209. 6217.

[543] Mitrović M, Tadić B. Dynamics of bloggers' communities: Bipartite networks from empirical data and agent-based modeling [J]. Physica A: Statistical Mechanics and its Applications, 2012, 391: 5264-5278.

[544] Mitrović M, Paltoglou G, Tadić B. Networks and emotion-driven user communities at popular blogs [J]. The European Physical Journal B-Condensed Matter and Complex Systems, 2010, 77 (4): 597-609.

[545] Mitrović M, Paltoglou G, Tadić B. Quantitative analysis of bloggers' collective behavior powered by emotions [J]. Journal of Statistical Mechanics: Theory and Experiment, 2011 (02): P02005.

[546] Benchettara N, Kanawati R, Rouveirol C. Supervised Machine Learning Applied to Link Prediction in Bipartite Social Networks [C]. Proceedings of the 2010 International Conference on Advances in Social Networks Analysis and Mining. New York: IEEE Press, 2010: 326-330.

[547] Chua F C T, Lim E P. Modeling Bipartite Graphs Using Hierarchical Structures [C]. Proceedings of the 2011 International Conference on Advances in Social Networks Analysis and Mining. New York: IEEE Press, 2011: 94-101.

[548] Gartner T, Horvath T, Le Q V, et al. Kernel Methods for Graphs [M] // Cook D J, Holder L B. Mining Graph Data. Hoboken: John Wiley & Son, 2006.

[549] Kunegis J, Lommatzsch A. Learning spectral graph transformations for link prediction [C]. Proceedings of the 26th Annual International Conference on Machine Learning. New York: ACM Press, 2009: 561-568.

[550] Kunegis J, De Luca E W, Albayrak S. The link prediction problem in bipartite networks [J]. Computational Intelligence for Knowledge-Based Systems Design, 2010, 6178: 380-389.

[551] Allal O i, Magnien C, Latapy M. Link prediction in bipartite graphs using internal links and weighted projection [C]. Proceedings of the 2011 IEEE Conference on Computer Communications Workshops. New York: IEEE Press, 2011: 936-941.

[552] Guimerá R, Díaz-Guilera A, Vega-Redondo F, et al. Optimal network topologies for local search with congestion [J]. Physical Review Letters, 2002, 89 (24): 248701.

[553] Barahona M, Pecora L M. Synchronization in small-world systems [J]. Physical Review Letters, 2002, 89 (5): 054101.

[554] Pastor-Satorras R, Vespignani A. Epidemics and immunization in scale-free networks [M] // Bornholdt S, Schuster H G. Handbook of Graphs and Networks. Berlin: Wiley-VCH, 2003.

[555] Bu T, Towsley D. On distinguishing between internet power law topology generators [C]. Proceedings of the Twenty-first annual joint conference of the IEEE computer and communications societies. New York: IEEE Press, 2002: 638-647.

[556] Bar S, Gonen M, Wool A. An incremental super-linear preferential internet topology model [J]. Lecture Notes in Computer Science, 2004, 3015: 53-62.

[557] Zhang Z K, Zhou T, Zhang Y C. Tag-aware recommender systems: a state-of-the-art survey [J]. Journal of Computer Science and Technology, 2011, 26 (5): 767-777.

[558] Cohen W W. Enron email data set [OL]. http://www.cs.cmu.edu/ enron/, 2004.

[559] Jensen D. Proximity HEP-TH database [OL]. http://kdl.cs.umass.edu/data/hepth/hepth-info.html, 2003.

［560］Krebs V. Books about U S Politics ［OL］. http：//www. orgnet. com/, 2004.

［561］Eagle N, Pentland A. Reality mining：sensing complex social systems ［J］. Personal and Ubiquitous Computing, 2006, 10 （4）：255-268.

［562］Zhang Q M, Shang M S, Lü L. Similarity-based classification in partially labeled networks ［J］. International Journal of Modern Physics C, 2010, 21 （06）：813.

［563］Bilgic M, Namata G M, Getoor L. Combining Collective Classification and Link Prediction ［C］. Proceedings of the Seventh IEEE International Conference on Data Mining Workshops. IEEE Computer Society, Washington, DC, 2007：381-386.

［564］Pavlov M, Ichise R. Finding Experts by Link Prediction in Co-authorship Networks ［C］. Proceedings of FEWS （CEUR Workshop）. 2007：42-55.

［565］Almansoori W, Gao S, Jarada T N. Link prediction and classification in social networks and its application in healthcare and systems biology ［J］. Network Modeling and Analysis in Health Informatics and Bioinformatics, 2012, 1：27-36.

［566］Mamitsuka H. Mining from protein-protein interactions ［J］. Wiley Interdisciplinary Reviews：Data Mining and Knowledge Discovery, 2012, 2 （3）：400-410.

［567］Vinayagam A, Stelzl U, Foulle R, et al. A directed protein interaction network for investigating intracellular signal transduction ［J］. Science Signaling, 2011, 4 （189）：rs8.

［568］Iqbal M, Freitas A A, Johnson C G, et al. Message-passing algorithms for the prediction of protein domain interactions from protein-protein interaction data ［J］. Bioinformatics, 2008, 24 （18）：2064-2070.

［569］Morcos F, Sikora M, Alber M S, et al. Belief propagation estimation of protein and domain interactions using the sum-product algorithm ［J］. IEEE Transactions on Information Theory, 2010, 56 （2）：742-755.

［570］Jaimovich A, Elidan G, Margalit H, et al. Towards an integrated protein-protein interaction network：a relational Markov network approach ［J］. Journal of Computational Biology, 2006, 13 （2）：2.

［571］Hayashida M, Kamada M, Song J, et al. Conditional random field approach to prediction of protein-protein interactions using domain information ［J］. BMC Systems Biology, 2011, 5：S1.

［572］Salwinski L, Miller C S, Smith A J, et al. The Database of Interacting Proteins：2004 update ［J］. Nucleic Acids Research, 2004, 32 （s1）：D449-D451.

[573] Chua H N, Sung W K, Wong L. Exploiting indirect neighbours and topological weight to predict protein function from protein protein interactions [J]. Bioinformatics, 2006, 22 (13): 1623-1630.

[574] LaCount D J, Vignali M, Chettier R, et al. A protein interaction network of the malaria parasite Plasmodium falciparum [J]. Nature, 2005, 438 (7064): 103-107.

[575] Rual J F, Venkatesan K, Hao T, et al. Towards a proteome scale map of the human protein-protein interaction network [J]. Nature, 2005, 437 (7062): 1173-1178.

[576] Wu X, Jiang R, Zhang M Q, et al. Network-based global inference of human disease genes [J]. Molecular Systems Biology, 2008, 4 (1): 189.

[577] Barrenas F, Chavali S, Holme P, et al. Network properties of complex human disease genes identified through genome-wide association studies [J]. PLoS ONE, 2009, 4 (11): e8090.

[578] Zhang L, Hu K, Tang Y. Predicting disease-related genes by topological similarity in human protein-protein interaction network [J]. Central European Journal of Physics, 2010, 8 (4): 672-692.

[579] Ball B, Newman M E J. Friendship networks and social status [J], 2012, arXiv: 1205, 6822.

[580] Cheng J, Romero D M, Meeder B, et al. Predicting reciprocity in social networks [C]. Proceedings of 3rd IEEE Conference on Social Computing. Boston: IEEE Press, 2011: 49-56.

[581] Aiello L M, Barrat A, Schifanella R, et al. Friendship prediction and homophily in social media [J]. ACM Transactions on the Web, 2012, 6 (2): 9.

[582] Sharan U, Neville J. Temporal-relational classifiers for prediction in evolving domains [C]. Proceedings of the 8th IEEE International Conference on Data Mining. Washington: IEEE Press, 2008: 540-549.

[583] Massa P, Avesani P. Trust-aware collaborative filtering for recommender systems [J]. Lecture Notes in Computer Science, 2004, 3290: 492.

[584] Xiang R, Neville J, Rogati M. Modeling relationship strength in online social networks [C]. Proceedings of the 19th International Conference on World Wide Web. New York: ACM Press, 2010: 981-990.

[585] Wang D, Pedreschi D, Song C, et al. Human mobility, social ties, and link prediction [C]. Proceedings of the 17th ACM SIGKDD International Conference on Knowledge Discovery

and Data Mining. New York: ACM Press, 2011: 1100-1108.

[586] Zhang G Q, Wang D, Li G J. Enhancing the transmission efficiency by edge deletion in scale-free networks [J]. Physical Review E, 2007, 76 (1): 017101.

[587] Song C, Qu Z, Blumm N, et al. Limits of predictability in human mobility [J]. Science, 2010, 327 (5968): 1018-1021.

[588] Gao J, Buldyrev S V, Stanley H E, et al. Networks formed from interdependent networks [J]. Nature Physics, 2011, 8 (1): 40-48.

[589] Liu Y, Cizeau P, Meyer M, et al. Correlations in economic time series [J]. Physica A: Statistical Mechanics and its Applications, 1997, 245 (3): 437-440.

[590] Lü Q, Cao P, Cohen E, et al. Search and replication in unstructured peer-to-peer networks [C]. Proceedings of the 16th International Conference on Supercomputing. New York: ACM Press, 2002: 84-95.

[591] Noh J D, Rieger H. Random walks on complex networks [J]. Physical Review Letters, 2004, 92 (11): 118701.

[592] Norris J R. Markov Chains [M]. Cambridge: Cambridge University Press, 1998.

[593] Zhang Z, Shan T, Chen G. Random walks on weighted networks [J]. Physical Review E, 2013, 87 (1): 012112.

[594] Cormen T H, Leiserson C E, Rivest R L, et al. Introduction to Algorithms [M]. Boston: MIT press, 2001.

[595] Casella G, George E I. Explaining the Gibbs sampler [J]. The American Statistician, 1992, 46 (3): 167-174.

[596] Robert C P, Casella G. Monte Carlo Statistical Methods [M]. New York: Springer, 2004.

[597] Gelfand A E, Smith A F M. Sampling-based approaches to calculating marginal densities [J]. Journal of the American Statistical Association, 1990, 85 (410): 398-409.

[598] Smith A F M, Roberts G O. Bayesian computation via the Gibbs sampler and related Markov chain Monte Carlo methods [J]. Journal of the Royal Statistical Society: Series B, 1993 (1): 3-23.

[599] Tanner M A. Tools for Statistical Inference: Methods for the Exploration of Posterior Distributions and Likelihood Functions [M]. New York: Springer, 1996.

[600] Brownel W J, Draper D. Implementation and performance issues in the Bayesian and likelihood fitting of multilevel models [J]. Computational Statistics, 2000, 15: 391-420.

附录 A　概念、方法和算法

A.1　AUC 计算中的 n 取值问题

在计算预测精确度 AUC 的时候，常常采用抽样的方式以减少计算时间。显然，抽样次数越多，计算得到的 AUC 就越接近真实值，但是计算量也越大。例如，C. elegans 有 297 个节点 2 148 条边，即使对于测试集只有 10% 的情况，计算精确的 AUC 值也需要比较 9×10^6 次。那么，如何选取抽样次数呢，AUC 计算的误差又是如何随着抽样次数变化呢？在回答这个问题前，我们先进行如下实验：以 C. elegans、NS 这两个网络为例（关于网络的详细介绍参见附录 B2），测试集比例分别选取为 10%、20%、30%，对每个数据进行一次训练集和测试集的划分，在划分数据的时候要保证训练集的连通性，然后观察分别取不同抽样次数时 AUC 的变化情况。在本实验中，两个网络的最小抽样次数都取 100，步长均为 100，其中 NS 网络最大抽样次数取 1.4×10^5，C. elegans 取 8×10^4，并对于每一个给定的抽样次数进行 100 次独立实验。图 A1 表示 AUC 随抽样次数 n 变化的趋势，可以看到随着 n 的增大，100 次随机实验得到的 AUC 相差越来越小。因此，我们计算中选用的"最佳"抽样次数 n^*，实际上就是能够使得多次独立抽样所计算得到的 AUC 相差微小的最小的 n 值。

为了更清晰地看出 AUC 之间的差别，进一步观察 100 次独立实验得到的 AUC 的平均方差

$$\sigma = \frac{1}{N} \sum_{i=1}^{N} (\mathrm{AUC}_i - \overline{\mathrm{AUC}})^2 \tag{A.1}$$

链
路
预
测

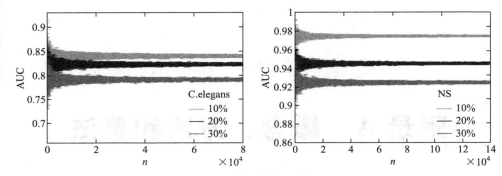

图 A1 　 AUC 随抽样次数 n 变化的趋势

随抽样次数 n 的变化情况。注意，本实验对每个不同的 n 做了 100 次独立实验，因此上式中 $N=100$。图 A2 展示了方差 σ 随着抽样次数 n 的变化趋势，左边的图是线性坐标下的结果，右边的图是取双对数坐标下的结果。从图中可以看出，实验计算所得到的 AUC 的平均方差值随着抽样次数 n 的增加不断降低，并逐渐趋近于 0。在双对数坐标下，方差 σ 在整体趋势

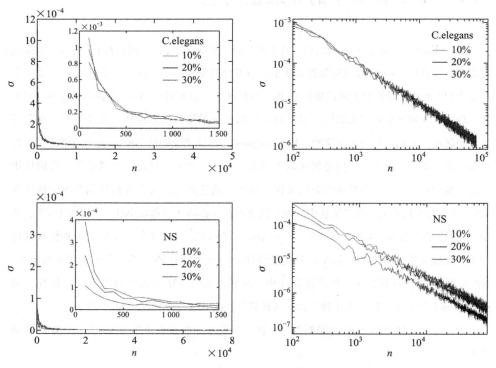

图 A2 　 方差 σ 随着抽样次数 n 的变化趋势

上与 n 呈现幂律相关的关系，即 $\sigma \propto n^{\alpha}$，其中 $\alpha \approx -1$。不同测试集比例对幂指数的影响并不大。

计算 AUC 的过程类似于一个伯努利实验（伯努利实验结果只有两个：成功或失败，且每次实验每个可能结果出现的概率都不依赖于其他各次实验的结果）。假设一个链路预测算法的 AUC 值为 p，那么在抽样计算 AUC 时，应该有 p 的概率得到 $+1$，$1-p$ 的概率得到 0（此处近似忽略不分胜负的情况）。n 次独立重复伯努利实验（对应于 AUC 计算中的 n 次抽样）中会有 n' 次实验是成立的（对应于 $+1$ 的情形），那么此时的 n'/n 就是抽样得到的 AUC 值。显然，n 越大，AUC 越接近于 p。而所谓的 n^{*} 就是使得 n'/n^{*} 以我们能接受的概率接近于 p 的最小 n 值。图 A3 是伯努利实验进行的模拟结果，p 分别取 0.8 和 0.9。

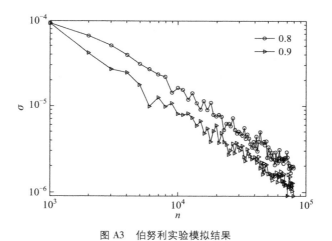

图 A3　伯努利实验模拟结果

下面，我们应用伯努利实验对最佳抽样次数 n^{*} 进行一个估计。在 n 重伯努利实验中，将成功记为 A，且 A 在各次实验中发生的概率为 $p = p(\mathrm{A})$（$0 < p < 1$）。于是在 n 次实验中 A 恰好发生 k 次的概率为

$$P_n(k) = \mathrm{C}_n^k p^k (1-p)^{n-k},\ k = 0,\ 1,\ \cdots,\ n \tag{A.2}$$

n 次抽样相当于随机变量序列 $\{X_i\}$，$i = 1,\ \cdots,\ n$，其中 X_i 服从 0-1 分布，即 $B(1,\ p)$，于是得到该随机变量的均值和方差分别为 $E(X_i) = p$，$D(X_i) = pq$，其中 $q = 1 - p$。由独立同分布的大数极限定理可以得到

$$Y_n = \frac{1}{n}\sum_{i=1}^{n} X_i \sim N\left(p,\ \frac{pq}{n}\right) \tag{A.3}$$

即 Y_n 可以近似服从期望为 p，方差为 $\dfrac{pq}{n}$ 的正态分布。这也就解释了上述实验中方差 σ 与抽

链
路
预
测

样次数 n 在双对数坐标下呈现出幂指数为 -1 的幂律分布。

Y_n 表示在 n 次抽样实验中得到的事件 A 发生的频率。最优的抽样个数 n^* 其实相当于使得 Y_n 与 p 的差值小于某个我们能够接受的范围的概率足够大的最小的 n 值，即

$$P(\,|\,\delta-p\,|<\varepsilon\,)>C \tag{A.4}$$

其中参数 ε 表示计算可以接受的误差范围，C 表示可信度。整理上式可得

$$\Phi\left(\frac{\varepsilon}{\sqrt{pq/n}}\right)-\Phi\left(\frac{-\varepsilon}{\sqrt{pq/n}}\right)>C \tag{A.5}$$

$\Phi(\,\cdot\,)$ 为正态分布的积分函数。由于 $\Phi(-s)=1-\Phi(s)$，于是有

$$2\Phi\left(\frac{\varepsilon}{\sqrt{pq/n}}\right)-1>C\Rightarrow\Phi\left(\frac{\varepsilon}{\sqrt{pq/n}}\right)>\frac{C+1}{2} \tag{A.6}$$

如果令 $\varepsilon=0.001$，$C=90\%$，也即是需求解 $\Phi\left(\frac{0.001}{\sqrt{pq/n}}\right)>0.95$，即求解 $\Phi\left(0.001\sqrt{\frac{n}{pq}}\right)>0.95$。

查表得 $\Phi(1.64)=0.9495$，又由于 $\Phi(\,\cdot\,)$ 是增函数，于是得到需求解 $0.001\sqrt{\frac{n}{pq}}>1.64$，

即 $\sqrt{n}>1640\sqrt{pq}$。可见，对于给定的 p，当 $p>\frac{1}{2}$ 的时候（随机情况时 $p=0.5$），n 随着 p 的增加逐渐减小，也就是说算法越精确，需要抽样的次数就越小。对于未知的 p，由于 $0<pq=p(1-p)\leqslant\frac{1}{4}$，可得 $n>672\,400$，这是最优值 n^* 的上界。可见无论网络规模多大，p 取何值，如果我们希望以 90% 的可信度保证 AUC 计算绝对误差不超过千分之一，最多只需要进行 672 400 次抽样。

A.2　局部朴素贝叶斯模型

朴素贝叶斯分类器发源于古典数学理论，有着坚实的数学基础，以及稳定的分类效率。它基于贝叶斯理论，并假设目标值属性之间是相互独立的。设 C 为一个独立的分类变量，F_1，F_2，$\cdots$，F_n 为其特征变量，也就是说属于 C 的变量应具有特征 F_1，F_2，$\cdots$，F_n。那么根据贝叶斯理论，得到先验概率

$$P(C\mid F_1,F_2,\cdots,F_n)=\frac{P(C)\cdot P(F_1,F_2,\cdots,F_n\mid C)}{P(F_1,F_2,\cdots,F_n)} \tag{A.7}$$

根据朴素贝叶斯的条件独立假设知，每个特征变量 F_i 都条件独立于其他的特征变量 F_j（$i \neq j$）。于是得到

$$P(C \mid F_1, F_2, \cdots, F_n) = \frac{P(C) \cdot \prod_{i=1}^{n} P(F_i \mid C)}{P(F_1, F_2, \cdots, F_n)} \tag{A.8}$$

基于此，我们可以得到为链路预测问题所设计的局部朴素贝叶斯模型。给定一个训练集 $G(V, E^{\mathrm{T}})$，链路预测需要将测试集 E^{P} 中的链接挖掘出来。实际上这相当于对所有未知链接（即除去训练集中的链接之外的所有可能的链接）进行分类，判断它们是否存在。定义 A_1 和 A_0 分别表示连接和不连接。根据训练集的信息可以得到 A_1 和 A_0 的先验概率

$$P(A_1) = \frac{|E^{\mathrm{T}}|}{|U|}, \qquad P(A_0) = \frac{|U - E^{\mathrm{T}}|}{|U|} \tag{A.9}$$

其中 $|U| = N(N-1)/2$ 表示网络中节点对的总数。对于每个节点 v_w 赋予两个条件概率 $\{P(w \mid A_1), P(w \mid A_0)\}$，其中 $P(w \mid A_1)$ 表示两个相连接的节点拥有共同邻居 v_w 的概率，$P(w \mid A_0)$ 则表示两个不相连的节点拥有共同邻居 v_w 的概率。根据贝叶斯定理，有

$$P(w \mid A_1) = \frac{P(w) \cdot P(A_1 \mid w)}{P(A_1)}$$

$$P(w \mid A_0) = \frac{P(w) \cdot P(A_0 \mid w)}{P(A_0)} \tag{A.10}$$

其中 $P(w)$ 表示节点 v_w 是某节点对的共同邻居的概率。$P(A_1 \mid w)$ 表示以节点 v_w 为共同邻居的节点对之间有链接的概率，即 v_w 的集聚系数 C_w。于是有

$$P(A_1 \mid w) = C_w = \frac{N_{\Delta w}}{N_{\Delta w} + N_{\Lambda w}} \tag{A.11}$$

其中 $N_{\Delta w}$ 和 $N_{\Lambda w}$ 分别表示以节点 v_w 为共同邻居的节点对中相连接的节点对数量和不相连的节点对数量，显然 $N_{\Delta w} + N_{\Lambda w} = k_w(k_w - 1)/2$。由 $P(A_1 \mid w) + P(A_0 \mid w) = 1$，得

$$P(A_0 \mid w) = 1 - C_w = \frac{N_{\Lambda w}}{N_{\Delta w} + N_{\Lambda w}} \tag{A.12}$$

对于未知链接 $\{v_x, v_y\}$，定义 O_{xy} 为它们的共同邻居集合，即 $O_{xy} = \Gamma(x) \cap \Gamma(y)$。假设每一个共同邻居的存在对于节点 v_x 和 v_y 之间产生链接与否的贡献是相互独立的。根据朴素贝叶斯理论，得

$$P(A_1 \mid O_{xy}) = \frac{P(A_1)}{P(O_{xy})} \prod_{w \in O_{xy}} P(w \mid A_1)$$

$$P(A_0 \mid O_{xy}) = \frac{P(A_0)}{P(O_{xy})} \prod_{w \in O_{xy}} P(w \mid A_0) \tag{A.13}$$

链
路
预
测

由此定义节点对 (v_x, v_y) 的似然值为

$$r_{xy} = \frac{P(A_1 \mid O_{xy})}{P(A_0 \mid O_{xy})} = \frac{P(A_1)}{P(A_0)} \prod_{w \in O_{xy}} \frac{P(A_0) \cdot P(A_1 \mid w)}{P(A_1) \cdot P(A_0 \mid w)} \tag{A.14}$$

定义 $s = \dfrac{P(A_0)}{P(A_1)} = \dfrac{|U|}{|E^{\mathrm{T}}|} - 1$，对于给定的网络和测试集，$s$ 可视为一个常数。$R_w = \dfrac{P(A_1 \mid w)}{P(A_0 \mid w)} =$

$\dfrac{N_{\Delta w}}{N_{\Lambda w}}$ 为节点的角色函数，刻画了共同邻居 v_w 对于两节点产生链接和不产生链接的贡献比。注意，当节点 v_w 的集聚系数为零，即 $N_{\Delta w} = 0$ 时，v_w 节点的角色函数 $R_w = 0$。这意味着只要节点 v_x 和节点 v_y 有一个共同邻居的集聚系数为零，那么它们的似然值就为零，从而导致无法对这些似然值为零的节点进行比较。为了避免这种情况，将角色函数的分子和分母分别加 1（add-one smoothing），即 $\widetilde{R}_w = \dfrac{N_{\Delta w} + 1}{N_{\Lambda w} + 1}$。于是得到节点对 $\{v_x, v_y\}$ 的似然值为

$$r_{xy} = s^{-1} \prod_{w \in O_{xy}} s\widetilde{R}_w \tag{A.15}$$

显然，当不考虑共同邻居的角色差异时，即对所有共同邻居节点都有 $\widetilde{R}_w = 1$，则 r_{xy} 就等价于共同邻居指标 $s_{xy}^{CN} = |O_{xy}|$。

以往的研究中都指出共同邻居的度在预测中起到重要的作用。例如 Adamic-Adar 指标和资源分配指标就是通过抑制大度节点的贡献而提高预测精度的。考虑到度的影响，在上式中的 $s\widetilde{R}_w$ 项加上一个指数 $f(k_w)$，这个 f 为一个关于 k_w 的函数。省略常数项 s^{-1}，并将公式两边取对数，于是得到与共同邻居的度相关的连接似然值

$$\tilde{r}_{xy} = \sum_{w \in O_{xy}} f(k_w) log(s\widetilde{R}_w) \tag{A.16}$$

当 $f(k_w) = 1$，$f(k_w) = \dfrac{1}{\log k_w}$，$f(k_w) = \dfrac{1}{k_w}$ 时，分别对应基于共同邻居指标、Adamic-Adar 指标和 Resource Allocation 指标的局部贝叶斯模型，即

$$\tilde{r}_{xy}^{\mathrm{LNB-CN}} = |O_{xy}| \log s + \sum_{w \in O_{xy}} \log \widetilde{R}_w$$

$$\tilde{r}_{xy}^{\mathrm{LNB-AA}} = \sum_{w \in O_{xy}} \frac{1}{\log k_w}(\log s + \log \widetilde{R}_w) \tag{A.17}$$

$$\tilde{r}_{xy}^{\mathrm{LNB-RA}} = \sum_{w \in O_{xy}} \frac{1}{k_w}(\log s + \log \widetilde{R}_w)$$

显然，当不考虑共同邻居节点的角色差异，即 $R_w = 1$ 时，LNB-CN，LNB-AA 和 LNB-

RA 都将分别回归到原初的 CN、AA 和 RA。刘震等人[340] 在 9 个实际网络（包括航空网络、蛋白质相互作用网络、科学家合作网络和食物链网络等）中进行试验，发现局部贝叶斯模型能够在一定程度上提高预测准确度，在食物链网络中表现特别出色。

A.3　网络上的随机游走

随机游走是一种数学统计模型，它由一连串的轨迹组成，每一段轨迹的形成都是随机的。它可以解释为马尔可夫模型，一段轨迹的形成仅仅受到前一段轨迹的影响，而与之前的状态无关。更形象地，我们可以把它描述为一个人在迷宫中的行走轨迹。

假设一个人置身于庞大迷宫中的某岔路口，不知道哪条路是正确的，于是寄希望于宝剑的指引。他拔出宝剑抛向空中，宝剑应声落地，剑锋指向了其中的一条路，他从此路走到了下一个岔口，然后又将宝剑抛向空中……此人不停地从一个路口走到下一个路口，但每一次路径的选择都可视为是完全随机的。撇开这个事情的合理性不谈，这一过程就可以称之为在迷宫中的随机游走。因此，随机游走可用来描述一些问题的不可预测性，比如布朗运动。布朗运动是 1827 年苏格兰植物学家 R·布朗发现的，指花粉小微粒在水中并不是静止地悬浮着或者规律地运动，而是不停地进行着无规则运动。这种无规则行走可以用随机游走来刻画，它是布朗运动的理想数学状态。随机游走的概念应用广泛，如用于刻画金融市场股票走势的短期不可预测性[589]。又如对等搜索中随机游走搜索方法[590]，在该方法中，请求者发出 K 个查询请求给随机挑选的 K 个相邻节点；然后每个查询信息如果不能在当前节点找到查询内容，则直接询问请求者是否还要继续下一步；如果请求者同意继续，则以随机游走的方式选择下一个节点，否则中止搜索。

随机游走也被应用到复杂网络领域的研究中。如 Noh 在复杂网络中计算两个节点之间在随机游走过程下的平均首次通勤时间，并用此表征节点的中心度[591]。又如谷歌搜索引擎的核心算法 PageRank[154] 是一个有向网路上带重启的随机游走过程。基于随机游走过程衍生的一些算法已被用于解决复杂网络中的众多问题。接下来，我们主要针对复杂网络中的随机游走进行介绍。

如果将迷宫中的每一个岔路口看做一个点，岔路口之间的路径看做是连接节点的边，迷宫就可以投影为一个网络；将这个网络一般化，即与每个节点相连的路径数目更加多样

（不限于迷宫中的 4 个方向，而是可以从 1 到 $k_{\max}$），那么一个粒子在网络中的随机游走就和迷宫问题类似了。假设网络中存在一个随机游走粒子，该粒子每一时刻都以相同的概率移动到某一个与当前所在节点相邻的节点上。这个粒子在任意时刻总会处于某个位置，而且其当前所处的位置制约着下一时刻的位置（反过来讲，粒子当前位置也被它上一时刻所处的位置所制约）。那么假如在开始游走之前，我们想要知道该粒子在 t 时刻处在某一特定节点上的可能性有多大，该如何计算呢？

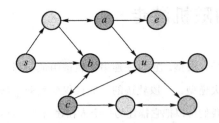

图 A4　随机游走网络示例

以图 A4 为例做简单说明。假设粒子初始在节点 s 上，记为 t_0 时刻，要计算粒子在经过 t_1、t_2 之后，在 t_3 时刻停留在节点 u 的可能性。在图 A4 中，粒子要到达点 u，必须要经过 a、b 或者 c。定义 t_2 时刻粒子在节点 a、b、c 的概率分别为 $p_a(t_2)$、$p_b(t_2)$ 和 $p_c(t_2)$。由于节点 a 的出度为 3，则 t_2 时刻处在点 a 的粒子将以 $1/3$ 的概率在下一时刻走到节点 u。同理，在 t_2 时刻处在点 b 和 c 的粒子在下一时刻走到节点 u 的可能性分别为 $1/2$ 和 $1/3$。于是，考虑到粒子在点 a、b 或者 c 的概率，粒子在 t_3 时刻走到 u 的可能性表示为

$$p_u(t_3) = \frac{p_a(t_2)}{k_a^{\text{out}}} + \frac{p_b(t_2)}{k_b^{\text{out}}} + \frac{p_c(t_2)}{k_c^{\text{out}}}, \qquad (\text{A.18})$$

其中，式子右边的分母依次为点 a、b 和 c 的出度（分别为 3、2 和 3）。类似地可以依次计算 $p_a(t_2)$、$p_b(t_2)$ 和 $p_c(t_2)$，直到回归初始条件 $p_s(t_0)=1$，即 t_0 时刻粒子在源点 s 上。

把上述算式一般化，粒子在 t_n 时刻处在节点 i 的概率可记为

$$p_i(t_n) = \sum_{j=1}^{N} \frac{a_{ji}}{k_j^{\text{out}}} p_j(t_{n-1}) \qquad (\text{A.19})$$

其中，N 为网络中的节点数目，a_{ij} 为网络邻接矩阵的元素。在无向网络上此演化方程的一个稳态解为

$$p_i = \frac{k_i}{\sum_j k_j} \qquad (\text{A.20})$$

表示粒子最终到达各个节点的概率正比于该节点的度。如果网络连通，所有可能的解都和

解（A.20）线性相关，其物理本质都一样。更多关于马尔可夫链的内容可参见教材［592］。

此外，若粒子走到图 A4 中最右边的深灰色节点，例如 e 节点，粒子就进入了陷阱，无法继续前进。对此问题，目前有两种典型的解决方案。

第一种是 Google 的 PageRank[154]。PageRank 是一种对网页按重要性进行排序的方法，它的基本假设是"如果一个页面被很多高质量页面指向，则这个页面的质量也高"，也可以用随机游走的概率论思想来解释——"如果一个节点被很多概率比较大的节点所指向，那么粒子到达这个节点的概率也就越高"。为了解决"陷阱"所带来的问题，PageRank 提出人们在浏览网页的时候有一定几率直接跳转到任一页面，于是 PageRank 的计算就由两部分组成——在当前时刻随机跳转的概率和随机游走的概率，即

$$p_i = \frac{1-c}{N} + c \cdot \sum_{j=1}^{N} \frac{a_{ji}}{k_j^{\text{out}}} \cdot p_j \tag{A.21}$$

其中 p_i 在此指代页面 i 的 PageRank 值，$1-c$ 是跳转概率，也称为阻尼系数（c 通常取 0.85），N 为页面的数目。通过迭代，每个页面 PageRank 的值趋于稳定。

可以将 PageRank 计算方法写成类似于式（A.19）的形式：

$$p_i(t_n) = \frac{1-c}{N} + c \cdot \sum_{j=1}^{N} \frac{a_{ji}}{k_j^{\text{out}}} p_j(t_{n-1}) \tag{A.22}$$

类似地，带重启的随机游走（Random Walk with Restart，RWR）假设粒子在随机游走的过程中会以一定的概率返回源点，若初始时刻每个节点有一个粒子，则 t_n 时刻节点 v_i 上的粒子数为

$$p_i(t_n) = (1-c) + c \cdot \sum_{j=1}^{N} \frac{a_{ji}}{k_j^{\text{out}}} p_j(t_{n-1}) \tag{A.23}$$

其中 $1-c$ 表示随机游走的粒子在每一时刻返回源节点的概率。Tong 等人提出了该算法的快速计算方法[379]。事实上，RWR 和 PageRank 在本质上是一样的。PageRank 的式（A.22）中，整个系统内随机游走粒子总量为 1，若将粒子总量增为 N，即初始态每个点均有一个随机游走粒子，那么式（A.22）就和式（A.23）完全一致了。

另外一种可以处理有向网络随机游走中陷阱问题的方法是 LeaderRank 算法[155]。该方法可以看成 PageRank 的一种改进算法，它的巧妙之处在于使用无参数的方法解决了陷阱问题，并显著地提高了迭代过程的收敛速度。该算法可用于衡量社会网络中节点的影响力。

在有向网络的随机游走过程中，LeaderRank 在网络中添加一个背景节点，此节点与原网络中所有节点之间都双向连接，如此一来新网络中就不再存在陷阱，随机游走的迭代过程表达式便可简化为如下形式：

$$s_i(t_n) = \sum_{j=1}^{N+1} \frac{a_{ji}}{k_j^{\text{out}}} s_j(t_{n-1}) \tag{A.24}$$

注意，上式的过程和公式（A.19）所描述的过程是一致的，只是此时的邻接矩阵包含背景节点，为（$N+1$）阶。稳态时将背景节点的分数值 $s_g(t_c)$（假设稳态时刻为 t_c）平均分配给其他 N 个节点，于是得到节点 v_i 的最终 LeaderRank 分数值为

$$S_i = s_i(t_c) + \frac{s_g(t_c)}{N} \tag{A.25}$$

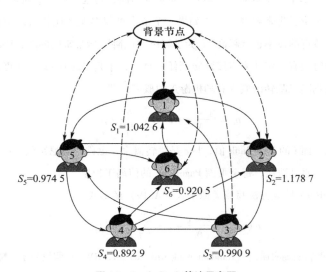

图 A5 LeaderRank 算法示意图

图 A5 给出了一个示例，原网络包含 6 个节点和 12 条有向边。添加背景节点和连接背景节点以及其他节点的双向链接后，网络包含 7 个节点和 18 条边。应用 LeaderRank 算法，得到 2 号节点的分数为 1.178 7，成为该网络影响力最大的节点。通过在美味书签（delicious.com）社交网络上 SIR 传播模型的验证发现，LeaderRank 比 PageRank 能够更好地识别网络中有影响力的节点。此外，LeaderRank 比 PageRank 在抵抗垃圾用户攻击和随机干扰方面有更强的鲁棒性。关于含权网络上的随机游走过程最近也有一些研究，可参见文献［593］。

A.4 矩阵求逆及其快速算法

A.4.1 矩阵基本概念

矩阵是指纵横排列的二维数据表格。下面就是一个 3×3 的矩阵的例子

$$A = \begin{bmatrix} 12 & 3 & 6 \\ 3 & 8 & 9 \\ 0 & 2 & 3 \end{bmatrix} \tag{A.26}$$

其中的数字称为矩阵的元素。我们还可以在表示矩阵字母的右下角标注出矩阵的行数目和列数目，比如上面的矩阵就可以用 $A_{3\times3}$ 表示。一个矩阵的行数和列数可以不相等，相等的我们称之为方阵。最简单的方阵就是一个数。

在图论中，我们经常用矩阵表示一个图的拓扑结构。比如图 A6 所示的无向无权图，用矩阵表示就是  。矩

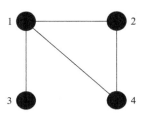

图 A6　无向无权图示例

阵的第 i 行代表节点 v_i 与其他节点的连边情况，比如第 1 个节点和 2、3、4 均有连边，则第 1 行中的第 2、3、4 列的元素均为 1。对角线的元素表示是否有自环，由于节点 1 没有连向自己的边，所以第 1 行第 1 列的元素是 0，以此类推。这样的矩阵称为图的邻接矩阵。在应用中，每条边往往都有现实意义，如果考虑每条边的权重，那么邻接矩阵中不为 0 的地方就可以用权重代替。一般我们碰到的往往是图 A6 中所示的图，即网络中只有一类节点，这样的网络的邻接矩阵是方阵，即矩阵的行数和列数相等。

A.4.2　算法效率的度量方法

计算机科学常使用时间复杂度来度量算法的效率[594]。算法的时间复杂度常用 O 表示，代表随着输入规模 n 的增大，算法所需要的时间渐近于记号内的表达式所表示的时间量。如果某个算法的输入规模是 n，经计算得到算法所需要的时间是与 n 有关的函数 $5n^3 + 2n^2 + n + 2n\log n$，那么它的时间复杂度为 $O(n^3)$。

一般地，一个问题至少存在多项式级别时间复杂度（$O(n^a)$，a 为常数）的算法，我们才认为该问题是可解的。时间复杂度只是一种理论表示，两个时间复杂度相同的算法可能在实际运算中花费的时间相去甚远，比如本附录后面将要提到的稀疏矩阵求逆。

A.4.3　矩阵求逆算法

1. 高斯–若当消元法

　　这是一种常用的矩阵求逆算法，常见于线性代数的基本教材中。假设矩阵 $A_{n \times n}$ 有逆矩阵（我们常称这样的矩阵为非奇异矩阵），在其右边添加一个单位阵 $I_{n \times n}$，之后利用行初等变换将左边的 A 阵化为 I，则右边的矩阵即为 A^{-1}。举例说明如下。对如下矩阵求逆：

$$A_{3 \times 3} = \begin{bmatrix} 2 & -1 & 0 \\ -1 & 2 & -1 \\ 0 & -1 & 2 \end{bmatrix} \tag{A.27}$$

我们将之扩增为

$$\begin{bmatrix} 2 & -1 & 0 & 1 & 0 & 0 \\ -1 & 2 & -1 & 0 & 1 & 0 \\ 0 & -1 & 2 & 0 & 0 & 1 \end{bmatrix} \tag{A.28}$$

利用矩阵的行初等变换变为

$$\begin{bmatrix} 1 & 0 & 0 & \dfrac{3}{4} & \dfrac{1}{2} & \dfrac{1}{4} \\ 0 & 1 & 0 & \dfrac{1}{2} & 1 & \dfrac{1}{2} \\ 0 & 0 & 1 & \dfrac{1}{4} & \dfrac{1}{2} & \dfrac{3}{4} \end{bmatrix} \tag{A.29}$$

除去左边单位阵的部分，即为矩阵 A 的逆矩阵，即

$$A^{-1} = \begin{bmatrix} \dfrac{3}{4} & \dfrac{1}{2} & \dfrac{1}{4} \\ \dfrac{1}{2} & 1 & \dfrac{1}{2} \\ \dfrac{1}{4} & \dfrac{1}{2} & \dfrac{3}{4} \end{bmatrix} \tag{A.30}$$

　　下面为矩阵求逆的 C++语言实现（附录 C 中所有代码都是基于 Matlab 的）。

```
double ** gauss(double ** matrix, int dimension)
//使用二位数组存储矩阵,行列数为 dimension
{
        double ** inverse;
        inverse = (double ** ) malloc(dimension * sizeof(double * ));
        for(int i = 0; i < dimension; i++)
                inverse[i] = (double * ) malloc(dimension * sizeof(double));
```

```
for( int i = 0 ; i < dimension ; i++)
        for( int j = 0 ; j < dimension ; j++)
            inverse[ i ][ j ] = 0 ;


for( int i = 0 ; i < dimension ; i++)
        inverse[ i ][ i ] = 1 ;


//行初等变换,算法的主体部分
for( int k = 0 ; k < dimension ; k++)
{
        for( int i = k ; i < dimension ; i++)
        {
            double valInv = 1. 0/matrix[ i ][ k ] ;
            for( int j = k ; j < dimension ; j++)
                    matrix[ i ][ j ] * = valInv ;
            for( int j = 0 ; j < dimension ; j++)
                    inverse[ i ][ j ] * = valInv ;
        }
        for( int i = k+1 ; i < dimension ; i++)
        {
            for( int j = k ; j < dimension ; j++)
                    matrix[ i ][ j ] - = matrix[ k ][ j ] ;
            for( int j = 0 ; j < dimension ; j++)
                    inverse[ i ][ j ] - = inverse[ k ][ j ] ;
        }
}


for( int i = dimension−2 ; i > = 0 ; i−−)
{
        for( int j = dimension−1 ; j > i ; j−−)
        {
```

```
for( int k = 0 ; k < dimension ; k++)
        inverse[ i ][ k ] -= matrix[ i ][ j ] * inverse[ j ][ k ] ;
for( int k = 0 ; k < dimension ; k++)
        matrix[ i ][ k ] -= matrix[ i ][ j ] * matrix[ j ][ k ] ;
}
}

return inverse ;
}
```

假设输入的矩阵维度为 n。从上述算法来看，算法初等行变换部分存在一个深度为 3 的循环，而且每一层循环的时间复杂度都是 $O(n)$ 级别，可以算出这个 3 层循环时间复杂度为 $O(n^3)$ 级别，也就是说高斯–若当消元法的时间复杂度在 $O(n^3)$ 级别。

2. LU 分解

LU 分解最早由数学家阿兰·图灵（Alan Turing）提出，是指将矩阵分解为一个下三角矩阵和上三角矩阵乘积的形式 $A = LU$。研究人员经常使用 LU 分解来求解线性系统，而且它是求矩阵逆和求行列式的关键步骤。下面先介绍 LU 分解的算法，再介绍通过 LU 分解求矩阵逆的方法。

LU 分解常用算法是杜尔里特算法（Doolittle algorithm），事实上它是高斯–若当消元法的矩阵表达形式。在这里我们设矩阵 $A_{N \times N}$，在第 n 步，消去第 $n-1$ 步矩阵 $A^{(n-1)}$ 的主对角元下面的元素，即将 $A^{(n-1)}$ 的第 n 行乘以 $l_{i,n} = -\dfrac{a_{i,n}^{(n-1)}}{a_{n,n}^{(n-1)}}$ 之后，加到第 i 行，i 为 $n+1$，$\cdots$，N。这实际上相当于令矩阵 $A^{(n-1)}$ 左乘一个单位下三角矩阵

$$
L_n = \begin{bmatrix}
1 & & & & & & 0 \\
& \ddots & & & & & \\
& & 1 & & & & \\
& & l_{n+1,n} & \ddots & & & \\
& & \vdots & & \ddots & & \\
0 & & l_{N,n} & & & & 1
\end{bmatrix} \tag{A.31}
$$

即第 n 步后得到矩阵 $A^{(n)} = L_n A^{(n-1)}$。那么经过 $N-1$ 轮计算，主对角元下方的元素都变为了 0，于是得到一个上三角矩阵 $A^{(N-1)}$，这个矩阵便是 LU 分解里面的 U 矩阵，另外的 L 矩阵是 $L_1^{-1} L_2^{-1} \cdots L_{N-1}^{-1}$。

让我们来看杜尔里特算法的时间复杂度。在得到最终两个三角矩阵的过程中，要进行

N–1步。第1步要将第1行乘以一个数并加到下面的 N–1 上，对于每一次行运算，要做 N 次加法和 N 次乘法，共计 $2N$ 次运算，要进行 N–1 次，即 $2N(N-1)$ 次计算；第2步要进行 $2N(N-2)$ 次运算，以此类推，最后一步要进行 $2N$ 次计算。总共需要进行 $2N[(N-1)+\cdots+1]$ 次计算。该式第二个因子的和显然是 $O(N^2)$ 级别，所以 LU 分解的时间复杂度为 $O(N^3)$ 级别。

显然 $\boldsymbol{A}^{-1}=\boldsymbol{U}^{-1}\boldsymbol{L}^{-1}$，由于三角矩阵求逆十分简单不会超过 $O(N^2)$，矩阵乘法的时间复杂度也不会超过 $O(N^3)$，加上 $O(N^3)$ 的分解过程，用 LU 分解求解矩阵的逆矩阵的时间复杂度也是 $O(N^3)$。

A.4.4 稀疏矩阵

稀疏矩阵是指含有大量零元素的矩阵。这只是一种定性的称呼，对于含有多少零元素的矩阵才能叫做稀疏矩阵并没有严格要求。但是我们平时遇到的真实网络的邻接矩阵一般都是稀疏矩阵。

由于稀疏矩阵的特殊性，工程上对它们有一套特殊的处理方法。比如在存储时可以只存储矩阵中的非零元素，从而大幅减小所需的存储空间。常见的稀疏矩阵压缩存储方法有链表法、（行、列、值）三元组法、字典法等。在某些计算中也可以忽略掉零元素，从而加快计算。我们在实际分析中遇到的无向网络几乎都是稀疏对称矩阵，所以这里以稀疏对称矩阵为例说明稀疏矩阵的求逆方法。

在这里我们使用链表法存储稀疏矩阵，由于是对称矩阵，因此只需存储矩阵的下三角部分。对于稀疏矩阵 $\boldsymbol{A}_{N\times N}$，需要4个数组：

① DATA 数组——长度为 M（下三角非零元个数），用来存储下三角部分的非零元；

② COL 数组——长度为 M，用来存储每个非零元所在的列号；

③ NEXT 数组——长度为 M，第 index 个元素用来存储 DATA 中的第 index 元素所在行的下一个非零元在 DATA 中的索引，如果没有下一个非零元，则为–1；

④ HEAD 数组——长度为 N，用来存储每一行第一个非零元在 DATA 中的索引，如果没有，则为–1。

比如公式（A.32）所示的矩阵中，$N=4$，$M=5$，即

$$\boldsymbol{A}_{4\times4}=\begin{bmatrix}1&0&0&5\\0&0&2&0\\0&2&3&4\\5&0&4&0\end{bmatrix} \tag{A.32}$$

链路预测

用这种方法存储（行主序）就是

INDEX	1	2	3	4	5
DATA	1	2	3	5	4
COL	1	2	3	1	3
NEXT	−1	3	−1	3	−1
HEAD	1	−1	2	4	

我们这里使用 LU 分解来求矩阵的逆。因为稀疏矩阵的逆矩阵往往不是稀疏矩阵，在分解过程中会不断出现非零元素。用这种压缩方式进行矩阵的存储，如果不采取其他策略，就需要不停地为新填入的非零元分配内存并整理维护数据结构，这一部分的开销成了提升算法效率的瓶颈。在实际应用中我们希望实现以最小的代价事先确定分解因子的非零元数据结构，从而避免在实际分解时对存储结构频繁改动。通常采取模拟定序的方法，具体做法是对节点重新编号，使得局部填入量最小，让大部分新产生的非零元都添加到 DATA 中现有数据的后面，这样可以避免频繁分配内存空间以及在一段连续的内存空间上进行插入操作。由于这种策略是模拟分解过程，只需要判断在进行行消除操作时在原来的零元位置上会不会出现非零元，不需要进行全部计算，所以叫做模拟定序。

在稀疏存储数据结构上进行 LU 分解理论上并不会降低算法的时间复杂度。在实际应用中，由于主要操作依赖于非零元，因此实际运行过程会更快一些，并且非零元越少开销越小。

A.5　吉布斯抽样方法

A.5.1　算法简介

吉布斯抽样[595,596]是马尔可夫蒙特卡洛算法的一个特例，是一个涉及了统计物理思想精髓的抽样方法。吉布斯采样算法是在物理学家 Gibbs 过世 80 年后，由 Stuart 和 Donald Geman 设计的，并以 Gibbs 的名字命名的。在数学和物理领域中，吉布斯抽样实际上就是两个或更多随机变量的联合分布产生的一系列的抽样，这个抽样序列就是联合分布的近似。

吉布斯抽样算法的实质是构造一个马尔可夫链,使链值收敛于目标分布。吉布斯抽样的最大优点是,它只需考虑单变量条件分布,除了一个变量,其他所有变量的分布均是特定的值。本质上这是一个降维的过程,即把多个变量的联合计算转换为一次一个变量的计算过程。Gelfand 和 Smith 证明了吉布斯抽样可以被广泛地应用于统计问题[597],而后 Smith 和 Roberts[598] 又再次证明可以将此方法用于贝叶斯统计中。Tanner[599] 讨论了基于吉布斯停止器的观测收敛的方法。吉布斯抽样可以用于最大期望算法(Expectation–Maximazation,EM)的统计分析中,它适用于处理不完备信息,即当联合分布不明确而各个变量的条件概率分布已知的情况。Draper[600] 证明,和马尔可夫蒙特卡洛其他抽样方法相比,吉布斯抽样产生的链具有更小的自相关因素,也就是说这种方法的收敛效果最好。

A.5.2 算法思想

假设一个随机的二元变量 (x, y),计算其中一个或全部的边缘分布 $p(x)$,$p(y)$。这种抽样思想是考虑条件分布 $p(x \mid y)$,$p(y \mid x)$,比通过联合密度 $p(x, y)$ 来计算求解,如

$$p(x) = \int p(x,y) \mathrm{d}y \qquad (A.33)$$

更为简单。首先,我们要进行初始化 y_0,然后通过条件概率 $p(x \mid y=y_0)$ 计算得出 x_0 然后再基于 x_0 的条件分布 $p(y \mid x=x_0)$ 提取出一个更新后的 y_1。样本的更新过程为

$$x_i \leftarrow p(x \mid y=y_i) \qquad (A.34)$$

$$y_i \leftarrow p(y \mid x=x_{i-1}) \qquad (A.35)$$

重复这个过程 k 次,就可生成长度为 k 的一个吉布斯序列,其中点 (x_j, y_j) 的一个子集合是从完全联合分布中提取出来的,通常把单变量分布的一次迭代叫做抽样的一次扫描。吉布斯序列收敛于一个平稳分布,并且序列中的每个值都独立于初始值,这个平稳分布就是我们想要模拟的目标分布。

吉布斯抽样的关键在于我们仅需要考虑单变量条件分布。在采样过程中,对一个单变量,依据所有其他变量的当前值对其进行采样,然后再根据最新的结果对下一变量采样,即每次抽样的时候都把最新的结果考虑进去,而不是同步更新。可以证明,吉布斯采样算法最终可以得到一个平稳分布。

A.5.3 算法描述

假设存在一个联合分布 $\pi(x)=\pi(x_1, x_2, \cdots, x_k)$,$x \in R^n$,$x_i$ 为待估参数,x_{-i} 表示除

链路预测

此参数外的所有其他变量，$\pi(x \mid x_{-i})$ 表示给定 x_{-i} 后 x_i 的完全条件分布。$X^{(1)}$，$X^{(2)}$，…，$X^{(t)}$ 为 $\pi(x)$ 的样本。吉布斯抽样算法描述如下：

步骤 1：指定一个初始值 $X^{(0)} = (x_1^{(0)}, x_2^{(0)}, \cdots, x_k^{(0)})$

步骤 2：从完全条件分布 $\pi(x \mid x_{-i})$ 中抽样，$i = 1, 2, \cdots, k$，

从 $\pi(x_1 \mid x_2^{(0)}, x_3^{(0)}, \cdots, x_k^{(0)})$ 产生 $x_1^{(1)}$

从 $\pi(x_2 \mid x_1^{(1)}, x_3^{(0)}, \cdots, x_k^{(0)})$ 产生 $x_2^{(1)}$

…………

从 $\pi(x_k \mid x_1^{(1)}, x_2^{(1)}, \cdots, x_{k-1}^{(1)})$ 产生 $x_k^{(1)}$

步骤 3：重复步骤 2 的操作 t 次。

步骤 4：返回值 $\{X^{(1)}, X^{(2)}, \cdots, X^{(t)}\}$，即所求的马尔可夫链，服从平稳分布 $\pi(x)$。

附录 B 资 料 汇 总

B.1 相似性

本节包括 3 个表格，分别对应于基于节点局部信息的相似性指标、基于全局信息的相似性指标及基于半局部信息的相似性指标。

表 B1 基于节点局部信息的相似性指标

名称	定义	名称	定义
共同邻居（CN）	$s_{xy} = \mid \Gamma(x) \cap \Gamma(y) \mid$	大度节点不利指标（HDI）	$s_{xy} = \dfrac{\mid \Gamma(x) \cap \Gamma(y) \mid}{\max\{k_x, k_y\}}$
Salton 指标	$s_{xy} = \dfrac{\mid \Gamma(x) \cap \Gamma(y) \mid}{\sqrt{k_x k_y}}$	LHN-I 指标	$s_{xy} = \dfrac{\mid \Gamma(x) \cap \Gamma(y) \mid}{k_x k_y}$
Jaccard 指标	$s_{xy} = \dfrac{\mid \Gamma(x) \cap \Gamma(y) \mid}{\mid \Gamma(x) \cup \Gamma(y) \mid}$	优先链接指标（PA）	$s_{xy} = k_x k_y$
Sørensen 指标	$s_{xy} = \dfrac{2 \times \mid \Gamma(x) \cap \Gamma(y) \mid}{k_x + k_y}$	Adamic-Adar 指标（AA）	$s_{xy} = \displaystyle\sum_{z \in \Gamma(x) \cap \Gamma(y)} \dfrac{1}{\log k_z}$
大度节点有利指标（HPI）	$s_{xy} = \dfrac{\mid \Gamma(x) \cap \Gamma(y) \mid}{\min\{k_x, k_y\}}$	资源分配指标（RA）	$s_{xy} = \displaystyle\sum_{z \in \Gamma(x) \cap \Gamma(y)} \dfrac{1}{k_z}$

表 B2　基于全局信息的相似性指标

名称	定义
Katz 指标	$S=(I-\alpha \cdot A)^{-1}-I$ 参数 α 需小于邻接矩阵最大特征值的倒数。
LHN–Ⅱ指标	$S=2M\lambda_1 D^{-1}\left(I-\dfrac{\phi}{\lambda_1}A\right)^{-1}D^{-1}$ 其中 λ_1 为邻接矩阵 A 的最大特征值，M 为网络的总边数。
平均通勤时间（ACT）	$s_{xy}^{\text{ACT}}=\dfrac{1}{l_{xx}^{+}+l_{yy}^{+}-2l_{xy}^{+}}$ 其中 l_{xy}^{+} 表示矩阵 L^{+} 中第 x 行 y 列的位置所对应的元素。
基于随机游走的余弦相似性（Cos+）	$s_{xy}^{\cos+}=\cos(x,\,y)^{+}=\dfrac{l_{xy}^{+}}{\sqrt{l_{xx}^{+}\cdot l_{yy}^{+}}}$
带重启的随机游走（RWR）	$s_{xy}^{\text{RWR}}=q_{xy}+q_{yx}$，其中 $\vec{q}_x=(1-c)(I-cP^{\text{T}})^{-1}\vec{e}_x$，$(1-c)$ 为粒子返回概率，P 为概率转移矩阵。
SimRank 指标（SimR）	$s_{xy}^{\text{SimR}}=C\dfrac{\displaystyle\sum_{v_z\in\Gamma(x)}\sum_{v_{z'}\in\Gamma(y)}s_{zz'}^{\text{SimR}}}{k_x k_y}$ 其中 $s_{xx}=1$，$C\in[0,\,1]$ 为相似性传递时的衰减参数。
矩阵森林指标（MFI）	$S=(I+\alpha \cdot L)^{-1}$，$\alpha>0$
转移相似性指标（TS）	$S^{\text{Tr}}=(I-\varepsilon S)^{-1}S$ S 可以为由任意一种相似性指标得到的直接相似性矩阵。

表 B3　基于半局部信息的相似性指标

名称	定义
局部路径指标（LP）	$S=A^2+\alpha \cdot A^3$
局部随机游走指标（LRW）	$s_{xy}^{\text{LRW}}(t)=q_x\cdot \pi_{xy}(t)+q_y\cdot \pi_{yx}(t)$ 其中 q_x 为初始资源分布，$\vec{\pi}_x(t+1)=P^{\text{T}}\vec{\pi}_x(t)$，$t\geqslant0$
叠加的局部随机游走指标（SRW）	$s_{xy}^{\text{SRW}}(t)=\displaystyle\sum_{l=1}^{t}s_{xy}^{\text{LRW}}(l)=q_x\sum_{l=1}^{t}\pi_{xy}(l)+q_y\sum_{l=1}^{t}\pi_{yx}(l)$

B. 2　实验涉及的真实网络信息

1. 美国航空网络（USAir）

该网络中的每一个节点对应一个机场，如果两个机场之间有直飞的航线，那么这两个机场所对应的两个节点之间有一条连边。原网络为含权网络，包含 332 个机场和 2 126 条航线，权重表示两个机场之间的航班频次。

数据可在相关网站下载。

2. 科学家合作网络（NS）

该网络由 M. Newman 在 2006 年收集，其中所包含的科学家都是曾经在网络科学领域发表过论文的科学家。数据的收集主要考虑了两篇关于网络的综述文章[102,269]，以及手工添加的一些重要文献。网络的节点表示科学家，连边表示科学家之间的合作关系。显然，根据合作的次数不同，这个网络应该是含权的网络。最简单的赋权方式是考虑合作频次，合作越频繁的科学家之间链接的权重越大。Newman 给出了一种考虑作者数量的赋权方式[20]。如果一篇文章有 n 个作者，那么每一对作者得到的由这一篇文章产生的合作分数为 $1/(n-1)$。于是，一条边的权重就等于其连接的两个作者合作的所有文章的合作分数之和。这个网络包含 1 589 个节点，其中有 128 个为孤立节点。NS 网络包含 268 个连通集，其中最大连通集只含有 379 个节点。本书涉及的 NS 网络即指最大连通集团，其赋权方式为 Newman 法。

数据可在相关网站下载。

引用文献：Newman M E J. Finding community structure in networks using the eigenvectors of matrices [J]. Physical Review E, 2006, 74: 036104.

3. 美国政治博客网络（PB）

该数据由 Adamic 和 Glance 在 2005 年收集。这是一个有向的网络，节点为博客网页，边表示网页之间的超链接。在不考虑多连边和自环的情况下，网络包含 1 224 个节点和 19 022 条有向边，最大连通集包含 1 222 个节点和 19 021 条有向边，若将网络无向处理，则有 16 714 条边。

数据可在相关网站下载。

引用文献：Adamic L A, Glance N. The political blogosphere and the 2004 US election:

divided they blog ［C］. Proceedings of the 3rd International Workshop on Link Discovery. New York：ACM Press，2005：36-43.

4. 电力网络（Power）

美国西部电力网络。由 Watts 和 Strogatz 收集。节点表示变电站或换流站，连边表示它们之间的高压线。

数据可在相关网站下载。

引用文献：Watts D J，Strogatz S H. Collective dynamics of 'small-world' networks ［J］. Nature，1998，393：440-442.

5. 路由器网络（Router）

Internet 路由器层次的网络。该网络中的每一个节点表示一个路由器，如果两个路由器之间通过光缆等方式相连用于直接交换数据包，则这两个路由器对应的两个节点相连。该网络包含 5 022 个节点和 6 258 条边，说明这个网络非常稀疏。

数据可在相关网站下载。

引用文献：Spring N，Mahajan R，Wetherall D，Anderson T. Measuring ISP topologies with Rocketfuel ［J］. IEEE/ACM Trans. Networking，2004，12：2.

6. 线虫的神经网络（C. elegans）

该网络为一个有向含权的网络，节点表示线虫的神经元，边表示神经元突触（synapse）或者间隙连接（gap junction）。该网络含有 297 个节点和 2 345 条有向连接。在做无向网络的链路预测实验时可看成无向处理，即含有 2 148 条连接。

数据可在相关网站下载。

引用文献：Watts D J，Strogatz S H. Collective dynamics of 'small-world' networks ［J］. Nature，1998，393：440-442.

7. 蛋白质相互作用网络（Yeast）

节点表示蛋白质，边表示其相互作用关系。该网络包含 2 617 个节点和 11 855 条边。虽然网络包含了 92 个连通块，但是最大连通集团包含了 2 375 个节点，涵盖了整个网络中 90.75% 的节点。

数据可在相关网站下载。

引用文献：von Mering C，Krause R，Snel B，Cornell M，Oliver S G，Fields S，Bork P. Comparative assessment of large-scale data sets of protein-protein interactions ［J］. Nature，2002，417：399-403.

8. 爵士音乐家合作网络（Jazz）

由爵士音乐家之间的合作关系构成的网络。

数据可在相关网站下载。

引用文献：Gleiser P, Danon L. Community structure in Jazz［J］. Advances in complex systems, 2003, 6（04）：565.

9. 线虫的新陈代谢网络（Metabolic）

秀丽隐杆线虫（C. elegans）的新陈代谢网络。

数据可在相关网站下载。

引用文献：Duch J, Arenas A. Community detection in complex networks using extremal optimization［J］. Physical Review E, 2005, 72：027104.

10. 食物链网络1（FWFW）

佛罗里达海湾雨季的食物链网络。含128种生物以及2 106条捕食关系，其中包含31条互惠边。该数据用碳的交换关系来描述捕食关系。在无向网络链路预测的实验中将此网络看成无向网络，即含有2 075条边。

数据可在相关网站下载。

引用文献：Ulanowicz R E, Bondavalli C, Egnotovich M S. Network Analysis of Trophic Dynamics in South Florida Ecosystem, FY 97：The Florida Bay Ecosystem［R/OL］. Technical report, CBL, 1998：98−123. http：//www. cbl. umces. edu/~atlss/FBay701. html

11. 食物链网络2（FWMW）

红树林河口湿季的食物链网络，含有97种生物，1 492条有向边。

数据可在相关网站下载。

引用文献：Baird D, Luczkovich J, Christian R R. Assessment of spatial and temporal variability in ecosystem attributes of the St Marks national wildlife refuge, Apalachee Bay［J］. Florida, Estuarine, Coastal, and Shelf Science, 1998, 47：329−349.

12. 食物链网络3（FWEW）

包含生活在 Everglades Graminoids 湿季的69种生物，916条有向边。

数据可在相关网站下载。

引用文献：Ulanowicz R E, Heymans J J, Egnotovich M S. Network analysis of trophic dynamics in South Florida Ecosystems, FY 99：The Graminoid Ecosystem. Technical report, Technical Report TS−191−99［R］. Maryland System Center for Environmental Science, Chesapeake Biological Laboratory, Maryland, USA, 2000.

13. 食物链网络4（FWFD）

包含生活在 Florida Bay 干季的 128 种生物，2 137 条有向边。

数据可在相关网站下载。

引用文献：Ulanowicz R E, Bondavalli C, Egnotovich M S. Network Analysis of Trophic Dynamics in South Florida Ecosystem, FY 97：The Florida Bay Ecosystem ［R/OL］. Technical report, CBL, 1998：98-123. http：//www. cbl. umces. edu/ ~ atlss/FBay701. html

14. 论文引用网络 1（SmaGri）

Small & Griffith and Descendants 相关的论文引用网络。有向边 i 到 j 表示，论文 i 引用了论文 j。

数据可在相关网站下载。

引用文献：Batagelj V, Mrvar A. Pajek datasets website.

15. 论文引用网络 2（Kohonen）

有关"自组织映射"主题或者"Kohonen T"的论文引用网络。

数据可在相关网站下载。

引用文献：Batagelj V, Mrvar A. Pajek datasets website.

16. 论文引用网络 3（SciMet）

引用"科学计量学"的论文引用网络。

数据可在相关网站下载。

引用文献：Batagelj V, Mrvar A. Pajek datasets website.

17. 美味书签网络上的关注关系（Delicious）

Delicious.com 即大家所知的 del. icio. us，该网站允许用户为网页打标签并收藏起来。在这个网站上用户可以关注其他用户以及他们收藏的书签和网页等。此关注关系网络是在 2008 年 5 月收集的。

数据可在相关网站下载。

引用文献：Lü L, Zhang Y C, Yeung C H, Zhou T. Leaders in social networks, the delicious case ［J］. PLoS ONE, 2011, 6（6）：e21202.

18. Youtube 视频网站上的关注关系（Youtube）

该网站提供了用户分享音频的平台，活跃用户会有规律地上传视频以维持一个频道，其他用户可以关注这些用户，从而形成一个社交网络。这个网络采集于 2007 年 1 月。

数据可在相关网站下载。

引用文献：Mislove A, Marcon M, Gummadi K P, et al. Measurement and analysis of online social networks ［C］. Proceedings of the 7th ACM SIGCOMM Conference on Internet Measurement.

New York：ACM press，2007：29-42.

19. FriendFeed 网站上的关注关系（FriendFeed）

该网站是一个用于聚合众多社会媒体、社交网站、博客、微博等各种更新信息的网站，用户可以管理他们的社交网站内容，并能看到其他用户的更新。这个数据是 FriendFeed 中的关注关系网络。

数据可在相关网站下载。

引用文献：Celli F，Di Lascio F M L，Magnani M，et al. Social network data and practices：the case of FriendFeed ［C］. Proceedings of the 3rd International Conference on Social Computing，Behavioral Modeling，and Prediction. Berlin，Heidelberg：Springer-Verlag，2010：346-353.

20. Epinions 上的信任关系（Epinions）

Epinions. com 是一个基于信任关系构建的在线社交网络，用户能够在网站上写评论，并可以相互标记是否信任对方。

数据可在相关网站下载。

引用文献：Richardson M，Agrawal R，Domingos P. Trust management for the semantic web ［J］. Lecture Notes in Computer Science，2003，2870：351-368.

21. Slashdot 敌友关系网站（Slashdot）

Slashdot. org 是与科技相关的新闻网站，以其明确的用户社区而闻名。这个网站允许用户标记朋友和敌人。

数据可在相关网站下载。

引用文献：Leskovec J，Lang K J，Dasgupta A，Mahoney M W. Community structure in large networks：Natural cluster sizes and the absence of large well-defined clusters ［J］. Internet Mathematics，2009，6：29-123.

22. 维基百科（Wikivote）

Wikipedia 是个免费的百科全书，由来自世界各地的志愿者协作编辑而成，活跃用户可以被提名为管理员。当一些用户被提名时，就会有一个公开的选举，其他用户可以对所有的候选人选择支持、反对或者中立的态度，获得最多支持票的人会晋升为管理员。这个选举过程就构成了一个社交网络：用户被视为节点，选举行为则对应为有向边，若用户 A 支持用户 B，则有一条从用户 A 指向用户 B 的边。此外，该数据也可构成一个含有正（支持）负（反对）两类链接关系的网络。此数据来自于 English Wikipedia 的 2 794 次选举。

数据可在相关网站下载。

引用文献：Leskovec J，Huttenlocher D，Kleinberg J. Predicting positive and negative links in online social networks [C]. Proceedings of the 19th International Conference on World Wide Web. New York：ACM Press, 2010：641–650.

Leskovec J, Huttenlocher D, Kleinberg J. Signed networks in social media [C]. Proceedings of the SIGCHI Conference on Human Factors in Computing Systems. New York：ACM Press, 2010：1361–1370.

23. Twitter 上的关注关系（Twitter）

Twitter 提供在线社交网络服务，用户可以发送最多 140 字的短文，并允许关注其他用户以看到他们的页面更新。在这个网络中，一条有向边 A→B 表示用户 A 关注用户 B，此数据是引用文献中数据的一个抽样。

数据可在相关网站下载。

引用文献：Zafarani R, Liu H. Social computing data repository at ASU website [OL].

Zhang Q M, Lü L, Wang W Q, et al. Potential theory for directed networks [J]. PLoS ONE, 2013, 8（2）：e55437.

相关数据可在 LPG 链路预测小组的网站上下载。

用于无向网络链路预测实验的几个网络的基本统计特征（有向网络进行无向处理）如表 B4 所示。

表 B4　用于无向网络链路预测实验的几个网络的基本统计特征

数据	节点数	边数	平均度	聚类系数	平均最短路径	网络直径	度异质性	同配性系数
USAir	332	2 126	12.81	0.749	2.74	6	3.46	−0.208
NS	379	914	4.82	0.798	6.04	17	1.66	−0.082
PB	1 222	16 714	27.36	0.36	2.74	8	2.97	−0.221
Yeast	2 375	11 693	9.85	0.388	5.10	15	3.48	0.454
C. elegans	297	2 148	14.47	0.308	2.46	5	1.80	−0.163
FWFW	128	2 075	32.422	0.335	1.776	3	1.237	−0.112
Power	4 941	6 594	2.67	0.107	18.99	46	1.45	0.003
Router	5 022	6 258	2.49	0.033	6.45	15	5.50	−0.138
Jazz	198	2 742	27.70	0.618	2.235	6	1.395	0.020
Metabolic	453	2 025	8.940	0.647	2.664	7	4.485	−0.226
FWMW	97	1 446	29.814	0.468	1.693	3	1.266	−0.151

有向网络的基本统计特征见表 B5。

表 B5　有向网络的基本统计特征

数据	节点数	边数	最大入度	最大出度	平均度	网络直径	集聚系数
FWMW	97	1 492	90	46	15.4	2.86	0.468
FWEW	69	916	63	44	13.3	2.84	0.552
FWFD	128	2 137	110	63	16.7	2.9	0.335
C. elegans	297	2 345	134	39	7.9	3.85	0.292
SmaGri	1 024	4 919	89	232	4.8	4.61	0.302
Kohonen	3 704	12 683	51	735	3.4	5.64	0.252
SciMet	2 678	10 381	121	104	3.9	6.4	0.174
PB	1 222	19 021	337	256	15.6	4.08	0.320
Delicious	571 686	1 668 233	2 767	11 168	2.9	8.65	0.202
Youtube	1 134 890	4 942 035	25 519	28 644	4.4	7.17	0.081
FriendFeed	512 889	19 810 241	31 045	96 659	38.6	4.92	0.215
Epinions	75 877	508 836	3 035	1 801	6.7	6.45	0.138
Slashdot	77 360	828 161	2 539	2 507	10.7	5.62	0.056
Wikivote	7 066	103 663	457	893	14.7	4.77	0.142
Twitter	11 241	732 193	5 665	3 633	65.14	2.7	0.162

附录 C 算法的程序实现

本附录中的代码均以 Matlab 实现，针对无向网络，如需处理有向图需要进行一些修改。所有相似性指标均写成函数形式，可以直接调用。在附录 C.1、C.2 中输入的网络数据都是按照边的列表的格式，也即是每一行表示一条边的信息，如数据"a b"代表节点 a 和节点 b 有一条连边。附录 C.3、C.4 中的输入数据都是网络的邻接矩阵的形式，请读者自行注意区分。图 C1 给出了一个网络示例。

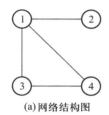

$$
\begin{array}{cc}
1 & 2 \\
1 & 3 \\
1 & 4 \\
3 & 4
\end{array}
\qquad
\begin{bmatrix}
0 & 1 & 1 & 1 \\
1 & 0 & 0 & 0 \\
1 & 0 & 0 & 1 \\
1 & 0 & 1 & 0
\end{bmatrix}
$$

(a)网络结构图　　　(b)网络的边列表linklist文件格式，　　　(c)网络的邻接矩阵
通常是.txt或者.dat格式

图 C1 网络数据示例

代码中注释符号的含义：

%% 表示下面的函数要实现的功能。

% 符号以后文字为针对上一行程序的解释标注语言。

%---- 表示下一小段程序所要实现的功能。

C.1 网络的输入与构建

```
function [net] = FormNet(linklist)
```

```
%% 读入连边列表 linklist,构建网络邻接矩阵 net
    %---- 如果节点编号从 0 开始,将所有节点编号加 1(matlab 的下标从 1 开始)
    if ~ all(all(linklist(:,1:2)))
        linklist(:,1:2)=linklist(:,1:2)+1;
    end

    %---- 对无向图,将第三列元素置为 1
    linklist(:,3)=1;
    net=spconvert(linklist);
    nodenum=length(net);
    net(nodenum,nodenum)=0;
    % 此处删除自环,对角元为 0 以保证为方阵
    net=net-diag(diag(net));
    net=spones(net + net');
    % 确保邻接矩阵为对称矩阵,即对应于无向网络
end
% 转换过程结束,得到网络的邻接矩阵
```

C.2 数据集划分

```
function [train,test]=DivideNet(net,ratioTrain)
%% 划分训练集和测试集,保证训练集连通
    num_testlinks=ceil((1-ratioTrain) * nnz(net)/2);
    % 确定测试集的边数目
    [xindex,yindex]=find(tril(net));linklist=[xindex yindex];
    % 将网络(邻接矩阵)中所有的边找出来,存入 linklist
    clear xindex yindex;
    % 为每条边设置标志位,判断是否能删除
```

```
test = sparse( size( net,1) ,size( net,2) ) ;
while( nnz( test) <num_testlinks)


    % ---- 随机选择一条边
    index_link = ceil( rand( 1)  *  length( linklist) ) ;
    uid1 = linklist( index_link,1) ;
    uid2 = linklist( index_link,2) ;


    % ---- 判断所选边两端节点 uid1 与 uid2 是否可达,若可达则放入测试集,否则重
    %        新选边
    net( uid1 ,uid2) = 0;net( uid2 ,uid1) = 0;
    % 将这条边从网络中挖去用以判断挖掉后的网络是否还连通
    tempvector = net( uid1 ,:) ;
    % 取出 uid1 一步可达的点,构建成一维向量
    sign = 0;
    % 标记此边是否可以被移除,sign = 0 表示不可; sign = 1 表示可以
    uid1TOuid2 = tempvector  *  net + tempvector;
    % uid1TOuid2 表示 uid1 二步内可达的点
    if uid1TOuid2( uid2) > 0
        sign = 1;
        % 二步即可达
    else
        while ( nnz( spones( uid1TOuid2) - tempvector)  ~ = 0)
        % 直到可达的点到达稳定状态,仍然不能到达 uid2,此边就不能被删除
            tempvector = spones( uid1TOuid2) ;
            uid1TOuid2 = tempvector  *  net + tempvector;
            % 此步的 uid1TOuid2 表示 K 步内可达的点
            if uid1TOuid2( uid2) > 0
                sign = 1;
                % 某步内可达
                break;
```

```
                    end
                end
        end
        % 结束-判断 uid1 是否可达 uid2


        % ---- 若此边可删除,则将之放入测试集中,并将此边从 linklist 中移除
        if sign == 1% 此边可以删除
            linklist(index_link,:)=[];
            test(uid1,uid2)=1;
        else
            linklist(index_link,:)=[];
            net(uid1,uid2)=1;
            net(uid2,uid1)=1;
        end
        % 结束-判断此边是否可以删除并作相应处理
    end
    % 结束(while)-测试集中的边选取完毕
    train=net;test=test+test';
    % 返回为训练集和测试集
end
```

C.3 AUC 计算

```
function [auc]=CalcAUC(train,test,sim,n)
%% 计算 AUC,输入计算的相似度矩阵 sim
    sim=triu(sim-sim.*train);
    % 只保留测试集和不存在边集合中的边的相似度(自环除外)
    non=1-train-test-eye(max(size(train,1),size(train,2)));
```

```
test = triu( test );

non = triu( non );
```
% 分别取测试集和不存在边集合的上三角矩阵,用以取出它们对应的相似度分值
```
test_num = nnz( test );

non_num = nnz( non );

test_rd = ceil( test_num * rand( 1,n));
```
% ceil 是取大于等于的最小整数,n 为抽样比较的次数,见公式(34)中的 n 值
```
non_rd = ceil( non_num * rand( 1,n));

test_pre = sim . * test;

non_pre = sim . * non;

test_data =  test_pre( test == 1 )';
```
% 行向量,test 集合存在的边的预测值
```
non_data =  non_pre( non == 1 )';
```
% 行向量,nonexist 集合存在的边的预测值
```
test_rd = test_data( test_rd );

non_rd = non_data( non_rd );

clear test_data non_data;

n1 = length( find( test_rd > non_rd ) );

n2 = length( find( test_rd == non_rd));

auc = ( n1 + 0. 5 * n2 ) / n;
```
end

C. 4　相似性的计算

```
----------------------CN-------------------------

function [ thisauc ] = CN( train,test )
%% 计算 CN 指标并返回 AUC 值
    sim = train * train;
```

```
    %  相似度矩阵的计算
    thisauc = CalcAUC( train, test, sim );
    %  评测,计算该指标对应的 AUC
end
```

```
———————————————————Salton———————————————
function [ thisauc ] = Salton( train, test )
%%  计算 Salton 指标并返回 AUC 值
    tempdeg = repmat( ( sum( train, 2 ) ). ^0. 5, [ 1, size( train, 1 ) ] );
    %  可能溢出,规模大的话需要分块。
    tempdeg = tempdeg . * tempdeg';
    %  分母的计算
    sim = train * train;
    %  分子的计算
    sim = sim. / tempdeg;
    %  相似度矩阵计算完成
    sim( isnan( sim ) ) = 0; sim( isinf( sim ) ) = 0;
    thisauc = CalcAUC( train, test, sim );
    %  评测,计算该指标对应的 AUC
end
```

```
———————————————————Jaccard———————————————
function [ thisauc ] = Jaccard( train, test )
%%  计算 jaccard 指标并返回 AUC 值
    sim = train * train;
    %  完成分子的计算,分子同共同邻居算法
    deg_row = repmat( sum( train, 1 ), [ size( train, 1 ), 1 ] );
    deg_row = deg_row . * spones( sim );
    %  只需保留分子不为 0 对应的元素
    deg_row = triu( deg_row ) + triu( deg_row' );
    %  计算节点对( x, y )的两节点的度之和
```

```
    sim = sim./(deg_row. * spones(sim)-sim);clear deg_row;
    % 计算相似度矩阵 节点 x 与 y 并集的元素数目 = x 与 y 的度之和-交集的元素数目
    sim(isnan(sim)) = 0;sim(isinf(sim)) = 0;
    thisauc = CalcAUC(train,test,sim);
    % 评测,计算该指标对应的 AUC
end


--------------------Sørensen--------------------
function [ thisauc ] = Sørensen( train,test )
%% 计算 Sørensen 指标并返回 AUC 值
    sim = train * train;
    % 计算分子
    sim = triu(sim,1);
    deg_col = repmat(sum(train,2),[1 size(train,1)]);
    % 计算分母
    deg_col = triu(deg_col' + deg_col);
    sim = 2 * sim ./ deg_col;
    % 相似度矩阵计算完成
    sim(isnan(sim)) = 0;sim(isinf(sim)) = 0;
    thisauc = CalcAUC(train,test,sim);
    % 评测,计算该指标对应的 AUC
end


------------------------HPI------------------------
function [ thisauc ] = HPI( train,test )
%% 计算 HPI 指标并返回 AUC 值
    sim = train * train;
    % 完成分子的计算,分子同共同邻居算法
    deg_row = repmat(sum(train,1),[ size(train,1),1 ]);
    deg_row = deg_row . * spones(sim);
    deg_row = min(deg_row,deg_row');
```

% 完成分母的计算,其中元素(i,j)表示取了节点 i 和节点 j 的度的最小值

sim = sim ./ deg_row;clear deg_row;

% 完成相似度矩阵的计算

sim(isnan(sim)) = 0;sim(isinf(sim)) = 0;

thisauc = CalcAUC(train,test,sim);

% 评测,计算该指标对应的 AUC

end

--------------------------HDI--------------------------

function [thisauc] = HDI(train,test)

%% 计算 HDI 指标并返回 AUC 值

sim = train * train;

% 完成分子的计算,分子同共同邻居算法

deg_row = repmat(sum(train,1),[size(train,1),1]);

deg_row = deg_row . * spones(sim);

deg_row = max(deg_row,deg_row');

% 完成分母的计算,其中元素(i,j)表示取了节点 i 和节点 j 的度的最大值

sim = sim ./ deg_row;clear deg_row;

% 完成相似度矩阵的计算

sim(isnan(sim)) = 0;sim(isinf(sim)) = 0;

thisauc = CalcAUC(train,test,sim);

% 评测,计算该指标对应的 AUC

end

--------------------------LHN- I --------------------------

function [thisauc] = LHN(train,test)

%% 计算 LHN1 指标并返回 AUC 值

sim = train * train;

% 完成分子的计算,分子同共同邻居算法

deg = sum(train,2);

deg = deg * deg';

% 完成分母的计算

sim = sim ./ deg;

% 相似度矩阵的计算

sim(isnan(sim)) = 0;sim(isinf(sim)) = 0;

thisauc = CalcAUC(train,test,sim);

% 评测,计算该指标对应的 AUC

end

————————————————AA————————————————

function [thisauc] = AA(train,test)

%% 计算 AA 指标并返回 AUC 值

train1 = train ./ repmat(log(sum(train,2)),[1,size(train,1)]);

% 计算每个节点的权重,1/log(k_i),网络规模过大时需要分块处理

train1(isnan(train1)) = 0;

train1(isinf(train1)) = 0;

% 将除数为 0 得到的异常值置为 0

sim = train * train1;clear train1;

% 实现相似度矩阵的计算

thisauc = CalcAUC(train,test,sim);

% 评测,计算该指标对应的 AUC

end

————————————————RA————————————————

function [thisauc] = RA(train,test)

%% 计算 RA 指标并返回 AUC 值

train1 = train ./ repmat(sum(train,2),[1,size(train,1)]);

% 计算每个节点的权重,1/k_i,网络规模过大时需要分块处理

train1(isnan(train1)) = 0;

train1(isinf(train1)) = 0;

sim = train * train1;clear train1;

% 实现相似度矩阵的计算

```
        thisauc = CalcAUC( train, test, sim) ;
        % 评测,计算该指标对应的 AUC
end
```

----------------------------PA----------------------------

```
function [ thisauc ] = PA( train, test )
%% 计算 PA 指标并返回 AUC 值
        deg_row = sum( train, 2) ;
        % 所有节点的度构成列向量,将它乘以它的转置即可
        sim = deg_row * deg_row' ;
        clear deg_row deg_col;
        % 相似度矩阵计算完成
        thisauc = CalcAUC( train, test, sim) ;
        % 评测,计算该指标对应的 AUC
end
```

--------------------局部朴素贝叶斯模型--------------------

```
function [ thisauc ] = LNBCN( train, test )
%% 计算局部朴素贝叶斯模型性 CN 指标并返回 AUC 值
        s = size( train, 1) * ( size( train, 1) -1) /nnz( train) -1 ;
        % 计算每个网络中的常量 s
        tri = diag( train * train * train) /2 ;
        % 计算每个点所在的三角形个数
        tri_max = sum( train, 2) . * ( sum( train, 2) -1) /2 ;
        % 每个点最大可能所在的三角形个数
        R_w = ( tri+1) . / ( tri_max+1) ; clear tri tri_max;
        % 接下来几步是按照公式度量每个点的角色
        SR_w = log( s) +log( R_w) ; clear s R_w;
        SR_w( isnan( SR_w) ) = 0 ; SR_w( isinf( SR_w) ) = 0 ;
        SR_w = repmat( SR_w, [ 1, size( train, 1) ] ) . * train;
        % 节点的角色计算完毕
```

sim = spones(train) ∗ SR_w;clear SR_w;

% 将节点对(x,y)的共同邻居的角色量化值相加即可

thisauc = CalcAUC(train,test,sim) ;

% 评测,计算该指标对应的 AUC

end

function [thisauc] = LNBAA(train,test)

%% 计算局部朴素贝叶斯模型性 AA 指标并返回 AUC 值

s = size(train,1) ∗ (size(train,1) −1) / nnz(train) −1;

% 计算每个网络中的常量 s

tri = diag(train ∗ train ∗ train)/2;

% 计算每个点所在的三角形个数

tri_max = sum(train,2) . ∗ (sum(train,2) −1)/2;

% 每个点最大可能所在的三角形个数

R_w = (tri+1) ./(tri_max+1) ;clear tri tri_max;

% 接下来几步是按照公式度量每个点的角色

SR_w = (log(s) +log(R_w)) ./log(sum(train,2)) ;clear s R_w;

SR_w(isnan(SR_w)) = 0;SR_w(isinf(SR_w)) = 0;

SR_w = repmat(SR_w,[1,size(train,1)]) . ∗ train;

% 节点的角色计算完毕

sim = spones(train) ∗ SR_w;clear SR_w;

% 将节点对(x,y)的共同邻居的角色量化值相加即可

thisauc = CalcAUC(train,test,sim) ;

% 评测,计算该指标对应的 AUC

end

function [thisauc] = LNBRA(train,test)

%% 计算局部朴素贝叶斯模型性 RA 指标并返回 AUC 值

s = size(train,1) ∗ (size(train,1) −1) / nnz(train) −1;

% 计算每个网络中的常量 s

tri = diag(train ∗ train ∗ train)/2;

```
% 计算每个点所在的三角形个数
tri_max = sum( train,2). * ( sum( train,2)-1)/2;
% 每个点最大可能所在的三角形个数
R_w = ( tri+1). /( tri_max+1);clear tri tri_max;
% 接下来几步是按照公式度量每个点的角色
SR_w = ( log( s)+log( R_w)). /( sum( train,2));clear s R_w;
SR_w( isnan( SR_w)) = 0;SR_w( isinf( SR_w)) = 0;
SR_w = repmat( SR_w,[1,size( train,1)]). * train;
% 节点的角色计算完毕
sim = spones( train)  * SR_w;clear SR_w;
% 将节点对( x,y)的共同邻居的角色量化值相加即可
thisauc = CalcAUC( train,test,sim);
% 评测,计算该指标对应的 AUC
end
```

```
------------------------Local Path Index-----------
function [ thisauc ] = LocalPath( train,test,lambda )
%% 计算 LP 指标并返回 AUC 值
    sim = train * train;
    % 二阶路径
    sim = sim + lambda * ( train * train * train);
    % 二阶路径 + 参数×三节路径
    thisauc = CalcAUC( train,test,sim);
    % 评测,计算该指标对应的 AUC
end
```

```
------------------------Katz------------------------
function [ thisauc ] = Katz( train,test,lambda )
%% 计算 katz 指标并返回 AUC 值
    sim = inv( sparse( eye( size( train,1))) - lambda * train);
    % 相似性矩阵的计算
```

```
sim = sim − sparse( eye( size( train,1 ) ) );
thisauc = CalcAUC( train,test,sim );
% 评测,计算该指标对应的 AUC
end
```

```
-----------------------LHN-Ⅱ-----------------------
function [ thisauc ] = LHNII( train,test,lambda )
%% 计算 LHN2 指标并返回 AUC 值
M = nnz( train )/2;
% 网络中的边数
D = sparse( eye( size( train,1 ) ) );
D( logical( D ) ) = sum( train,2 );
% 生成度矩阵（对角线元素为同下标节点的度）
D = inv( D );
% 求度矩阵的逆矩阵
maxeig = max( eig( train ) );
% 求邻接矩阵的最大特征值
tempmatrix = ( sparse( eye( size( train,1 ) ) ) − lambda/maxeig ∗ train );
tempmatrix = inv( tempmatrix );
sim = 2 ∗ M ∗ maxeig ∗ D ∗ tempmatrix ∗ D;clear D tempmatrix;
% 完成相似度矩阵的计算
thisauc = CalcAUC( train,test,sim );
% 评测,计算该指标对应的 AUC
end
```

```
-----------------------ACT-----------------------
function [ thisauc ] = ACT( train,test )
%% 计算 ACT 指标并返回 AUC 值
D = sparse( eye( size( train,1 ) ) );
% 生成稀疏的单位矩阵
D( logical( D ) ) = sum( train,2 );
```

链路预测

```
    % 生成度矩阵(对角线元素为同下标节点的度)
    pinvL = sparse( pinv( full( D - train) ) ) ;clear D;
    % 拉普拉斯矩阵的伪逆
    Lxx = diag( pinvL) ;
    % 取对角线元素
    Lxx = repmat( Lxx,[ 1 ,size( train,1) ] ) ;
    % 将对角线元素向量扩展为 n×n 阶矩阵
    sim = 1./( Lxx + Lxx' - 2 * pinvL) ;
    % 求相似度矩阵
    sim( isnan( sim) ) = 0 ;sim( isinf( sim) ) = 0 ;
    thisauc = CalcAUC( train,test,sim) ;
    % 评测,计算该指标对应的 AUC
end


-----------------------------Cos+-----------------------------
function [ thisauc ] = CosPlus( train,test )
%% 计算 Cos+指标并返回 AUC 值
    D = sparse( eye( size( train,1) ) ) ;
    % 生成稀疏的单位矩阵
    D( logical( D) ) = sum( train,2) ;
    % 生成度矩阵（对角线元素为同下标节点的度）
    pinvL = sparse( pinv( full( D - train) ) ) ;clear D;
    % 拉普拉斯矩阵的伪逆
    Lxx = diag( pinvL) ;
    % 取对角线元素
    sim = pinvL ./ ( Lxx * Lxx') .^0.5 ;
    % 求相似度矩阵
    sim( isnan( sim) ) = 0 ;sim( isinf( sim) ) = 0 ;
    thisauc = CalcAUC( train,test,sim) ;
    % 评测,计算该指标对应的 AUC
end
```

----------------------RWR----------------------

```
function [thisauc] = RWR( train,test,lambda )
%% 计算 RWR 指标并返回 AUC 值
    deg = repmat( sum( train,2 ),[ 1,size( train,2 ) ] );
    train = train ./ deg;clear deg;
    % 求转移矩阵
    I = sparse( eye( size( train,1 ) ) );
    % 生成单位矩阵
    sim = ( 1 – lambda ) * inv( I – lambda * train') * I;
    sim = sim+sim';
    % 相似度矩阵计算完成
    train = spones( train );
    % 将邻接矩阵还原,因为无孤立点,所以不会有节点的度为 0
    thisauc = CalcAUC( train,test,sim );
    % 评测,计算该指标对应的 AUC
end
```

----------------------SimRank----------------------

```
function [thisauc] = SimRank( train,test,lambda )
%% 计算 SimRank 指标并返回 AUC 值
    deg = sum( train,1 );
    % 求节点的入度,构成行向量,供调用
    lastsim = sparse( size( train,1 ),size( train,2 ) );
    % 存储前一步的迭代结果,初始化为全 0 矩阵
    sim = sparse( eye( size( train,1 ) ) );
    % 存储当前步的迭代结果,初始化为单位矩阵
    while( sum( sum( abs( sim–lastsim ) ) )>0. 0000001 )
    % 迭代至稳态的判定条件
        lastsim = sim;sim = sparse( size( train,1 ),size( train,2 ) );
        for nodex = 1 : size( train,1 ) –1
```

```
            %  对每一对节点的值进行更新
                if deg( nodex) = = 0
                    continue;
                end
            for nodey = nodex+1:size( train,1)
                %-----将点 x 的邻居和点 y 的邻居所组成的所有节点对的前一步迭代结果
                        相加
                    if deg( nodey) = = 0
                            continue;
                    end
        sim( nodex,nodey) = lambda  *  sum( sum( lastsim( train( :,nodex) = = 1,train( :,nodey) = =
1)))/( deg( nodex) * deg( nodey));
                end
            end
            sim = sim+sim'+ sparse( eye( size( train,1)));
        end
        thisauc = CalcAUC( train,test,sim);
        % 评测,计算该指标对应的 AUC
end


------------------------LRW------------------------
function [ thisauc ] = LRW( train,test,steps)
%% 计算 LRW 指标并返回 AUC 值
    deg = repmat( sum( train,2),[1,size( train,2)]);
    M = sum( sum( train));
    train = train ./ deg;
    % 求转移矩阵
    I = sparse( eye( size( train,1)));
    % 生成单位矩阵
    sim = I;
    stepi = 0;
```

```
while( stepi < steps )
% 随机游走的迭代
    sim = train' * sim;
    stepi = stepi + 1;
end
sim = sim'. * deg / M
sim = sim+sim';
% 相似度矩阵计算完成
train = spones( train );
% 将邻接矩阵还原,因为无孤立点,所以不会有节点的度为0
thisauc = CalcAUC( train, test, sim, 10000 );
% 评测,计算该指标对应的 AUC
end
```

```
------------------------SRW--------------------------
function [ thisauc ] = SRW( train, test, steps )
%% 计算 SRW 指标并返回 AUC 值
    deg = repmat( sum( train,2 ),[ 1,size( train,2 ) ] );
    M = sum( sum( train ) );
    train = train ./ deg;
    % 求转移矩阵
    I = sparse( eye( size( train,1 ) ) );
    % 生成单位矩阵
    tempsim = I;
    % 用来暂存每步的迭代结果
    stepi = 0; sim = sparse( size( train,1 ),size( train,2 ) );
    % 随机游走的迭代 sim 用来存储每步迭代的分值之和
    while( stepi < steps )
        tempsim = train' * tempsim;
        stepi = stepi + 1;
        sim = sim + tempsim;
    end
    sim = sim'. * deg / M
```

```
    sim = sim+sim';
    % 相似度矩阵计算完成
    train = spones( train) ;
    % 将邻接矩阵还原,因为无孤立点,所以不会有节点的度为 0
    thisauc = CalcAUC( train,test,sim,10000) ;
    % 评测,计算该指标对应的 AUC
end
```

------------------------MFI--------------------------

```
function [ thisauc ] = MFI( train,test )
%% 计算 MFI 指标并返回 AUC 值
    I = sparse( eye( size( train,1) ) ) ;
    % 生成单位矩阵
    D = I;
    D( logical( D) ) = sum( train,2) ;
    % 生成度矩阵(对角线元素为同下标节点的度)
    L = D - train;
    clear D;
    % 拉普拉斯矩阵
    sim = inv( I + L) ;
    clear I L;
    % 相似度矩阵的计算
    thisauc = CalcAUC( train,test,sim) ;
    % 评测,计算该指标对应的 AUC
end
```

-----------------------自恰转移相似性----------------

```
function [ thisauc ] = TSCN( train,test,lambda )
%% 计算 TSCN 指标并返回 AUC 值
    sim = train * train;
    % 计算共同邻居相似度矩阵。也可以替换为其他的相似性算法。
    I = sparse( eye( size( train,1) ) ) ;
```

sim = inv(I − lambda ∗ sim) ∗ sim;

% 相似度转移

thisauc = CalcAUC(train, test, sim);

% 评测,计算该指标对应的 AUC

end

C.5 基于相似性的链路预测主函数

%% 基于相似性的链路预测算法,计算各个相似性指标在八个网络中的预测精度

%% 计算结果见 3.6.2 节表 2,相关网络数据可从网站 www. linkprediction. org 下载

clear;

ratioTrain = 0. 9;

% 训练集比例

numOfExperiment = 100;

% 独立实验的次数

dataname = strvcat('USAir', 'NS', 'PB', 'Yeast', 'Celegans', 'FWFB', 'Power', 'Router');

% 用到的数据集名称

datapath = '';

respath = strcat(datapath, 'result\', dataname(ith_data, :), '_res. txt');

% 数据集和结果输出所在的路径。结果的格式。

% 第一行:算法名;

% 倒数第一行:每种算法在多次实验中的方差;

% 倒数第二行:每种算法在多次实验中的平均值;

% 中间的数据:每种算法在多次实验中的具体值。

% −−−−− 链路预测过程

for ith_data = 1 ;8

% 遍历每一个数据

```
tempcont = strcat('第',int2str(ith_data),'个数据...',dataname(ith_data,:));
disp(tempcont);
tic;
thisdatapath = strcat(datapath,dataname(ith_data,:),'.txt');
% 第 ith_data 个数据的路径
linklist = load(thisdatapath);
% 导入数据(边的 list)
net = FormNet(linklist);
% 根据边的 list 构成邻接矩阵
clear linklist;
%----每个数据做 numOfExperiment 次独立实验,并将所有结果存到(实验次数×预测
%----器个数)阶的矩阵中用以计算均值和方差
aucOfallPredictor = [];
% 用于存储 numOfExperiment 次实验的结果,第 j 行对应第 j 次实验
PredictorsName = [];
% 记录预测器的顺序
%----开始 numOfExperiment 次实验的循环
for ith_experiment = 1:numOfExperiment
    if mod(ith_experiment,10) == 0
        tempcont = strcat(int2str(ith_experiment),'%...');
        disp(tempcont);
    end
    %----- step-1 划分训练集和测试集,保证训练集的连通性
    [train,test] = DivideNet(net,ratioTrain);
    % 划分训练集和测试集
    train = sparse(train);test = sparse(test);
    ithAUCvector = [];
    Predictors = [];
    % 用于存储当前实验中所有预测器的精度
    %-----step-2 根据 train set 计算 test set 和 nonexistent set 中所有节点
    %-----对产生(或存在)连边的可能性,并得出 AUC
```

```
disp('CN...');
tempauc = CN(train,test);
% Common Neighbor
Predictors = [Predictors '% CN'];ithAUCvector = [ithAUCvector tempauc];


disp('Salton...');
tempauc = Salton(train,test);
% Salton Index
Predictors = [Predictors 'Salton'];ithAUCvector = [ithAUCvector tempauc];


disp('Jaccard...');
tempauc = Jaccard(train,test);
% Jaccard Index
Predictors = [Predictors 'Jaccard'];ithAUCvector = [ithAUCvector tempauc];


disp('Sorenson...');
tempauc = Sorenson(train,test);
% Sorenson Index
Predictors = [Predictors 'Sorens'];ithAUCvector = [ithAUCvector tempauc];


disp('HPI...');
tempauc = HPI(train,test);
% Hub Promoted Index
Predictors = [Predictors 'HPI'];ithAUCvector = [ithAUCvector tempauc];


disp('HDI...');
tempauc = HDI(train,test);
% Hub Depressed Index
Predictors = [Predictors 'HDI'];ithAUCvector = [ithAUCvector tempauc];


disp('LHN...');
```

```
tempauc = LHN( train, test);
% Leicht-Holme-Newman
Predictors = [ Predictors 'LHN'];ithAUCvector = [ ithAUCvector tempauc];


disp('AA...');
tempauc = AA( train, test);
% Adar-Adamic Index
Predictors = [ Predictors 'AA'];ithAUCvector = [ ithAUCvector tempauc];


disp('RA...');
tempauc = RA( train, test);
% Resourse Allocation
Predictors = [ Predictors 'RA'];ithAUCvector = [ ithAUCvector tempauc];


disp('PA...');
tempauc = PA( train, test);
% Preferential Attachment
Predictors = [ Predictors 'PA'];ithAUCvector = [ ithAUCvector tempauc];


disp('LNBCN...');
tempauc = LNBCN( train, test);
% Local naive bayes method - Common Neighbor
Predictors = [ Predictors 'LNBCN'];ithAUCvector = [ ithAUCvector tempauc];


disp('LNBAA...');
tempauc = LNBAA( train, test);
% Local naive bayes method - Adar-Adamic Index
Predictors = [ Predictors 'LNBAA'];ithAUCvector = [ ithAUCvector tempauc];


disp('LNBRA...');
tempauc = LNBRA( train, test);
```

```
% Local naive bayes method – Resource Allocation
Predictors = [ Predictors 'LNBRA' ] ; ithAUCvector = [ ithAUCvector tempauc ] ;


disp( 'LocalPath. . .' ) ;
tempauc = LocalPath( train , test , 0. 0001 ) ;
% Local Path Index
Predictors = [ Predictors 'LocalP' ] ; ithAUCvector = [ ithAUCvector tempauc ] ;


disp( 'Katz 0. 01. . .' ) ;
tempauc = Katz( train , test , 0. 01 ) ;
% Katz Index 参数取 0. 01
Predictors = [ Predictors 'Katz. 01' ] ; ithAUCvector = [ ithAUCvector tempauc ] ;


disp( 'Katz 0. 001. . .' ) ;
tempauc = Katz( train , test , 0. 001 ) ;
% Katz Index 参数取 0. 001
Predictors = [ Predictors ' ~ . 001' ] ; ithAUCvector = [ ithAUCvector tempauc ] ;


disp( 'LHNII 0. 9. . .' ) ;
tempauc = LHNII( train , test , 0. 9 ) ;
% Leicht–Holme–Newman II 参数取 0. 9
Predictors = [ Predictors 'LHNII. 9' ] ; ithAUCvector = [ ithAUCvector tempauc ] ;


disp( 'LHNII 0. 95. . .' ) ;
tempauc = LHNII( train , test , 0. 95 ) ;
% Leicht–Holme–Newman II 参数取 0. 95
Predictors = [ Predictors ' ~ . 95' ] ; ithAUCvector = [ ithAUCvector tempauc ] ;


disp( 'LHNII 0. 99. . .' ) ;
tempauc = LHNII( train , test , 0. 99 ) ;
% Leicht–Holme–Newman II 参数取 0. 99
```

```
Predictors = [ Predictors '~.99'] ;ithAUCvector = [ithAUCvector tempauc] ;


disp( 'ACT...') ;

tempauc = ACT( train,test) ;

%  Average commute time

Predictors = [ Predictors 'ACT'] ;ithAUCvector = [ithAUCvector tempauc] ;


disp( 'CosPlus...') ;

tempauc = CosPlus( train,test) ;

%  Cos+ based on Laplacian matrix

Predictors = [ Predictors 'CosPlus'] ;ithAUCvector = [ithAUCvector tempauc] ;


disp( 'RWR 0.85...') ;

tempauc = RWR( train,test,0.85) ;

%  Random walk with restart 参数取 0.85

Predictors = [ Predictors 'RWR.85'] ;ithAUCvector = [ithAUCvector tempauc] ;


disp( 'RWR 0.95...') ;

tempauc = RWR( train,test,0.95) ;

%  Random walk with restart 参数取 0.95

Predictors = [ Predictors '~.95'] ;ithAUCvector = [ithAUCvector tempauc] ;


disp( 'SimRank 0.8...') ;

tempauc = SimRank( train,test,0.8) ;

%  SimRank

Predictors = [ Predictors 'SimR'] ;ithAUCvector = [ithAUCvector tempauc] ;


disp( 'LRW 3...') ;

tempauc = LRW( train,test,3,0.85) ;

%  Local random walk 步数取到 3

Predictors = [ Predictors 'LRW_3'] ;ithAUCvector = [ithAUCvector tempauc] ;
```

```
disp('LRW 4...');

tempauc=LRW(train,test,4,0.85);

% Local random walk 步数取到 4

Predictors=[Predictors '~_4'];ithAUCvector=[ithAUCvector tempauc];


disp('LRW 5...');

tempauc=LRW(train,test,5,0.85);

% Local random walk 步数取到 5

Predictors=[Predictors '~_5'];ithAUCvector=[ithAUCvector tempauc];


disp('SRW 3...');

tempauc=SRW(train,test,3,0.85);

% Superposed random walk 步数取到 3

Predictors=[Predictors 'SRW_3'];ithAUCvector=[ithAUCvector tempauc];


disp('SRW 4...');

tempauc=SRW(train,test,4,0.85);

% Superposed random walk 步数取到 4

Predictors=[Predictors '~_4'];ithAUCvector=[ithAUCvector tempauc];


disp('SRW 5...');

tempauc=SRW(train,test,5,0.85);

% Superposed random walk 步数取到 5

Predictors=[Predictors '~_5'];ithAUCvector=[ithAUCvector tempauc];


disp('MFI...');

tempauc=MFI(train,test);

% Matrix forest Index

Predictors=[Predictors 'MFI'];ithAUCvector=[ithAUCvector tempauc];
```

```
disp('TS...');
tempauc = TSCN(train,test,0.01);
% Transfer similarity - Common Neighbor
Predictors = [Predictors 'TSCN'];ithAUCvector = [ithAUCvector tempauc];
tempauc = TSAA(train,test,0.01);
% Transfer similarity - Common Neighbor
Predictors = [Predictors 'TSAA'];ithAUCvector = [ithAUCvector tempauc];
tempauc = TSRWR(train,test,0.01);
% Transfer similarity - Random walk with restart
Predictors = [Predictors 'TSRWR'];ithAUCvector = [ithAUCvector tempauc];


%-----将此次得到的精度存到矩阵 aucOfallPredictor,用于最后计算平均值和方差
aucOfallPredictor = [aucOfallPredictor;ithAUCvector];
PredictorsName = Predictors;

end % 100 次独立循环结束
%----- write the results for this data (dataname(ith_data,:))
avg_auc = mean(aucOfallPredictor,1);
var_auc = var(aucOfallPredictor,1);
dlmwrite(respath,{PredictorsName},'');
dlmwrite(respath,[aucOfallPredictor;avg_auc;var_auc],'-append','delimiter','','precision',
4);

toc;
end
% 所有数据计算结束
```

名 词 索 引

人名索引[①]

---

①　对于外国人姓名，由于我们在科研交流中一般仅使用其姓氏而忽略其名字，为了简洁起见，本书中仅保留了他们的姓氏，特此说明。

郑重声明

高等教育出版社依法对本书享有专有出版权。任何未经许可的复制、销售行为均违反《中华人民共和国著作权法》,其行为人将承担相应的民事责任和行政责任;构成犯罪的,将被依法追究刑事责任。为了维护市场秩序,保护读者的合法权益,避免读者误用盗版书造成不良后果,我社将配合行政执法部门和司法机关对违法犯罪的单位和个人进行严厉打击。社会各界人士如发现上述侵权行为,希望及时举报,我社将奖励举报有功人员。

反盗版举报电话　(010)58581999　58582371

反盗版举报邮箱　dd@hep.com.cn

通信地址　北京市西城区德外大街4号　高等教育出版社法律事务部

邮政编码　100120

网络科学与工程丛书　图书清单

序号	书名	作者	书号
1	网络度分布理论	史定华	9787040315134
2	复杂网络引论——模型、结构与动力学（英文版）	陈关荣　汪小帆　李翔	9787040347821
3	网络科学导论	汪小帆　李翔　陈关荣	9787040344943
4	链路预测	吕琳媛　周涛	9787040382327
5	复杂网络协调性理论	陈天平　卢文联	9787040382570
6	复杂网络传播动力学——模型、方法与稳定性分析（英文版）	傅新楚　Michael Small　陈关荣	9787040307177
7	复杂网络引论——模型、结构与动力学（第二版，英文版）	陈关荣　汪小帆　李翔	9787040406054
8	复杂动态网络的同步	陆君安　刘慧　陈娟	9787040451979
9	多智能体系统分布式协同控制	虞文武　温广辉　陈关荣　曹进德	9787040456356
10	复杂网络上的博弈及其演化动力学	吕金虎　谭少林	9787040514483
11	非对称信息共享网络理论与技术	任勇　徐蕾　姜春晓　王景璟　杜军	9787040518559
12	网络零模型构造及应用	许小可	9787040523232
13	复杂网络传播理论——流行的隐秩序	李翔　李聪　王建波	9787040546057
14	网络渗流	刘润然　李明　吕琳媛　贾春晓	9787040537949

序号	书名	作者	书号
15	复杂网络上的流行病传播	刘宗华　阮中远　唐明	9787040554809
16	一种统一混合网络理论框架及其应用	方锦清　刘强　李永	9787040560114
17	图机器学习	宣琦	9787040576399
18	逻辑网络的采样控制（英文版）	刘洋　卢剑权　孙靓洁	9787040610499